畜禽场消毒防疫与疾病防

羊场消毒防疫与疾病防制

主编　路佩瑶

河南科学技术出版社

·郑州·

图书在版编目（CIP）数据

羊场消毒防疫与疾病防制/路佩瑶主编.—郑州：河南科学技术出版社，2018.1
（畜禽场消毒防疫与疾病防制技术丛书）
ISBN 978-7-5349-9000-7

Ⅰ.①羊… Ⅱ.①路… Ⅲ.①羊-养殖场-卫生防疫管理 ②羊病-防治 Ⅳ.①S858.26

中国版本图书馆 CIP 数据核字（2017）第 221264 号

出版发行：河南科学技术出版社
地址：郑州市经五路 66 号　　邮编：450002
电话：（0371）65737028　65788613
网址：www.hnstp.cn
策划编辑：陈　艳　陈淑芹
责任编辑：陈　艳
责任校对：金兰苹
封面设计：张　伟
版式设计：栾亚平
责任印制：张艳芳
印　　刷：河南金雅昌文化传媒有限公司
经　　销：全国新华书店
幅面尺寸：140 mm×202 mm　　印张：9.375　　字数：240 千字
版　　次：2018 年 1 月第 1 版　　2018 年 1 月第 1 次印刷
定　　价：32.00 元

本书编写人员名单

主　　编　路佩瑶

副 主 编　李天丽　郭世栋

编写人员　路佩瑶　李天丽　郭世栋　李连任
季大平　李长强　李　童　侯和菊
李升涛　朱　琳　赵智灿

前　言

近年来，在我国建设农业生态文明的新形势下，规模化养殖得到较快发展，畜禽生产方式也发生了很大的变化，对动物防疫工作提出了更新、更高的要求。同时，随着市场经济体制的不断推进，国内外动物及其产品贸易日益频繁，给各种畜禽病原微生物的污染和传播创造了更多的机会和条件，加之畜禽养殖者对动物防疫及卫生消毒工作的认识普及和落实不够，疾病控制已成为制约畜禽养殖业前行的一个“瓶颈”，并对公众健康构成了潜在的威胁。人们不禁要问：为什么现在畜禽疾病难治疗？

控制畜禽疾病的手段固然是多方面的，药物预防和治疗至关重要，但消毒、防疫、疫苗接种免疫更是不可忽视。现实生产中，有些养殖场户平时工作做得不细，思想上麻痹大意，认为接种就是防疫工作的全部内容，接种完了疫苗就万事大吉了；有的则是无病不消毒，得病后则手忙脚乱乱消毒，不停地消毒，药物浓度、消毒密度都超出了常规。不合理的消毒制度，增加了畜禽的发病机会，让养殖工作步履艰难；疾病防制过程中，重“治”轻“防制”；防制技术落后，其后果是畜禽疾病多发，且难治疗。

正是基于以上认识，本书不使用“防治”而用“防制”，意在积极倡导消毒防疫、免疫防控、防重于治的理念。我们组织农科院专家学者、职业院校教授和常年工作在生产一线的技术服务人员编写了这套“畜禽场消毒防疫与疾病防制技术”丛书。本丛书以制约养殖场健康发展的畜禽疾病控制为切入点，分为鸡、鸭、鹅、兔、猪、牛、羊 7 个分册。书中重点介绍消毒基础知识、消毒常用药物和现场包括环境、场地、圈舍、畜（禽）体、饲养用具、车辆、粪便及污水等的消毒技术、畜禽疾病的免疫防控、常见病的防制等知识，在关键技术操作过程、疾病诊断等解说中配有插图，形象直观，通俗易懂，内容丰富，理论阐述深入浅出，技术针对性、指导性和实用性强。

由于作者水平有限，加之时间仓促，对书中讹误之处，恳请广大读者不吝指正。

编者

2016 年 11 月

目　录

第一章　羊场的消毒

第一节　消　毒

当前，随着养殖业集约化程度的不断提高，畜禽大群体、高密度饲养已成常态。伴随着规模化饲养，畜禽所受到的应激越来越多，这为疾病的传播提供了有利的环境条件，某些原来处在小群散养条件下危害性不大的疾病，也可能会给养殖业带来严重的损失。由于畜禽育种技术的发展，生产性能不断提高，生长发育迅速，育成期短，周转快，使不同日龄之间的畜禽出现交叉感染的概率增加。同时，为了控制细菌病的继发或并发感染，有些养殖场户增加疫苗种类、免疫剂量和次数及滥用、过量使用抗生素的问题突出，造成畜禽耐药性增强，发病后难以挑选有效药物，且机体内的有益微生物被杀死，菌群严重失调，更影响了畜禽的健康水平和生产性能的发挥。

为了保证畜禽免受这些微生物的侵袭，快速健康地生长，必须要有严格的消毒措施以消除养殖环境中的各种致病微生物。只有秉持“预防为主，防治结合，防重于治”的理念，才能保证养殖生产顺利进行。

一、消毒的概念

微生物是广泛分布于自然界中的一群难以用肉眼观察的微小生物的统称，包括细菌、真菌、霉形体、螺旋体、支原体、衣原体、立克次体和病毒等。其中有些微生物对畜禽是有益的，以乳酸菌、酵母菌、光合菌等为主的有益微生物，是畜禽正常生长发育所必需的；另一些则是对动物有害的或致病的，如果这些病原微生物侵入畜禽机体，不仅会引起各种传染病的发生和流行，也会引起皮肤、黏膜（如鼻、眼等）等部位感染。可引起传染病，有传染性和流行性，不仅可造成大批畜禽的死亡和畜禽产品的损失，某些人畜共患疾病还会给人体健康带来严重威胁。病原微生物的存在，是畜禽生产的大敌。

随着集约化畜牧业的发展，预防畜禽群体发病特别是传染病，已成为现阶段兽医工作的重点。要消灭和消除病原微生物，必不可少的办法就是消毒。

1. 消毒 消毒是指用物理的、化学的或生物的方法清除或杀灭外环境（各种物体、场所、饲料、饮水及动物体表、黏膜、浅体表）中的病原微生物及其他微生物，从而阻止和控制传染病的发生和蔓延。

消毒的含义有两点：消毒是针对病原微生物和其他有害微生物的，并不是要求清除或杀灭所有病原微生物；消毒是相对的而不是绝对的，它只要求将有害微生物的数量减少到无害程度，而不要求把所有病原微生物全部杀死。

用于消毒的药物称为消毒剂，即用于杀灭传播媒介上的病原微生物，使其达到无害化要求的制剂。

2. 灭菌 灭菌是指用物理或化学的方法杀死物体及环境中一切活的微生物，包括致病性微生物、非致病性微生物及其芽孢、霉菌孢子等。灭菌的含义是绝对的，是指完全破坏或杀灭所

有的微生物。因此，灭菌比消毒的要求高。消毒不一定能达到灭菌的程度，而灭菌一定是达到消毒后的更高要求。

用于灭菌的化学药物叫灭菌剂。

3. 防腐 防腐是指阻断或抑制微生物（含致病性微生物和非致病性微生物）的生长繁殖，以防止活体组织受到感染或其他生物制品、食品、药品等发生腐败的措施。防腐只能抑制微生物的生长繁殖，而并非必须杀灭微生物，与消毒的区别只是效力强弱的差异或灭菌、抑菌强度上的差异。用于防腐的化学药品称为防腐剂或抑菌剂。一般常用的消毒剂在低浓度时就可以起到防腐的作用。

二、消毒的意义

1. 预防传染病及其他疾病 传染病是指由各种病原体引起的能在人与人、动物与动物或人与动物之间相互传播的一类疾病。病原体中大部分是微生物，小部分为寄生虫，寄生虫引起者又称寄生虫病。传染病的特点是有病原体、传染性和流行性，感染后常有免疫性。其传播和流行必须具备 3 个环节，即传染源（能排出病原体的畜禽）、传播途径（病原体传染其他畜禽的途径）及易感畜禽群（对该种传染病无免疫力者）。若能完全切断其中的一个环节，即可防止该种传染病的发生和流行。其中，切断传播途径最有效的方法是消毒、杀虫和灭鼠。因此，消毒是消灭和根除病原体必不可少的手段，也是兽医卫生防疫工作中的一项重要工作，是预防和消除传染病的最重要的措施之一。

2. 防止群体和个体交叉感染 在集约化养殖业迅速发展的今天，消毒工作更加显现出其重要性，并已经成为养殖生产过程中必不可少的重要环节之一。一般来说，病原微生物感染具有种的特异性。因此，同种间的交叉感染是传染病发生、流行的主要途径。如口蹄疫只能在偶蹄兽中传播流行，一般不会引起其他动

物或家禽的感染发病。但也有些传染病可以在不同种群间流行，如结核病、禽流感等，不仅可以引起禽类共患，还可感染人。

3. 消除非常时期传染病的发生和流行 羊的疫病水平传播有两条途径，即消化道和呼吸道。消化道途径通常是指带有病原体的粪便污染饮水、用具、物品，主要指病原体对饲料、饮水、羊舍及用具的污染；呼吸道途径主要指通过空气和飞沫传播，被感染动物通过咳嗽、打喷嚏和呼吸等将病原体排入空气中，并可污染环境中的物体。非常时期传染病的流行主要就是通过这两种方式。因此，对空气和环境中的物体消毒具有重要的防病意义。动物门诊、兽医院等地方也是病原微生物比较集中的地方，做好这些地方的消毒工作，对防止动物群体之间传染病的流行也具有重要意义。

4. 预防和控制新发传染病的发生和流行 我国羊病种类多，危害大，但流行病学家底不清，特别是一些危害严重的传染病。如羊支原体肺炎（传染性胸膜肺炎）、羊痘、羊传染性脓疱（羊口疮）、羊地方性流产（羊衣原体性流产）、链球菌病、羔羊痢疾和羊肠毒血症等梭菌病危害严重；人畜共患病，如布鲁杆菌病、结核病、炭疽、羊地方性流产、绦虫病、弓形虫病、血吸虫病等时有发生，威胁农牧民身体健康；寄生虫病，如吸虫病、疥螨病、焦虫病、肠道寄生虫传播、绦虫病、螨虫病、肺丝虫病等发生普遍，防治手段单一，难以根除。

面对羊病流行的新形势，消毒工作显得更为重要。有些疫病，在尚未摸清流行病学家底的情况下，对有可能被病原微生物污染的物品、场所和动物体等进行消毒（预防性消毒），可以预防和控制新传染病的发生和流行。同时，一旦发现新的传染病，要立即对病羊的分泌物、排泄物、污染物、胴体、血污、居留场所、生产车间以及与病羊及其产品接触过的工具、饲槽以及工作人员的刀具、工作服、手套、胶鞋、病羊通过的道路等进行消毒

（疫源地消毒），以阻止病原微生物的扩散，切断其传播途径。

5. 维护公共安全和人类健康 养殖环境不卫生，病原微生物种类多、含量高，不仅能引起羊群发生传染病，还会直接影响到羊产品的质量，从而危害人的健康。从社会预防医学和公共卫生学的角度来看，兽医消毒工作在防止和减少人畜共患传染病的发生和蔓延中发挥着重要的作用，是人类环境卫生、身体健康的重要保障。通过全面彻底的消毒，可以阻止人畜共患病的流行，减少对人类健康的危害。

三、消毒的分类

（一）按消毒目的分

根据目的不同，消毒可分为疫源地消毒、预防性消毒。

1. 疫源地消毒 疫源地消毒是指对有传染源（病羊或病原携带者）存在的地区，进行消毒，以免病原体外传。疫源地消毒又分为随时消毒和终末消毒两种。

（1）随时消毒。随时消毒是指在羊场内存在传染源的情况下开展的消毒工作，其目的是随时、迅速杀灭刚排出体外的病原微生物。当羊群中有个别或少数羊发生一般性疫病或有突然死亡现象时，立即对所在栏舍进行局部强化消毒，包括对发病和死亡羊只的消毒及无害化处理，对被污染的场所和物体的立即消毒。这种情况的消毒需要多次反复地进行。

（2）终末消毒。终末消毒是采用多种消毒方法对全场或部分羊舍进行全方位的彻底清理与消毒。当被某些烈性传染病感染的羊群已经死亡、淘汰或痊愈，传染源已不存在，准备解除封锁前应进行大消毒。在全进全出生产系统中，当羊群全部从栏舍中转出后，对空栏及有关生产工具要进行大消毒。春秋季节气候温暖，适宜于各种病原微生物的生长繁殖，因此，春秋两季要进行常规大消毒。

2. 预防性消毒　预防性消毒也叫日常消毒，是指未发生传染病的安全羊场，为防止传染病的传入，结合平时的清洁卫生工作、饲养管理工作和门卫制度对可能受病原污染的羊圈羊舍、场地、用具、饮水等进行的消毒。主要包括以下内容：

（1）定期消毒。根据气候特点、本场生产实际，对圈舍、舍内空气、饲料仓库、道路、周围环境、消毒池、羊群、饲料、饮水等制定具体的消毒日期，并且在规定的日期进行消毒。例如，每周一次带羊消毒，安排在每周三下午；周围环境每月消毒一次，安排在每月初的某一晴天。

（2）生产工具消毒。指对食槽、水槽（饮水器）、用具、刺种针、注射器、针头进行消毒。

（3）人员、车辆消毒。任何人、任何车辆在任何时候进入生产区均应经严格消毒。

（4）羊只转群前对栏舍的消毒。指转群前对准备转入羊只的栏舍彻底清洗、消毒。

（5）术部消毒。羊的免疫注射部位应该消毒。

（二）按消毒程度分

1. 高水平消毒　杀灭一切细菌繁殖体包括分枝杆菌、病毒、真菌及其孢子和绝大多数细菌芽孢。达到高水平消毒常用的消毒剂包括氯制剂、二氧化氯、邻苯二甲醛、过氧乙酸、过氧化氢、臭氧、碘酊等，在规定的条件下，以合适的浓度和有效的作用时间进行消毒。

2. 中水平消毒　杀灭除细菌芽孢以外的各种病原微生物，包括分枝杆菌，即达到了中水平消毒。常用的消毒剂包括碘类（碘伏、氯己定碘等）、醇类和氯己定碘的复方、醇类和季铵盐类化合物的复方、酚类等，在规定的条件下，以合适的浓度和有效的作用时间进行消毒。

3. 低水平消毒　指能杀灭细菌繁殖体（分枝杆菌除外）和

亲脂类病毒的化学消毒方法以及通风换气、冲洗等机械除菌法消毒。如采用季铵盐类（苯扎溴铵等）、双胍类消毒剂（氯己定）等，在规定的条件下，以合适的浓度和有效的作用时间进行消毒。

四、消毒的方法

（一）物理消毒法

1. 机械清除与消毒　主要是通过清扫、冲洗、洗刷、通风、过滤等机械方法清除环境中的病原体，是一种常用的消毒方法，但是这种方法不能杀灭病原菌。在发生疫病时应先使用药物消毒，然后再机械消毒。

应用肥皂刷洗，流水冲净，可消除手上绝大部分甚至全部细菌，使用多层口罩可防止病原体自呼吸道排出或侵入。应用通风装置过滤器可过滤手术室、实验室及隔离病室的空气，保护无菌状态。

2. 干热消毒　干热消毒是指通过焚烧、灼烧、热空气，以达到消毒目的的方法。

（1）日光消毒法。日光消毒法是指将物品放在阳光下暴晒，利用光谱中的紫外线、阳光的灼热和蒸发水分造成干燥等，使病原微生物灭活而达到消毒的目的。

（2）火焰或焚烧消毒。火焰或焚烧消毒是指通过火焰喷射器喷火或焚烧处理达到彻底消毒的目的。凡经济价值小的污染物、金属器械和尸体等均可用焚烧法消毒，简便经济、效果稳定。

（3）煮沸消毒。耐煮物品及一般金属器械均用本法，100℃ 1~2 分钟即完成消毒，但芽孢则需较长时间。炭疽杆菌芽孢须煮沸 30 分钟，破伤风芽孢需 3 小时，肉毒杆菌芽孢需 6 小时。金属器械消毒，加 1%~2% 碳酸钠或 0.5% 软肥皂等碱性剂，可溶解脂肪，增强杀菌力。棉织物加 1%肥皂水 15 升/千克，有消毒去污之功效。物品煮沸消毒时，不可超过容积的 3/4，应浸于水面下。注意留空隙，以利于对流。

（4）流通蒸汽消毒。流通蒸汽消毒是将不能煮沸而潮湿的物品放入蒸笼或特制的柜内密封后，充入蒸汽，一般 30 分钟左右即可达到消毒的目的。

（5）巴氏消毒。加温到 60℃经 30 分钟称为低温巴氏消毒，加温到 85~87℃经几分钟为高温巴氏消毒。此种方法经常用于牛奶的消毒，既可以杀灭或灭活病原菌，又不致严重破坏其营养成分。

（6）高压蒸汽消毒。高压蒸汽消毒是指用高热高温的蒸汽，使病原微生物丧失活性的一种消毒方法。常用于耐高湿热的物质，如培养基、玻璃器皿、金属器械的消毒灭菌。

（7）干热灭菌消毒。干热灭菌消毒是指利用热空气灭菌以达到消毒的目的，如控制在 140~160℃维持 2 小时可以杀死全部细菌和芽孢。一般使用电热干燥箱进行消毒。

3. 辐射消毒　辐射有非电离辐射与电离辐射两种。前者有紫外线、红外线和微波，后者包括丙种射线的高能电子束（阴极射线）。红外线和微波主要依靠产热杀菌。

电离辐射设备昂贵，对物品及人体有一定伤害，故使用较少。目前应用最多的为紫外线，可引起细胞成分特别是核酸、原浆蛋白和酸发生变化，导致微生物死亡。

日光暴晒亦依靠其中的紫外线，但由于大气层中的散射和吸收使用，仅 39%紫外线可达地面，故仅适用于耐力低的微生物，且须较长时间暴晒。

（二）化学消毒法

化学消毒法是指用化学消毒药物作用于微生物和病原体，使其蛋白质变性，失去正常功能而死亡。目前常用的有含氯消毒

剂、氧化消毒剂、碘类消毒剂、醛类消毒剂、杂环类气体消毒剂、酚类消毒剂、醇类消毒剂、季铵盐类消毒剂等。

（三）生物消毒法

生物消毒法是一种最常用最简单的消毒方法，主要是对大量废物、污物、粪便等进行消毒，但消毒作用的时间较长。其方法是将废物、污物、粪尿堆积在一起，表面加盖约 10 厘米厚的土泥或喷洒消毒药液，经 3~6 周的时间，通过微生物发酵产热杀死病原体和寄生虫幼虫及虫卵。

（四）综合消毒法

综合消毒法就是将机械的、物理的、化学的、生物的消毒方法综合起来进行消毒，在实际工作中多采用综合消毒法，以确保消毒的效果。

第二节　常用消毒设备

根据消毒方法、消毒性质不同，消毒设备也有所不同。常用消毒设备可分为物理消毒设备、化学消毒设备和生物消毒设备。

一、物理消毒常用设备

物理消毒灭菌技术在动物养殖和生产中具有独特的特点和优势。物理消毒灭菌一般不改变被消毒物品的形状与原有组分，能保持饲料和食物固有的营养价值；不产生有毒有害物质残留，不会造成被消毒灭菌物品的二次污染；一般不影响被消毒物品的形状；对周围环境的影响较小。但是，大多数物理消毒灭菌技术往往操作比较复杂，需要大量的机械设备，而且成本较高。

羊场物理消毒主要有紫外线照射、机械清扫、洗刷、通风换气、干燥、煮沸、蒸汽、火焰焚烧等。依照消毒的对象、环节等，需要配备相应的消毒设备。

（一）机械清扫、冲洗设备

机械清扫、冲洗设备主要是高压清洗机，是通过动力装置使高压柱塞泵产生高压水来冲洗物体表面的机器。它能将污垢剥离、冲走，达到清洗物体表面的目的。高压清洗是世界公认最科学、经济、环保的清洁方式之一。主要用途是冲洗养殖场场地、畜禽圈舍建筑、养殖场设施设备、车辆和喷洒药剂等。

高压清洗机可分为冷水高压清洗机、热水高压清洗机。两者最大的区别在于，热水清洗机加了一个加热装置，利用燃烧缸把水加热。

1. 分类 按驱动引擎来分，清洗机可分为电机驱动高压清洗机、汽油机驱动高压清洗机和柴油驱动清洗机三大类。顾名思义，这三种清洗机都配有高压泵，不同的是它们分别采用与电机、汽油机或柴油机相连，由此驱动高压泵运作。汽油机驱动高压清洗机和柴油驱动清洗机的优势在于它们不需要电源就可以在野外作业。

2. 产品原理 水的冲击力大于污垢与物体表面附着力，高压水就会将污垢剥离，冲走，达到清洗物体表面的一种清洗设备。因为是使用高压水柱清理污垢，除非是很顽固的油渍才需要加入一点清洁剂，不然强力水压所产生的泡沫就足以将一般污垢清理。

（二）紫外线灯

紫外线是一种低能量电磁波，具有较好的杀菌作用。紫外线消毒仅需几秒即可对细菌、病毒、真菌、芽孢、衣原体等达到灭活效果，而且运行操作简便，基建投资及运行费用低，因此被广泛应用于畜禽养殖场消毒。

使用紫外线消毒灯注意事项：紫外线灯灯管表面应经常用乙醇棉球轻轻擦拭，一般 2 周 1 次除去上面的灰尘和油垢以减少对

紫外线穿透力的影响；紫外线肉眼看不见，有条件的场应定期测量灯管的输出强度，没有条件的可逐日记录使用时间，以判断是否达到使用期限；消毒时，房间内应保持清洁、干燥，空气中不应有灰尘和水雾，温度保持在 20℃以上，相对湿度不宜超过 60%；紫外线不能穿透的表面（如纸、布等），只有直接照射的一面才能达到消毒目的，因而要按时翻动，使各面都能受到有效照射；人员进场需要进行紫外线消毒时，消毒时间不能过长，以每次消毒 5 分钟为宜；不能让紫外线直接长期照射人的体表和眼睛。

（三）干热灭菌设备

干热灭菌法是热力消毒和灭菌常用的方法之一，包括焚烧、烧灼和热空气法。

焚烧是用于传染病畜禽尸体、病畜垫草、病料以及污染的杂草、地面等的灭菌，可直接点燃或在炉内焚烧；烧灼是直接用火焰进行灭菌，适用于微生物实验室的接种针、接种环、试管口、玻璃片等耐热器材的灭菌；热空气法是利用干热空气进行灭菌，主要用于各种耐热玻璃器皿，如试管、吸管、烧瓶及培养皿等实验器材的灭菌。这种灭菌法是在一种特制的电热干燥器内进行的。由于干热的穿透力低，因此，箱内温度上升到 160℃后，保持 2 小时才可保证杀死所有的细菌及其芽孢。

1. 干热灭菌器

（1）构造。干热灭菌器也就是烤箱，是由双层铁板制成的方形金属箱，外壁内层装有隔热的石棉板。箱底下放置大型火炉，或在箱壁中装置电热线圈。内壁上有数个孔，供流通空气用。箱前有铁门及玻璃门，箱内有金属箱板架数层。电热烤箱的前下方装有温度调节器，可以保持所需的温度。

（2）干热灭菌器的使用方法。将培养皿、吸管、试管等玻璃器材包装后放入箱内，闭门加热。当温度上升至 160～170℃

时，保持温度2小时，到达时间后，停止加热，待温度自然下降至40℃以下，方可开门取物，否则冷空气突然进入，易引起玻璃炸裂；且热空气外溢，往往会灼伤取物者的皮肤。一般吸管、试管、培养皿、凡士林、液状石蜡等均可用此法灭菌。

2. 火焰灭菌设备 火焰灭菌法是指用火焰直接烧灼的灭菌方法。该方法灭菌迅速、可靠、简便，适合于耐火焰材料（如金属、玻璃及瓷器等）物品与用具的灭菌，不适合药品的灭菌。

所用的设备包括火焰专用型和喷雾火焰兼用型两种。专用型的特点是使用轻便，适用于大型机种无法操作的地方；便于携带，适用于室内外和小、中型面积处，方便快捷；操作容易，打气、按电门，即可发动，按气门钮，即可停止；全部采用不锈钢材料，机件坚固耐用。兼用型除上述特点外，还具有以下特点：一是节省药剂，可根据被使用的场所和目的不同，用旋转式药剂开关来调节药量；二是节省人工费，用1台烟雾消毒器能达到10台手压式喷雾器的作业效率；三是消毒彻底，消毒器喷出的直径5~30微米的小粒子形成雾状浸透在每个角落，可达到最大的消毒效果。

（四）湿热灭菌设备

湿热灭菌法是热力消毒和灭菌的一种常用方法。包括煮沸消毒法、流通蒸汽消毒法和高压蒸汽灭菌法。

1. 消毒锅 消毒锅用于煮沸消毒，适用于一般器械如刀剪、注射器等金属和玻璃制品及棉织品等的消毒。这种方法简单、实用、杀菌能力比较强，效果可靠，是最古老的消毒方法之一。消毒锅一般使用金属容器，煮沸消毒时要求水沸腾后5~15分钟，一般水温能达到100℃，细菌繁殖体、真菌、病毒等可立即死亡。而细菌芽孢需要的时间比较长，要15~30分钟，有的要几小时才能杀灭。

煮沸消毒时，要注意以下几个问题：

（1）煮沸消毒前，应将物品洗净。易损坏的物品用纱布包好再放入水中，以免沸腾时互相碰撞。不透水物品应垂直放置，以利水的对流。水面应高于物品。消毒器应加盖。

（2）消毒时，应自水沸腾后开始计算时间，一般需 15～20 分钟（各种器械煮沸消毒时间见表 1-1）。对注射器或手术器械灭菌时，应煮沸 30～40 分钟。加入 2%碳酸钠，可防锈，并可提高沸点（水中加入 1%碳酸钠，沸点可达 105℃），加速微生物死亡。

表 1-1　各种器械煮沸消毒参考时间

消毒对象	消毒参考时间（分钟）
玻璃类器材	20～30
橡胶类及电木类器材	5～10
金属类及搪瓷类器材	5～15
接触过传染病料的器材	>30

（3）对棉织品煮沸消毒时，一次放置的物品不宜过多。煮沸时应略加搅拌，以助水的对流。物品加入较多时，煮沸时间应延长到 30 分钟以上。

（4）消毒时，物品间勿潴留气泡；勿放入能增加黏稠度的物质。消毒过程中，水应保持连续煮沸，中途不得加入新的污染物品，否则消毒时间应从水再次沸腾后重新计算。

（5）消毒时，物品因无外包装，事后取出和放置时慎防再污染。对已灭菌的无包装医疗器材，取用和保存时应严格按无菌操作要求进行。

2. 高压蒸汽灭菌器

（1）高压蒸汽灭菌器的结构。高压蒸汽灭菌器是一个双层的金属圆筒，两层之间盛水，外层坚固厚实，其上方有金属厚盖，盖旁附有螺旋，借以紧闭盖门，使蒸汽不能外溢，因而蒸汽压力升高，随着其温度亦相应地增高。

高压蒸汽灭菌器上装有排气阀门、安全活塞，以调节蒸汽压力。有温度计及压力表，以表示内部的温度和压力。灭菌器内装有带孔的金属搁板，用以放置要灭菌的物体。

（2）高压蒸汽灭菌器的使用方法。加水至外筒内，被灭菌物品放入内筒。盖上灭菌器盖，拧紧螺旋使之密闭。灭菌器下用煤气或电炉等加热，同时打开排气阀门，排净其中冷空气，否则压力表上所示压力并非全部是蒸汽压力，灭菌将不完全。

待冷空气全部排出后（即水蒸气从排气阀中连续排出时），关闭排气阀。继续加热，待压力表渐渐升至所需压力（一般是101.53千帕，温度为121.3℃）时，调解炉火，保持压力和温度（注意压力不要过大，以免发生意外），维持15~30分钟。灭菌时间到达后，停止加热，待压力降至零时，慢慢打开排气阀，排除余气，开盖取物。切不可在压力尚未降低为零时突然打开排气阀门，以免灭菌器中液体喷出。

高压蒸汽灭菌法为湿热灭菌法，其优点有三：一是湿热灭菌时菌体蛋白容易变性，二是湿热穿透力强，三是蒸汽变成水时可放出大量热增强杀菌效果，因此，它是效果最好的灭菌方法。凡耐高温和潮湿的物品，如培养基、生理盐水、衣服、纱布、棉花、敷料、玻璃器材、传染性污物等都可应用此法灭菌。

目前出现的便携式全自动电热高压蒸汽灭菌器，操作简单，使用安全。

3. 流通蒸汽灭菌器 流通蒸汽消毒设备的种类很多，比较理想的是流通蒸汽灭菌器。

流通蒸汽灭菌器由蒸汽发生器、蒸汽回流、消毒室和支架等构成。蒸汽由底部进入消毒室，经回流罩再返回到蒸汽发生器内，这种蒸汽消耗少，只需维持较小火力即可。

流通蒸汽消毒时，消毒时间应从水沸腾后有蒸汽冒出时算起，消毒时间同煮沸法，消毒物品包装不宜过大、过紧，吸水物品不要浸湿后放入。因在常压下，蒸汽温度只能达到100℃，维持30分钟只能杀死细菌的繁殖体，但不能杀死细菌芽孢和霉菌孢子，所以有时必须使用间歇灭菌法，即用蒸汽灭菌器或用蒸笼加热至约100℃维持30分钟，每天进行1次，连续3天。每天消毒完后都必须将被灭菌的物品取出放在室温或37℃温箱中过夜，提供芽孢发芽所需的条件。对不具备芽孢发芽条件的物品不能用此法灭菌。

二、化学消毒常用设备

化学消毒时常用的是喷雾器。喷雾器有背负式喷雾器和机动喷雾器。背负式喷雾器又有压杆式喷雾器和充电式喷雾器，使用于小面积环境消毒和带羊消毒。机动喷雾器按其所使用的动力来划分，主要有电动（交流电或直流电）和气动两种，每种又有不同的型号，适用于羊舍外环境和空舍消毒，在实际应用时要根据具体情况选择合适的喷雾器。

使用喷雾器要注意：固体消毒剂有残渣或溶化不全时，容易堵塞喷嘴，因此不能直接在喷雾器的容器内配制消毒剂，而应在其他容器内配制好以后经喷雾器的过滤网装入喷雾器的容器内。压杆式喷雾器容器内药液不能装得太满，否则不易打气。配制消毒剂的水温不宜太高，否则易使喷雾器的塑料桶身变形，而且喷雾时不顺畅。使用完毕，将剩余药液倒出，用清水冲洗干净，倒置，打开一些零部件，等晾干后再装起来。

三、消毒防护

无论采取哪种消毒方式，都要注意消毒人员的自身防护。消毒防护，首先要严格遵守操作规程和注意事项，其次要注意消毒人员以及消毒区域内其他人员的防护。防护措施根据消毒方法的原理和操作规程要有针对性。例如进行喷雾消毒和熏蒸消毒就应穿上防护服，戴上眼镜和口罩；进行紫外线直接的照射消毒，室内人员都应该离开，避免直接照射。如对进出养殖场人员通过消毒室进行紫外线照射消毒时，眼睛不能看紫外线灯，避免眼睛受到灼伤。

常用的个人防护用品可以参照国家标准进行选购，防护服应该配帽子、口罩和鞋套。

（一）防护服要求

防护服应做到防酸碱、防水、防寒、挡风、透气等。

1. 防酸碱　可使服装在消毒中耐腐蚀，工作完毕或离开疫区时，用消毒液高压喷淋、洗涤消毒，达到安全防疫的效果。

2. 防水　防水好的防护服材料在每平方米的防水气布料薄膜上就有14亿个微细孔，一颗水珠比这些微细孔大2万倍，因此，水珠不能穿过薄膜层而湿润布料，不会被弄湿，可保证操作中的防水效果。

3. 防寒、挡风　防护服材料极小的微细孔应呈不规则排列，可阻挡冷风及寒气的侵入。

4. 透气　材料微孔直径应大于汗液分子直径的700~800倍，汗气可以穿透面料，即使在工作量大、体液蒸发较多时也能感到干爽舒适。目前先进的防护服已经在市场上销售，可按照上述标准，参照防SARS时采用的标准选购。

（二）防护用品规格

1. 防护服　一次性使用的防护服应符合《医用一次性防护服技术要求》（GB 19082—2003）。外观应干燥、清洁、无尘、无霉斑，表面不允许有斑疤、裂孔等缺陷；针线缝合采用针缝加胶合或作折边缝合，针距要求每3厘米缝合8~10针，针次均匀、平直，不得有跳针。

2. 防护口罩 应符合《医用防护口罩技术要求》（GB 19083—2003）。

3. 防护眼镜 应视野宽阔，透亮度好，有较好的防溅性能，佩戴有弹力带。

4. 手套 医用一次性乳胶手套或橡胶手套。

5. 鞋及鞋套 为防水、防污染鞋套，如长筒胶鞋。

（三）防护用品的使用

1. 穿戴防护用品顺序

步骤1：戴口罩。平展口罩，双手平拉推向面部，捏紧鼻夹使口罩紧贴面部；左手按住口罩，右手将护绳绕在耳根部；右手按住口罩，左手将护绳绕向耳根部；双手上下拉口边沿，使其盖至眼下和下巴。

戴口罩的注意事项：佩戴前先洗手；摘戴口罩前，要保持双手洁净，尽量不要触碰口罩内侧，以免手上的细菌污染口罩；口罩每隔4小时更换1次；佩戴面纱口罩要及时清洗，并且高温消毒后晾晒，最好在阳光下晒干。

步骤2：戴帽子。戴帽子时注意双手不要接触面部，帽子的下沿应遮住耳朵的上沿，头发尽量不要露出。

步骤3：穿防护服。

步骤4：戴防护眼镜。注意双手不要接触面部。

步骤5：穿鞋套或胶鞋。

步骤6：戴手套。将手套套在防护服袖口外面。

2. 脱掉防护用品顺序

步骤1：摘下防护镜，放入消毒液中。

步骤2：脱掉防护服，将反面朝外，放入黄色塑料袋中。

步骤3：摘掉手套，一次性手套应将反面朝外，放入黄色塑料袋中，橡胶手套放入消毒液中。

步骤4：将手指反掏进帽子，将帽子轻轻摘掉，反面朝外，放入黄色塑料袋中。

步骤5：脱下鞋套或胶鞋，将鞋套反面朝外，放入黄色塑料袋中，将胶鞋放入消毒液中。

步骤6：摘口罩，一手按住口罩，另一只手将口罩带摘下，放入黄色塑料袋中，注意双手不接触面部。

（四）防护用品使用后的处理

消毒结束后，执行消毒的人员需要进行自洁处理，必要时更换防护服对其做消毒处理。有些废弃的污染物包括使用后的一次性隔离衣裤、口罩、帽子、手套、鞋套等不能随便丢弃，应有一定的消毒处理方法，这些方法应该安全、简单、经济。

基本要求：污染物应装入盒或袋内，以防止操作人员接触；防止污染物接近人、鼠或昆虫；不应污染表层土壤、表层水及地下水；不应造成空气污染。污染废弃物应当严格清理检查，清点数量，根据材料性质进行分类，分成可焚烧处理和不可焚烧处理两大类。干性可燃污染废物进行焚烧处理；不可燃废物浸泡消毒。

（五）培养良好的防护意识和防护习惯

作为消毒人员，不仅应该熟悉各种消毒方法、消毒程序、消毒器械和常用消毒剂的使用，还应该熟悉微生物和传染病检疫防疫知识，能够对疫源地的污染菌做出判断。

由于动物防疫检疫人员或消毒人员长期暴露于病原体污染的环境下，因此，从事消毒工作的人员应该具备良好的防护意识，养成良好的防护习惯，加强消毒人员自身防护，防止和控制人畜共患病的发生。如，在干热灭菌时防止燃烧；压力蒸汽灭菌时防止爆炸事故及操作人员的烫伤事故；使用气体化学消毒时，防止有毒消毒气体的泄露，经常检测消毒环境中气体的浓度，对环氧乙烷气体还应防止燃烧、爆炸事故；接触化学消毒灭菌时，防止过敏和对皮肤黏膜的伤害等。

第三节 常用的消毒剂

利用化学药品杀灭传播媒介上的病原微生物以达到预防感染、控制传染病的传播和流行的方法称为化学消毒法。化学消毒法具有适用范围广，消毒效果好，无须特殊仪器和设备，操作简便易行等特点，是目前兽医消毒工作中最常用的方法。

一、化学消毒剂的分类

用于杀灭传播媒介上病原微生物的化学药物称为消毒剂。化学消毒剂的种类很多，分类方法也有多种。

（一）按杀菌能力分类

消毒剂按照其杀菌能力可分为高效消毒剂、中效消毒剂、低效消毒剂等三类。

1. 高效消毒剂 可杀灭各种细菌繁殖体、病毒、真菌及其孢子等，对细菌芽孢也有一定杀灭作用，达到高水平消毒要求，包括含氯消毒剂、臭氧、甲基乙内酰脲类化合物、双链季铵盐等。其中可使物品达到灭菌要求的高效消毒剂又称为灭菌剂，包括甲醛、戊二醛、环氧乙烷、过氧乙酸、过氧化氢、二氧化氯等。

2. 中效消毒剂 能杀灭细菌繁殖体、分枝杆菌、真菌、病毒等微生物，达到消毒要求，包括含碘消毒剂、醇类消毒剂、酚类消毒剂等。

3. 低效消毒剂 仅可杀灭部分细菌繁殖体、真菌和有囊膜病毒，不能杀死结核杆菌、细菌芽孢和较强的真菌和病毒，达到消毒剂要求，包括苯扎溴铵等季铵盐类消毒剂、氯己定（洗必泰）等双胍类消毒剂，汞、银、铜等金属离子类消毒剂及中草药消毒剂。

（二）按化学成分分类

常用的化学消毒剂按其化学性质不同可分为以下几类。

1. 卤素类消毒剂　这类消毒剂有含氯消毒剂类、含碘消毒剂类及卤化海因类消毒剂等。

含氯消毒剂可分为有机氯消毒剂和无机氯消毒剂两类。目前常用的有二氯异氰尿酸钠及其复方消毒剂、氯化磷酸三钠、液氯、次氯酸钠、三氯异氰尿酸、氯尿酸钾、二氯异氰尿酸等。

含碘消毒剂可分为无机碘消毒剂和有机碘消毒剂，如碘伏、碘酊、碘甘油、PVP 碘、洗必泰碘等。碘伏对各种细菌繁殖体、真菌、病毒均有杀灭作用，受有机物影响大。

卤化海因类消毒剂为高效消毒剂，对细菌繁殖体及芽孢、病毒真菌均有杀灭作用。目前国内外使用的这类消毒剂有三种：二氯海因（二氯二甲基乙内酰脲，DCDMH）、二溴海因（二溴二甲基乙内酰脲，DBDMH）、溴氯海因（溴氯二甲基乙内酰脲，BCDMH）。

2. 氧化剂类消毒剂　常用的有过氧乙酸、过氧化氢、臭氧、二氧化氯、酸性氧化电位水等。

3. 烷基化气体类消毒剂　这类化合物中主要有环氧乙烷、环氧丙烷和乙型丙内酯等，其中以环氧乙烷应用最为广泛，杀菌作用强大，灭菌效果可靠。

4. 醛类消毒剂　常用的有甲醛、戊二醛等。戊二醛是第三代化学消毒剂的代表，被称为冷灭菌剂，灭菌效果可靠，对物品腐蚀性小。

5. 酚类消毒剂　这是一类古老的中效消毒剂，常用的有石炭酸、来苏儿、复合酚类（农福）等。由于酚类消毒剂对环境有污染，目前有些国家限制使用酚类消毒剂。这类消毒剂在我国的应用也趋向逐步减少，有被其他消毒剂取代的趋势。

6. 醇类消毒剂　主要用于皮肤术部消毒，如乙醇、异丙醇等消毒剂。这类消毒剂可以杀灭细菌繁殖体，但不能杀灭芽孢，属中效消毒剂。近来的研究发现，醇类消毒剂与戊二醛、碘伏等配伍，可以增强消毒效果。

7. 季铵盐类消毒剂　单链季铵盐类消毒剂是低效消毒剂，一般用于皮肤黏膜的消毒和环境表面消毒，如新洁尔灭、度米芬等。双链季铵盐阳离子表面活性剂，不仅可以杀灭多种细菌繁殖体而且对芽孢有一定杀灭作用，属于高效消毒剂。

8. 双胍类消毒剂　这是一类低效消毒剂，不能杀灭细菌芽孢，但对细菌繁殖体的杀灭作用强大，一般用于皮肤黏膜的防腐，也可用于环境表面的消毒，如氯己定（洗必泰）等。

9. 酸碱类消毒剂　常用的酸类消毒剂有乳酸、醋酸、硼酸、水杨酸等；常用的碱类消毒剂有氢氧化钠（苛性钠）、氢氧化钾（苛性钾）、碳酸钠（石碱）、氧化钙（生石灰）等。

10. 重金属盐类消毒剂　主要用于皮肤黏膜的消毒防腐，有抑菌作用，但杀菌作用不强。常用的有红汞、硫柳汞、硝酸银等。

（三）按性状分类

消毒剂按性状可分为固体消毒剂、液体消毒剂和气体消毒剂三类。

二、化学消毒剂的选择与使用

（一）选择适宜的消毒剂

化学消毒是生产中最常用的方法。但市场上的消毒剂种类繁多，其性质与作用不尽相同，消毒效力千差万别。所以，消毒剂的选择至关重要，它关系到消毒效果和消毒成本，必须选择适宜的消毒剂。

1. 优质消毒剂的标准　优质的消毒剂应具备如下条件：

（1）杀菌谱广，有效浓度低，作用速度快。

（2）化学性质稳定，且易溶于水，能在低温下使用。

（3）不易受有机物、酸、碱及其他理化因素的影响。

（4）毒性低，刺激性小，对人畜危害小，不残留在畜禽产品中，腐蚀性小，使用无危险。

（5）无色、无味、无嗅，消毒后易于去除残留药物。

（6）价格低廉，使用方便。

2. 适宜消毒剂的选择

（1）考虑消毒病原微生物的种类和特点。不同种类的病原微生物，如细菌、细菌芽孢、病毒及真菌等，它们对消毒剂的敏感性有较大差异，即其对消毒剂的抵抗力有强有弱。消毒剂对病原微生物也有一定选择性，其杀菌、杀病毒力也有强有弱。针对病原微生物的种类与特点，选择合适的消毒剂，这是消毒工作成败的关键。例如，要杀灭细菌芽孢，就必须选用高效的消毒剂，才能取得可靠的消毒效果；季铵盐类是阳离子表面活性剂，因其杀菌作用的阳离子具有亲脂性，而革兰氏阳性菌的细胞壁含类脂多于革兰氏阴性菌，故革兰氏阳性菌更易被季铵盐类消毒剂灭活；如为杀灭病毒，应选择对病毒消毒效果好的碱类消毒剂、季铵盐类消毒剂及过氧乙酸等；同一种类病原微生物所处的不同状态，对消毒剂的敏感性也不同。同一种类细菌的繁殖体比其芽孢对消毒剂的抵抗力弱得多，生长期的细菌比静止期的细菌对消毒剂的抵抗力也低。

（2）考虑消毒对象。不同的消毒对象，对消毒剂有不同的要求。选择消毒剂时既要考虑对病原微生物的杀灭作用，又要考虑消毒剂对消毒对象的影响。不同的消毒对象应选用不同的消毒药物。

（3）考虑消毒的时机。平时消毒，最好选用对广范围的细菌、病毒、霉菌等均有杀灭效果，而且是低毒、无刺激性和腐蚀

性，对畜禽无危害，产品中无残留的常用消毒剂。在发生特殊传染病时，可选用任何一种高效的非常用消毒剂，因为是在短期间内应急防疫的情况下使用，所以无须考虑其对消毒物品有何影响，而是把防疫灭病的需要放在第一位。

（4）考虑消毒剂的生产厂家。目前生产消毒剂的厂家和产品种类较多，产品的质量参差不齐，效果不一。所以选择消毒剂时应注意消毒剂的生产厂家，选择生产规范、信誉度高的厂家的产品。同时要防止购买假冒伪劣产品。

（二）化学消毒剂的使用

1. 化学消毒剂的使用方法　化学消毒剂的使用方法很多，常用的方法有以下几种：

（1）浸泡法。选用杀菌谱广、腐蚀性弱、水溶性消毒剂，将物品浸没于消毒剂内，在标准的浓度和时间内，达到消毒灭菌目的。浸泡消毒时，消毒液连续使用过程中，消毒有效成分不断消耗，因此需要注意有效成分浓度变化，应及时添加或更换消毒液。当使用低效消毒剂浸泡时，需注意消毒液被污染的问题，从而避免疫源性的感染。

（2）擦拭法。选用易溶于水、穿透性强的消毒剂，擦拭物品表面或动物体表皮肤、黏膜、伤口等处。在标准的浓度和时间里达到消毒灭菌目的。

（3）喷洒法。将消毒液均匀喷洒在被消毒物体上。如用5%来苏儿溶液喷洒消毒畜禽舍地面等。

（4）喷雾法。将消毒液通过喷雾形式对物体表面、畜禽舍或动物体表进行消毒。

（5）发泡（泡沫）法。此法是自体表喷雾消毒后开发的又一新的消毒方法。所谓发泡消毒，是指把高浓度的消毒液用专用的发泡机制成泡沫散布在畜禽舍内面及设施表面。主要用于水资源贫乏的地区或为了避免消毒后的污水进入污水处理系统破坏活性污泥的活性以及自动环境控制的畜禽舍，一般用水量仅为常规消毒法的1/10。采用发泡消毒法，对一些形状复杂的器具、设备进行消毒时，由于泡沫能较好地附着在消毒对象的表面，故能得到较为一致的消毒效果，且由于泡沫能较长时间附着在消毒对象表面，从而延长了消毒剂作用时间。

(6) 洗刷法。用毛刷等蘸取消毒剂溶液在消毒对象表面洗刷。如外科手术前术者的手用洗手刷在0.1%新洁尔灭溶液中洗刷消毒。

(7) 冲洗法。将配制好的消毒液冲入直肠、瘘管、阴道等部位或冲湿物体表面进行消毒。这种方法消耗大量的消毒液，一般较少使用。

(8) 熏蒸法。通过加热或加入氧化剂，使消毒剂呈气体或烟雾，在标准的浓度和时间里达到消毒灭菌目的。适用于畜禽舍内物品及空气消毒精密贵重仪器和不能蒸、煮、浸泡消毒的物品的消毒。环氧乙烷、甲醛、过氧乙酸以及含氯消毒剂均可通过此种方式进行消毒，熏蒸消毒时环境湿度是影响消毒效果的重要因素。

(9) 撒布法。将粉剂型消毒剂均匀地撒布在消毒对象表面。如含氯消毒剂可直接用药物粉剂进行消毒处理，通常用于地面消毒。消毒时，需要较高的湿度使药物潮解才能发挥作用。

化学消毒剂的使用方法应依据化学消毒剂的特点、消毒对象的性质及消毒现场的特点等因素合理选择。多数消毒剂既可以浸泡、擦拭消毒，也可以喷雾处理，根据需要选用合适的消毒方法。如只在液体状态下才能发挥出较好消毒效果的消毒剂，一般采用液体喷洒、喷雾、浸泡、擦拭、洗刷、冲洗等方式。对空气或空间进行消毒时，可使用部分消毒剂进行熏蒸。同样消毒方法对不同性质的消毒对象，效果往往也不同。如光滑的表面，喷洒药液不易停留，应以擦拭、洗刷、冲洗为宜。较粗糙表面易使药

液停留，可用喷洒、喷雾消毒。消毒还应考虑现场条件。在密闭性好的室内消毒时，可用熏蒸消毒，密闭性差的则应用消毒液喷洒、喷雾、擦拭、洗刷的方法。

2. 化学消毒法的选择

（1）根据病原微生物选择。由于各种微生物对消毒因子的抵抗力不同，所以要有针对性地选择消毒方法。一般认为，微生物对消毒因子的抵抗力从低到高的顺序为：亲脂病毒（乙肝病毒、流感病毒）、细菌繁殖体、真菌、亲水病毒（甲型肝炎病毒、脊髓灰质炎病毒）、分枝杆菌、细菌芽胞、朊病毒。对于一般细菌繁殖体、亲脂性病毒、螺旋体、支原体、衣原体和立克次体等，可用煮沸消毒或低效消毒剂等常规消毒方法，如用新洁尔灭、洗必泰等；对于结核杆菌、真菌等耐受力较强的微生物，可选择中效消毒剂与热力消毒方法；对于污染抗力很强的细菌芽孢需采用热力、辐射及高效消毒剂的方法，如过氧化物类、醛类与环氧乙烷等。另外真菌孢子对紫外线抵抗力强，季铵盐类对肠道病毒无效。

（2）根据消毒对象选择。同样的消毒方法对不同性质的物品消毒效果往往不同。例如，物体表面可擦拭、喷雾，而触及不到的表面可用熏蒸，小物体还可以浸泡。在消毒时，还要注意保护被消毒物品，使其不受损害。如皮毛制品不耐高温，对于食物、餐具、茶具和饮水等不能使用有毒或有异味的消毒剂消毒等。

（3）根据消毒现场选择。进行消毒的环境往往是复杂的，对消毒方法的选择及效果的影响也是多样的。如进行居室消毒，房屋密闭性好的，可以选用熏蒸消毒；密闭性差的最好用液体消毒剂处理。对物品表面消毒时，耐腐蚀的物品用喷洒的方法好，易腐蚀的物品要用无腐蚀或低腐蚀的化学消毒剂擦拭的方法消毒。对垂直墙面的消毒，光滑表面药物不易停留，使用冲洗或药物擦拭方法效果较好；粗糙表面较易濡湿，以喷雾处理较好。进

行室内空气消毒时，通风条件好的可以利用自然换气法；若通风不好，污染空气长期滞留在建筑物内的，可以使用药物熏蒸或气溶胶喷洒等方法处理。又如对空气的紫外线消毒，当室内有人时只能用反向照射法（向上方照射），以免对人和羊造成伤害。

用普通喷雾器喷雾时，地面喷雾量为200~300毫升/米^2，其他消毒剂溶液喷洒至表面湿润，要湿而不流，一般用量50~200毫升/米^2。应按照先上后下、先左后右的方法，依次进行消毒。超低容量喷雾只适用于室内使用，喷雾时，应关好门窗，消毒剂溶液要均匀覆盖在物品表面上。喷雾结束60分钟后，打开门窗，散去空气中残留的消毒剂。

喷洒有刺激性或腐蚀性消毒剂时，消毒人员应戴防护口罩和眼镜。所用清洁消毒工具（抹布、拖把、容器）每次使用后用清水冲洗，悬挂晾干备用，有污染时用250~500毫克/升有效氯消毒液浸泡30分钟，用清水清洗干净，晾干备用。

（4）根据安全性选择。选用消毒方法应考虑安全性，例如，在人群集中的地方，不宜使用具有毒性和刺激性的气体消毒剂，在距火源（50米以内）的场所，不能使用大量环氧乙烷气体消毒。

（5）根据卫生防疫要求选择。在发生传染病的重点地区，要根据卫生防疫要求，选择合适的消毒方法，加大消毒剂量和消毒频次，以提高消毒质量和效率。

（6）根据消毒剂的特性选择。应用化学消毒剂，应严格注意药物性质、配置浓度，消毒剂量和配置比例应准确，应随配随用，防止过期。应按规定保证足够的消毒时间，注意温度、湿度、pH值，特别是有机物以及被消毒物品性质和种类对消毒的影响。

3. 化学消毒剂使用注意事项　化学消毒剂使用前应认真阅读说明书，弄清消毒剂的有效成分及含量，看清标签上的标示浓

度及稀释倍数。消毒剂均以含有效成分的量表示，如含氯消毒剂以有效氯含量表示，60%二氯异氰尿酸钠为原粉中含60%有效氯，20%过氧乙酸指原液中含20%的过氧乙酸，5%新洁尔灭指原液中含5%的新洁尔灭。对这类消毒剂稀释时不能将其当成100%计算使用浓度，而应按其实际含量计算。使用量以稀释倍数表示时，表示1份的消毒剂以若干份水稀释而成，如配制稀释倍数为1 000倍时，即在每升水中加1毫升消毒剂。

使用量以“%”表示时，消毒剂浓度稀释配制计算公式为：$C_1V_1=C_2V_2$（C_1为稀释前溶液浓度，C_2为稀释后溶液浓度，V_1为稀释前溶液体积，V_2为稀释后溶液体积）。

应根据消毒对象的不同，选择合适的消毒剂和消毒方法，联合或交替使用，以使各种消毒剂的作用优势互补，做到全面彻底地消灭病原微生物。

不同消毒剂的毒性、腐蚀性及刺激性均不同，如含氯消毒剂、过氧乙酸、二氧化氯等对金属制品有较大的腐蚀性，对织物有漂白作用，慎用于这种材质物品，如果使用，应在消毒后用水漂洗或用清水擦拭，以减轻对物品的损坏。预防性消毒时，应使用推荐剂量的低限。盲目、过度使用消毒剂，不仅浪费损坏物品，也大量地杀死许多有益微生物，而且残留在环境中的化学物质越来越多，成为新的污染源，对环境造成严重后果。

大多数消毒剂有效期为1年，少数消毒剂不稳定，有效期仅为数月，如有些含氯消毒剂溶液。有些消毒剂原液比较稳定，但稀释成使用液后不稳定，如过氧乙酸、过氧化氢、二氧化氯等消毒液，稀释后不能放置时间过长。有些消毒液只能现生产现用，不能储存，如臭氧水、酸性氧化电位水等。

配制和使用消毒剂时应注意个人防护，注意安全，必要时应戴防护眼镜、口罩和手套等。消毒剂仅用于物体及外环境的消毒处理，切忌内服。

多数消毒剂在常温下于阴凉处避光保存。部分消毒剂易燃易爆，保存时应远离火源，如环氧乙烷和醇类消毒剂等。千万不要用盛放食品、饮料的空瓶灌装消毒液，如使用必须撤去原来的标签，贴上一张醒目的消毒剂标签。消毒液应放在儿童拿不到的地方，不要将消毒液放在厨房或与食物混放。万一误用了消毒剂，应立即采取紧急救治措施。

4. 化学消毒剂误用或中毒后的紧急处理 大量吸入化学消毒剂时，要迅速从有害环境撤到空气清新处，更换被污染的衣物，对手和其他暴露皮肤进行清洗，如大量接触或有明显不适的要尽快就近就诊；皮肤接触高浓度消毒剂后及时用大量流动清水冲洗，用淡肥皂水清洗，如皮肤仍有持续疼痛或刺激症状，要在冲洗后就近就诊；化学消毒剂溅入眼睛后立即用流动清水持续冲洗不少于 15 分钟，如仍有严重的眼花、局部疼痛、畏光、流泪等症状，要尽快就近就诊；误服化学消毒剂中毒时，成年人要立即口服牛奶 200 毫升，也可服用生蛋清 3~5 个。一般还要催吐、洗胃。含碘消毒剂中毒可立即服用大量米汤、淀粉浆等。出现严重胃肠道症状者，应立即就近就诊。

三、消毒药物的使用方法

由于消毒药品和被消毒对象种类繁多，消毒药品的使用方法也是多种多样，实践中，常用的有以下几种。

1. 喷雾法 此法是指把药物装在喷雾器内，手动或机动加压使消毒液呈雾粒状喷出，均匀地滴落在物体表面或地面。

2. 熏蒸法 此法是指将消毒药加热或利用药品的理化特性使消毒药形成含药的蒸汽。一般用于空间消毒或密闭消毒室内物品消毒，如福尔马林熏蒸消毒等。

3. 喷洒法 此法是指一般是将药物装入喷壶或直接泼洒，使消毒液均匀地洒到物体表面或地面。场地和圈舍消毒时常用此

法。

4. 冲洗法 此法是指将消毒药装入密闭容器或高压枪里，可采用各种不同的压力喷洗，冲入的药液视不同的消毒药而定。

5. 浸泡法 就是将消毒药品浸没在消毒药中一定时间。

6. 洗刷法 此法是指用毛刷等蘸取消毒药适量，在动物体表或物品表面洗刷。对金属物品洗刷消毒时应禁用腐蚀性的药品。

7. 涂擦法 此法是指用纱布蘸取消毒液在物体表面擦拭消毒，或用脱脂棉球浸湿消毒液在皮肤、黏膜伤口等处进行涂擦等。

8. 撒布法 此法是指将粉剂型消毒药均匀撒布在消毒对象表面。如用生石灰加适量水使之松散后，撒布在潮湿地面、粪池周围及污水沟进行消毒。

9. 拌和法 此法是指对粪便、垃圾等污物消毒时，可用粉剂消毒药品与其拌和均匀，堆放一定时间，就能达到消毒目的。如将漂白粉与粪便按 1∶5 的比例拌和均匀可进行粪便的消毒。

四、影响消毒效果的因素

消毒效果受许多因素的影响，了解和掌握这些因素，可以指导正确进行消毒工作，提高消毒效果；反之，处理不当，只会影响消毒效果，导致消毒失败。影响消毒效果的因素很多，概括起来主要有以下几个方面。

（一）消毒剂的种类

针对所要消毒的微生物特点，选择恰当的消毒剂很关键，如果要杀灭细菌芽孢或非囊膜病毒，则必须选用灭菌剂或高效消毒剂，也可选用物理灭菌法，才能取得可靠的消毒效果，若使用酚制剂或季铵盐类消毒剂则效果很差；季铵盐类是阳离子表面活性剂，有杀菌作用的阳离子具有亲脂性，杀革兰氏阳性菌和囊膜病

毒效果较好，但对非囊膜病毒就无能为力了。龙胆紫对葡萄球菌的效果特别强。热对结核杆菌有很强的杀灭作用，但一般消毒剂对其作用要比对常见细菌繁殖体的作用差。所以为了取得理想的消毒效果，必须根据消毒对象及消毒剂本身的特点科学地进行选择，采取合适的消毒方法使其达到最佳消毒效果。

（二）消毒剂的配方

良好的配方能显著提高消毒的效果。如用70%乙醇配制季铵盐类消毒剂比用水配制穿透力强，杀菌效果更好；苯酚若制成甲苯酚的肥皂溶液就可杀死大多数繁殖体微生物；超声波和戊二醛、环氧乙烷联合应用，具有协同效应，可提高消毒效力；另外，用具有杀菌作用的溶剂，如甲醇、丙二醇等配制消毒液时，常可增强消毒效果。当然，消毒药之间也会产生拮抗作用，如酚类不宜与碱类消毒剂混合，阳离子表面活性剂不宜与阴离子表面活性剂（肥皂等）及碱类物质混合，它们彼此会发生中和反应，产生不溶性物质，从而降低消毒效果。次氯酸盐和过氧乙酸会被硫代硫酸钠中和。因此，消毒药不能随意混合使用，但可考虑选择几种产品轮换使用。

（三）消毒剂的浓度

任何一种消毒药的消毒效果都取决于其与微生物接触的有效浓度，同一种消毒剂的浓度不同，其消毒效果也不一样。大多数消毒剂的消毒效果与其浓度成正比，但也有些消毒剂的消毒效果与其浓度成反比，即随着浓度的增大消毒效果反而下降。各种消毒剂受浓度影响的程度不同，每一种消毒剂都有它的最低有效浓度，要选择有效而又对人畜安全并对设备无腐蚀的杀菌浓度。消毒液浓度并不是越高越好，浓度过高，一是浪费，二会腐蚀设备，三还可能对羊造成危害。另外，有些消毒药浓度过高反而会使消毒效果下降，如乙醇在75%时消毒效果最好。消毒液用量方面，在喷雾消毒时按每立方米空间30毫升为宜，太大会导致舍内

过湿，用量小又达不到消毒效果。一般应灵活掌握，在羊群发病、温暖天气等情况下应适当加大用量，而天气冷时用量应减少。

（四）作用时间

消毒剂接触微生物后，要经过一定时间后才能杀死病原，只有少数能立即产生消毒作用，所以要保证消毒剂有一定的作用时间，消毒剂与微生物接触时间越长消毒效果越好，接触时间太短往往达不到消毒效果。被消毒物上微生物数量越多完全灭菌所需时间越长。此外，大部分消毒剂在干燥后就失去消毒作用，溶液型消毒剂在溶液中才能有效地发挥作用。

（五）温度

一般情况下，消毒液温度越高，药物的渗透能力也会越强，消毒效果也越大，消毒所需要的时间也就缩短。实验证明，消毒液温度每提高 10℃，杀菌效力增加 1 倍，但配制消毒液的水温以不超过 45℃为好。一般温度按等差级数增加，则消毒剂杀菌效果按几何级数增加。许多消毒剂在温度低时，反应速度缓慢，影响消毒效果，甚至不能发挥消毒作用。如福尔马林在室温 15℃以下用于消毒时，即使用其有效浓度，也不能达到很好的消毒效果，但在室温 20℃以上时，消毒效果很好。因此，在熏蒸消毒时，需将舍温提高到 20℃以上，才有较好的效果。

（六）湿度

湿度对许多气体消毒剂的作用有显著影响。这种影响来自两方面：一是消毒对象的湿度，它直接影响微生物的含水量。如用环氧乙烷消毒时，细菌含水量太多，则需要延长消毒时间；细菌含水量太少，消毒效果亦明显降低。二是消毒环境的相对湿度。每种气体消毒剂都有其适宜的相对湿度范围，如甲醛以相对湿度大于 60% 为宜，用过氧乙酸消毒时要求相对湿度不低于 40%，以 60%～80% 为宜；熏蒸消毒时需将舍内相对湿度提高到 60%～70% 才有效果。直接喷洒消毒剂干粉处理地面时，需要有较高的相对湿度，使药物潮解后才能发挥作用，如生石灰单独用于消毒是无效的，须洒上水或制成石灰乳等。而紫外线消毒时，相对湿度增高，反而影响穿透力，不利于消毒处理。

（七）酸碱度（pH 值）

pH 值可从两方面影响消毒效果，一是对消毒的作用，pH 值变化可改变其溶解度、离解度和分子结构；二是对微生物的影响，病原微生物的适宜 pH 值在 6~8，过高或过低的 pH 值有利于杀灭病原微生物。酚类、交氯酸等是以非离解形式起杀菌作用，所以在酸性环境中杀灭微生物的作用较强，碱性环境就差。在偏碱性时，细菌带负电荷多，有利于阳离子型消毒剂作用；而对阴离子消毒剂来说，酸性条件下消毒效果更好些。新型的消毒剂常含有缓冲剂等成分，可以减少 pH 值对消毒效果的直接影响。

（八）表面活性和稀释用水的水质

非离子表面活性剂和大分子聚合物可以降低季铵盐类消毒剂的作用；阴离子表面活性剂会影响季铵盐类的消毒作用。因此，在用表面活性剂消毒时应格外小心。由于水中金属离子（如 Ca^{2+} 和 Mg^{2+}）对消毒效果也有影响，所以，在稀释消毒剂时，必须考虑稀释用水的硬度问题。如季铵盐类消毒剂在硬水环境中消毒效果不好，最好选用蒸馏水进行稀释。一种好的消毒剂应该能耐受各种不同的水质，不管是硬水还是软水，消毒效果都不受影响。

（九）污物、残料和有机物的存在

灰尘、残料等都会影响消毒液的消毒效果。对料槽、饮水器等用具消毒时，一定要先清洗再消毒，不能清洗、消毒一步完成，否则污物或残料会严重影响消毒效果，使消毒不彻底。

消毒现场通常会遇到各种有机物，如血液、血清、培养基成分、分泌物、脓液、饲料残渣、泥土及粪便等，这些有机物的存

在会严重干扰消毒剂的消毒效果。因为有机物覆盖在病原微生物表面，妨碍消毒剂与病原直接接触而延迟消毒反应，以至于对病原杀不死、杀不全。部分有机物可与消毒剂发生反应生成溶解度更低或杀菌能力更弱的物质，甚至产生的不溶性物质反过来与其他组分一起对病原微生物起到机械保护作用，阻碍消毒过程的顺利进行。同时有机物消耗部分消毒剂，降低了对病原微生物的作用浓度。如蛋白质能消耗大量的酸性或碱性消毒剂；阳离子表面活性剂等易被脂肪、磷脂类有机物所溶解吸收。因此，在消毒前要先清洁再消毒。当然各种消毒剂受有机物影响程度有所不同。在有机物存在的情况下，氯制剂消毒效果显著降低；季铵盐类、过氧化物类等消毒作用也明显地受有机物影响；但烷基化类、戊二醛类及碘伏类消毒剂受有机物影响就较小些。对大多数消毒剂来说，当有有机物影响时，需要适当加大处理剂量或延长作用时间。

（十）微生物的类型和数量

不同类型的微生物对消毒剂的敏感性不同，而且每种消毒剂都有各自的特点，因此消毒时应根据具体情况科学地选用消毒剂。

为便于消毒工作的进行，往往将病原微生物对杀菌因子抗力分为若干级以作为选择消毒方法的依据。过去，在致病微生物中多以细菌芽孢的抗力最强，分枝杆菌其次，细菌繁殖体最弱。但根据近年来对微生物抗力的研究，微生物对化学因子抗力的排序依次为：感染性蛋白因子（牛海绵状脑病病原体）、细菌芽孢（炭疽杆菌、梭状芽孢杆菌、枯草杆菌等芽孢）、分枝杆菌（结核杆菌）、革兰氏阴性菌（大肠杆菌、沙门氏菌等）、真菌（念珠菌、曲霉菌等）、无囊膜病毒（亲水病毒）或小型病毒（腺病毒等）、革兰氏阳性菌繁殖体（金黄色葡萄球菌、绿脓杆菌等）、囊膜病毒（亲脂病毒等）或中型病毒（疱疹病毒、流感病毒等）。其中，抗力最强的不再是细菌芽孢，而是最小的感染性蛋白因子（朊粒）。因此，在选择消毒剂时，应根据这些新的排序加以考虑。

目前所知，对感染性蛋白因子（朊粒）的灭活只有3种方法效果较好：一是长时间的压力蒸汽处理，132℃（下排气），30分钟或134~138℃（预真空），18分钟；二是浸泡于1摩尔/升氢氧化钠溶液作用15分钟，或含8.25%有效氯的次氯酸钠溶液作用30分钟；三是先浸泡于1摩尔/升氢氧化钠溶液内作用1小时后以121℃压力蒸汽，处理60分钟。杀芽孢类消毒剂目前公认的主要有戊二醛、甲醛、环氧乙烷及氯制剂和碘伏等。本分类制剂、阳离子表面活性剂、季铵盐类等消毒剂对畜禽常见囊膜病毒有很好的消毒效果，但其对无囊膜病毒的效果就很差；无囊膜病毒必须用碱类、过氧化物类、醛类、氯制剂和碘伏类等高效消毒剂才能确保有效杀灭。

消毒对象的病原微生物污染数量越多，则消毒越困难。因此，对严重污染物品或高危区域，如孵化室及伤口等破损处应加强消毒，加大消毒剂的用量，延长消毒剂作用时间，并适当增加消毒次数，这样才能达到良好的消毒效果。

五、消毒过程中存在的误区

养羊户在消毒过程中存在许多误区，致使消毒达不到理想效果。常见消毒误区主要表现在以下几点。

（一）未发生疫病可以不进行消毒

消毒的主要目的是杀灭传染源的病原体，羊传染病的发生要有三个基本环节：传染源，传播途径，易感动物。在畜禽养殖中，有时没有疫病发生，但外界环境存在传染源，传染源会释放病原体，病原体就会通过空气、饲料、饮水等途径，入侵易感羊群，引起疫病发生。如果没有及时消毒，净化环境，环境中的病原体就会越积越多，达到一定程度时，就会引起疫病的发生。因

此，未发生疫病地区的养殖户更应进行消毒，防患于未然。

（二）消毒前环境不进行彻底清扫

由于养殖场存在大量的有机物，如粪便、饲料残渣、畜禽分泌物、体表脱落物，以及鼠粪、污水或其他污物，这些有机物中藏匿有大量病原微生物。这会消耗或中和消毒剂的有效成分，严重降低消毒剂对病原微生物的作用浓度，所以说彻底清扫是有效消毒的前提。这里要引起大家注意的是，就清扫消毒在清除病原中的分量来看，清扫占70%，消毒只占30%。也就是说，要重视清扫，要清扫之后再消毒。

（三）消过毒羊群就不会再得传染病

尽管进行了消毒，但并不一定就能收到彻底的消毒效果，这与选用的消毒剂品种、消毒剂质量及消毒方法有关。而且，即便已经彻底规范消毒，短时间内很安全，但许多病原体可以通过空气、飞禽、老鼠等媒介传播，养殖动物自身不断污染环境，也会使环境中的各种致病微生物大量繁殖，所以必须定时、定位、彻底、规范消毒，同时结合有计划地免疫接种，才能做到羊只不得病或少得病。

（四）消毒剂气味越浓、效果越好

消毒效果的好坏，主要和它的杀菌能力、杀菌谱有关。目前市场上一些先进的、好的消毒剂没有什么气味，如季氨盐络合碘溶液、聚维酮碘、聚醇醚碘、过硫酸盐等；相反有些气味浓、刺激性大的消毒剂，存在着消毒盲区，且气味浓、刺激性大的消毒剂对羊只呼吸道、体表等有一定的伤害，反而易引起呼吸道疾病。

（五）长期固定使用单一消毒剂

长期固定使用单一消毒剂，细菌、病毒也可能会产生抗药性；同时由于杀菌谱的宽窄，可能不能杀灭某种致病菌，使其大量繁殖，对消毒剂也可能产生抗药性；因此最好用几种不同类型的消毒剂轮换使用。

（六）饮水消毒的误区

饮水消毒实际是要把饮水中的微生物杀灭或者减少，以控制羊体内的病原微生物。如果任意加大消毒药物的浓度或让羊长期饮用，除可引起羊只急性中毒外，还可杀死或抑制肠道内的正常菌群，对羊只健康造成危害。所以饮水消毒要严格控制配比浓度和饮用时间。

（七）带羊喷雾消毒的误区

随着规模化养羊的不断发展，带羊消毒已成为规模化羊场常规的生物安全防控措施之一。但在实际应用过程中，羊场存在很多带羊消毒的误区，如果操作不当，不但不会降低疫病风险，反而会损害羊群健康。下面列举了几个常见的羊场带羊消毒误区，希望引起大家的重视。

1. 带羊消毒就是将羊舍中的病原微生物全部杀死 从“带羊消毒”的字面意义上理解，很容易让大家认为，带羊消毒就是要将羊生存环境中的病原微生物全部杀死。但羊是活的生命体，生命体喜欢的是自然、清新的环境，而自然环境中最重要的组成部分就是无处不在的微生物。生命体如果脱离微生物环境，就像生活在沙漠或真空里，很难长期生存。由于规模化羊场的饲养密度大，羊舍内环境质量非常差，各种微生物的数量严重超标。有数据显示，在正常无疫情的情况下，密闭式羊舍在寒冷季节和温暖季节舍内空气中细菌浓度分别是舍外空气的 1 100 倍和 500 倍，半开放式羊舍空气中的细菌浓度是舍外的 1 100 倍和 580 倍。因此带羊消毒的目的是要降低环境中病原微生物的数量，使其不能够对羊群的健康造成危害，而不是要将羊舍中的所有病原微生物全部杀死。在实际生产应用中，我们也能认识到，不论多么高效的消毒剂，都不能百分之百地杀灭环境中的所有微生物，也不可能 24 小时连续进行带羊消毒。所以，应该重新认识带羊消毒的

目的，避免陷入误区。

羊场带羊消毒的目的除了要降低舍内病原微生物的数量外，还应包括降低舍内有害气体的含量。特别是羊场冬季时为了保温，羊舍内的氨气、二氧化碳、硫化氢以及悬浮颗粒物含量大幅增加，这些有害物质会破坏羊的呼吸道屏障，增加呼吸道及其他疾病发病概率。所以羊场在选择消毒剂时还应考虑到消毒剂的空气清新作用。比如可以选择弱酸性的消毒剂，中和舍内的氨气。中药消毒剂一般选用具有芳香化浊辟秽类的名贵中药，提取物的 pH 值多在 6 左右，除了可以中和舍内氨气，还具有芳香、化浊的作用，可明显改善羊舍内空气质量。

2. 带羊消毒应选择杀菌效果最好的消毒剂 市面上消毒剂的种类繁多，羊场在选择消毒剂时，不但要看消毒剂的杀菌效果，还要看其对羊体自身造成损害的程度。比如强酸、强碱类的过氧乙酸和氢氧化钠（火碱），对羊的皮肤、呼吸道黏膜会造成严重的损伤；戊二醛对眼睛、皮肤、黏膜有强烈的刺激作用，吸入可引起喉、支气管的炎症，化学性肺炎，肺水肿等；季铵盐类消毒剂长期使用会使皮肤表皮老化，通过皮肤进入机体后产生慢性中毒并积聚，难以降解。从严格意义上来说，所有的化学消毒剂都会对羊体自身造成损害，特别是对羊呼吸道黏膜造成损伤，只是损害的程度有所不同。因此，在选择带羊消毒剂时除了看杀菌效果，还要看消毒剂的毒性，应选择既可以杀灭病原微生物，又不会对羊群健康造成损害的纯中药消毒剂。中药消毒剂在除菌率方面完全可以达到化学消毒剂的效果，由于其取材为纯中药植物，毒副作用远远低于化学消毒剂。中药消毒剂中的某些成分还具有镇静、止咳、平喘的作用，同时对羊呼吸道黏膜有很好的保护作用。

3. 带羊消毒频率随意调整 很多羊场认为，既然消毒不能将羊舍中的病原微生物全部杀死，就没有必要经常消毒，只是每月偶尔象征性地消毒1次，或者听到外面有传染病疫情时再进行消毒，其实这些做法是非常错误的。羊群每天都通过呼吸、粪尿向体外排出大量的病原体，我们必须通过消毒来降低环境中致病微生物的数量，如果任由环境中病原微生物繁殖，当其超过羊群自身的抵抗能力时，就会造成羊群发病。所以规模化羊场应该每两天带羊消毒1次最好，至少做到2次/周。这样才能确保环境中的病原微生物不会对羊群健康造成严重影响。北方有些羊场的保温设施比较落后，舍内温度较低，这种情况下带羊消毒不但会降低舍内温度，同时会增加舍内湿度。这时羊场应采用灵活的应对措施，比如选择在中午温暖的时候进行消毒；在过道地面铺撒白灰，以降低舍内湿度；选择具有挥发性的中药消毒剂悬挂到舍内，适当降低带羊喷雾频率等。

带羊消毒是羊场生物安全防控工作的重要措施之一，只有认清带羊消毒的作用，选择合适的消毒剂，才能起到事半功倍的效果。随着国家对环境保护要求的逐年提高，化学消毒剂对土壤、地下水的污染已经引起国家有关部门的高度重视。纯中药的植物消毒剂在消毒效果方面完全可以达到化学消毒剂的标准，对羊群无任何毒副作用，对环境没有任何污染，是羊场带羊消毒剂的首选。同时，纯中药的植物消毒剂在保护羊呼吸道黏膜方面有其独特的优势，具有镇静、止咳、平喘的作用，可以明显降低羊呼吸道及其他疾病的发病率，是未来绿色消毒剂的发展方向。

（八）消毒浓度越高，消毒效果越好

消毒浓度是决定消毒液杀菌（毒）力的首要因素，但也不是唯一因素，也不是浓度越高越好，如96%以上乙醇不如70%乙醇的杀菌效果好。影响消毒效果的因素很多，要根据不同的消毒对象和消毒目的选择不同的消毒剂，选择合适的浓度和消毒方法等。消毒剂对动物多少都有点影响，浓度越高对动物越不安全，搞好消毒工作的同时还应时刻关注动物的安全。

六、常用化学消毒剂

20 世纪 50 年代以来，世界上出现了许多新型化学消毒剂，逐渐取代了一些古老的消毒剂。碘释放剂、氯释放剂、长链季铵、双长链季铵、戊二醛、二氧化氯等都是 50～70 年代逐渐发展起来的。进入 90 年代消毒剂在类型上没有重大突破，但组配复方制剂增多。国际市场上消毒剂商品名目繁多。美国人医与兽医用的消毒剂品名有 1 400 多种，但其中 92%是由 14 种成分配制而成。我国消毒剂市场发展也很快，消毒剂的商品名已达 50～60 种，但按成分分类只有 7～8 种。

（一）醛类消毒剂

醛类消毒剂是使用最早的一类化学消毒剂，这类消毒剂抗菌谱广、杀菌作用强，具有杀灭细菌、芽孢、真菌和病毒的作用；性能稳定、容易保存和运输、腐蚀性小，而且价格便宜。广泛应用于畜禽舍的环境、用具、设备的消毒，尤其对疫源地芽孢消毒。近年来，利用醛类与其他消毒剂的协同作用以降低或消除其刺激性，提高其消毒效果和稳定性，研制出以醛类为主要成分的复方消毒剂。由广东农业科学院兽医研究所研制的长效清（主要成分为甲醛和三差羟甲基硝基甲烷）便是一种复方甲醛制剂，对各类病原体有快速杀灭作用，消毒池内可持续效力达 7 天以上。

1. 甲醛 甲醛又称蚁醛，有刺激性，特臭，久置发生浑浊。易溶于水和醇，在水中有较好的稳定性。37%～40%的甲醛溶液称为福尔马林。制剂主要有福尔马林和多聚甲醛（91%～94%甲醛)。适用于环境、笼舍、用具、器械、污染物品等的消毒；常用的方法为喷洒、浸泡、熏蒸。一般以 2%的福尔马林消毒器械，浸泡 1～2 小时。5%～10%福尔马林溶液喷洒畜禽舍环境或每立方米空间用福尔马林 25 毫升，水 12.5 毫升，加热（或加等量高锰酸钾）熏蒸 12～24 小时后开窗通风。本品对眼睛和呼吸道有刺激作用，消毒时穿戴防护用具（口罩、手套、防护服等），熏蒸时人员、动物不可停留于消毒空间。

2. 戊二醛 戊二醛为无色挥发性液体，其主要产品有碱性戊二醛、酸性戊二醛和强化中性戊二醛。杀菌性能优于甲醛2~3倍，可高效、广谱、快速杀灭细菌繁殖体、细菌芽孢、真菌、病毒等微生物。适用于器械、污染物品、环境、粪便、圈舍、用具等的消毒。可采取浸泡、冲洗、清洗、喷洒等方法。2%的碱性水溶液用于消毒诊疗器械，熏蒸用于消毒物体表面。2%的碱性水溶液杀灭细菌繁殖体及真菌需10~20分钟，杀灭芽孢需4~12小时，杀灭病毒需10分钟。使用戊二醛消毒灭菌后的物品应用清水及时去除残留物质；保证足够的浓度（不低于2%）和作用时间；灭菌处理前后的物品应保持干燥；本品对皮肤、黏膜有刺激作用，亦有致敏作用，应注意对操作人员的保护；注意防腐蚀；可以带动物使用，但空气中最高允许浓度为0.05毫克/千克；戊二醛在pH值小于5时最稳定，在pH值为7~8.5时杀菌作用最强，可杀灭金黄色葡萄球菌、大肠杆菌、肺炎双球菌和真菌，作用时间只需1~2分钟。兽医诊疗中不能加热消毒的诊疗器械均可采用戊二醛消毒（浓度为0.125%~2.0%）。本品对环境易造成污染，英国现已停止使用。

（二）卤素及含卤化合物类消毒剂

卤素及含卤化合物类消毒剂主要有含氯消毒剂（包括次氯酸盐，各种有机氯消毒剂）、含碘消毒剂（包括碘酊、碘仿及各种不同载体的碘伏）和海因类卤化衍生物消毒剂。

1. 含氯消毒剂 含氯消毒剂是指在水中能产生具有杀菌作用的活性次氯酸的一类消毒剂，包括传统使用的无机含氯消毒剂，如次氯酸钠（10%~12%）、漂白粉（25%）、粉精（次氯酸钙为主，80%~85%）、氯化磷酸三钠（3%~5%）等和有机含氯消毒剂，如二氯异氰尿酸钠（60%~64%）、三氯异氰尿酸（87%~

90%)、氯铵 T（24%）等，品种达数十种。

由于无机氯制剂的性质不稳定，具有难储存、强腐蚀等缺点，近年来国内外研究开发出了性质稳定、易储存、低毒、含有效氯达 60%~90%的有机氯，如世界卫生组织公认的消毒剂二氯异氰尿酸钠、三氯异氰尿酸、三氯异氰尿酸钠、氯异氰尿酸钠。随着畜牧养殖业的飞速发展，以二氯异氰尿酸钠为原料制成的多种类型的消毒剂已得到了广泛的开发和利用。国内同类产品有优氯净（河北）、百毒克（天津）、威岛牌消毒剂（山东）、菌毒净（山东）、得克斯消毒片（山东）、氯杀宁（山西）、消毒王（江苏）、宝力消毒剂（上海）、万毒灵、强力消毒灵等，有效氯含量有 40%、20%及 10%等多种规格的粉剂。

含氯消毒剂的优点是广谱、高效、价格低廉、使用方便，对细菌、芽孢和多种病毒均有较好的灭菌能力，其杀菌效果取决于有效氯的含量，含量越高，杀菌力越强。

（1）漂白粉，又称含氯石灰、氯化石灰。白色颗粒状粉末，主要成分是次氯酸钙，含有效氯 25%~32%，在一般保存过程中，有效氯每月可减少 1%~3%。杀菌谱广，作用强，对细菌、芽孢、病毒等均有效，但不持久。漂白粉干粉可用于地面和人、畜排泄物的消毒，其水溶液用于厩舍、畜栏、饲槽、车辆、饮水、污水等消毒。饮水消毒用 0.03%~0.15%，喷洒、喷雾用 5%~10%乳液，也可以用干粉撒布。用漂白粉配制水溶液时应先加少量水，调成糊状，然后边加水边搅拌配成所需浓度的乳液使用，或静置沉淀，取澄清液使用。漂白粉应保存在密闭容器内，放在阴凉、干燥、通风处。漂白粉对织物有漂白作用，对金属制品有腐蚀性，对组织有刺激性，操作时应做好防护。

漂粉精为白色粉末，比漂白粉易溶于水且稳定，成分为次氯酸钙，含杂质少，有效氯含量为 80%~85%。使用方法、范围与漂白粉相同。

（2）次氯酸钠，无色至浅黄绿色液体，存在铁时呈红色，含有效氯10%~12%。为高效、快速、广谱消毒剂，可有效杀灭各种微生物，包括细菌、芽孢、病毒、真菌等。饮水的消毒，每立方米水加药30~50毫克，作用30分钟；环境消毒，每立方米水加药20~50克搅匀后喷洒、喷雾或冲洗；食槽、用具等的消毒，每立方米加药10~15克搅匀后刷洗并作用30分钟。本品对皮肤、黏膜有较强的刺激作用。水溶液不稳定，遇光和热都会加速分解，闭光密封保存有利于其稳定性。

（3）氯胺T，又称氯亚明，化学名为对甲基苯磺酰氯胺钠。荷兰英特威公司在我国注册的这种消毒剂，商品名为海氯（halamid）。消毒作用温和持久，对组织刺激性和受有机物影响小。0.5%~1%溶液，用于食槽、器皿消毒；3%溶液，用于排泄物与分泌物消毒；0.1%~0.2%溶液用于黏膜、阴道、子宫冲洗；1%~2%溶液用于创伤消毒；饮水消毒，每立方米用2~4毫克。与等量铵盐合用，可显著增强消毒作用。

（4）二氯异氰尿酸钠，又称优氯净，商品名为抗毒威。白色晶体，性质稳定，含有效氯60%~64%，本品广谱、高效、低毒、无污染、储存稳定、易于运输、水溶性好、使用方便、使用范围广，为氯化异氰尿酸类产品的主导品种。20世纪90年代以来，二氯异氰尿酸钠在剂型和用途方面已出现了多样化，由单一的水溶性粉剂，发展为烟熏剂、溶液剂、烟水两用剂（如得克斯消毒散）。烟碱、强力烟熏王等就是综合了国内现有烟雾消毒剂的特点，发展其烟雾量大、扩散渗透力强的优势，从而达到杀菌快速、全面的效果。二氯异氰尿酸钠能有效快速地杀灭各种细菌、真菌、芽孢、霉菌、霍乱弧菌，用于养殖业各种用具的消毒，乳制品业的用具消毒及乳牛的乳头浸泡，防止链球菌或葡萄球菌感染的乳腺炎；兽医诊疗场所、用具、垃圾和空间消毒，化验器皿、器具的无菌处理和物体表面消毒。饮水消毒，每立方米

水用药10毫克；环境消毒，每立方米加药1~2克搅匀后，喷洒或喷雾地面、厩舍；粪便、排泄物、污物等消毒，每立方米水加药5~10克搅匀后浸泡30~60分钟；食槽、用具等消毒，每立方米水加药2~3克搅匀后刷洗作用30分钟；非腐蚀性兽医用品消毒，每立方米加药2~4克搅匀后浸泡15~30分钟。可带畜、禽喷雾消毒；本品水溶液不稳定，有较强的刺激性，对金属有腐蚀性，对纺织品有损坏作用。

（4）三氯异氰尿酸，白色结晶粉末，微溶于水，易溶于丙酮和碱溶液，是一种高效的消毒杀菌漂白剂，含有效氯89.7%。具有强烈的消毒杀菌与漂白作用，其效率高于一般的氯化剂，特别适合于水的消毒杀菌。水中溶解后，水解为次氯酸和氰尿酸，无二次污染，是一种高效、安全的杀菌消毒和漂白剂。用于饮用水的消毒杀菌处理及畜牧、水产、传染病疫源地的消毒杀菌。

2. 含碘消毒剂 含碘消毒剂包括碘及以碘为主要杀菌成分制成的各种制剂。常用的有碘、碘酊、碘甘油、碘伏等。常用于皮肤、黏膜消毒和手术器械的灭菌。

（1）碘酒，又称碘酊，是一种温和的碘消毒剂溶液，兽医上一般配成5%（*W/V*）。常用于免疫、注射部位、外科手术部位皮肤以及各种创伤或感染的皮肤或黏膜消毒。

（2）碘甘油，含有效碘1%，常用于鼻腔黏膜、口腔黏膜及幼畜的皮肤和母畜的乳房皮肤消毒和清洗脓腔。

（3）碘伏，由于碘水溶性差，易升华、分解，对皮肤黏膜有刺激性和较强的腐蚀性等缺点，限制了其在畜牧兽医上的广泛应用。因此，20世纪70~80年代国外发明了一种碘释放剂，我国称碘伏，即将碘伏载在表面活性剂（非离子、阳离子及阴离子）、聚合物如聚乙烯吡咯烷酮（PVP）、天然物（淀物、糊精、纤维素）等载体上，其中以非离子表面活性剂最好。目前，国内已有多个厂家生产同类产品，如爱迪伏、碘福（天津）、爱好生

(湖南)、威力碘、碘伏(北京)、爱得福、消毒劲、强力碘以及美国打入大陆市场的百毒消等。百毒消具有获世界专利的独特配方，有零缺点消毒剂的美称，多年来一直是全球畜牧行业首选的消毒剂。南京大学化学系研制成功的固体碘伏即PVPI，在山东、江苏、深圳均有厂家生产，商品名为安得福、安多福。碘伏高效、快速、低毒、广谱，兼有清洁剂之作用。对各种细菌繁殖体、芽孢、病毒、真菌、结核分枝杆菌、螺旋体、衣原体及滴虫等有较强的杀灭作用。在兽医临床常用于：饮水消毒，每立方米水加5%碘伏0.2克即可饮用；黏膜消毒，用0.2%碘伏溶液直接冲洗阴道、子宫、乳室等；清创处理，用浓度0.3%~0.5%碘伏溶液直接冲洗创口，清洗伤口分泌物、腐败组织。也可以用于临产前母畜乳头、会阴部位的清洗消毒。碘伏要求在pH值2~5范围内使用，如pH值为2以下则对金属有腐蚀作用。其灭菌浓度为10毫克/升(1分钟)，常规消毒浓度15~75毫克/升。碘伏易受碱性物质及还原性物质影响，日光也能加速碘的分解，因此环境消毒受到限制。

3. 海因类卤化衍生物消毒剂 近年来，在寻找新型消毒剂时发现，二甲基海因(5，5-二甲基乙内酰脲，DMH)的卤化衍生物均有很好的杀菌作用，对病毒、藻类和真菌也有杀灭作用。常用的有二氯海因、二溴海因、溴氯海因等，其中以二溴海因为最好。本类消毒剂应贮存在阴凉、干燥的环境中，严禁与有毒、有害物品混放，以免被污染。

(1) 二溴海因(DBDMH)，为白色或淡黄色结晶性粉末，微溶于水，溶于氯仿、乙醇等有机溶剂，在强酸或强碱中易分解，干燥时稳定，有轻微的刺激气味。本品是一种高效、安全、广谱杀菌消毒剂，具有强烈杀灭细菌、病毒和芽孢的效果，且具有杀灭水体不良藻类的功效。可广泛用于畜禽饲养场所及用具、水产养殖业、饮水、水体消毒。一般消毒，250~500毫克/升，作

用10~30分钟；特殊污染消毒，500~1 000毫克/升，作用20~30分钟；诊疗器械用1 000毫克/升，作用1小时；饮水消毒，根据水质情况，加溴量2~10毫克/升；用具消毒，用1 000毫克/升，喷雾或超声雾化10分钟，作用15分钟。

（2）二氯海因（DCDMH），为白色结晶粉末，微溶于水，溶于多种有机溶剂与油类，在水中加热易分解，工业品有效氯含量70%以上，氯气味比三氯异氰尿酸或二氯异氰尿酸钠小得多，其消毒最佳pH值为5~7，消毒后残留物可在短时间内生物降解，对环境无任何污染。主要作为杀菌、灭藻剂，可有效杀灭各种细菌、真菌、病毒、藻类等，可广泛用于水产养殖、水体、器具、环境、工作服及动物体表的消毒杀菌。

（3）溴氯海因（BCDMH），为淡琥珀色结晶性粉末，可进一步加工成片剂，气味小，微溶于水，稍溶于某些有机溶剂，干燥时稳定，吸潮时易分解。本产品主要用作水处理剂、消毒杀菌剂等，具有高效、广谱、安全、稳定的特点，能强烈杀灭真菌、细菌、病毒和藻类。在水产养殖中也有广泛的运用。使用本品后，能改善水质，水中氨、氮下降，溶解氧上升，维护浮游生物优良种群，且残留物短期内可生物降解完全，无任何环境污染。使用本品时不受水体pH值和水质肥瘦影响，且具有缓释性，有效性持续时间长。

（三）氧化剂类消毒剂

此类消毒剂具有强氧化能力，各种微生物对其十分敏感，可将所有微生物杀灭。是一类广谱、高效的消毒剂，特别适合饮水消毒。主要有过氧乙酸、过氧化氢、臭氧、二氧化氯、高锰酸钾等。它们的优点是消毒后在物品上不留残余毒性，由于化学性质不稳定须现用现配，且因其氧化能力强，高浓度时可刺激、损害皮肤黏膜，腐蚀物品。

1. 过氧乙酸　过氧乙酸是一种无色或淡黄色的透明液体，

易挥发、分解，有很强的刺激性醋酸味，易溶于水和有机溶剂。市售有一元包装和二元包装两种规格，一元包装可直接使用；二元包装，它是指由 A、B 两个组分分别包装的过氧乙酸消毒剂，A 液为处理过的冰醋酸，B 液为一定浓度的过氧化氢溶液。临用前一天，将 A 和 B 按 A：B = 10：8（*W/W*）或 12：10（*V/V*）混合后摇匀，第二天过氧乙酸的含量高达 18%~20%。若温度在 30℃左右混合后 6 小时浓度可增大 20%，使用时按要求稀释用于浸泡、喷雾、熏蒸消毒。配制液应在常温下 2 天内用完，4℃下使用不得超过 10 天。

过氧乙酸常用于被污染物品或皮肤消毒，用 0.2%~0.5%过氧乙酸溶液，喷洒或擦拭表面，保持湿润，消毒 30 分钟后，用清水擦净。手、皮肤消毒，用 0.2%过氧乙酸溶液擦拭或浸洗 1~2 分钟；在无动物环境中可用于空气消毒，用 0.5%过氧乙酸溶液，每立方米 20 毫升，气溶胶喷雾，密闭消毒 30 分钟，或用 15%过氧乙酸溶液，每立方米 7 毫升，置瓷或玻璃器皿内，加入等量的水，加热蒸发，密闭熏蒸（室内相对湿度在 60%~80%），2 小时后开窗通风。用于带羊消毒时，不要直接对着羊头部喷雾，防止伤害羊的眼睛。车、船等运输工具内外表面和空间，可用 0.5%过氧乙酸溶液喷洒至表面湿润，作用 15~30 分钟。温度越高杀菌力越强，但温度降至-20℃时，仍有明显杀菌作用。过氧乙酸稀释后不能放置时间过长，须现用现配，因其有强腐蚀性、较大的刺激性，配制、使用时应戴防酸手套、防护镜，严禁用金属制容器盛装。成品消毒剂须避光 4℃保存，容器不能装满，严禁暴晒。在搬运、移动时，应注意小心轻放，不要拖拉、摔碰、摩擦、撞击。

2. 过氧化氢 过氧化氢又称双氧水，为强腐蚀性、微酸性、无色透明液体，深层时略带淡蓝色，能与水任意比例混合，具有漂白作用。可快速灭活多种微生物，如致病性细菌、细菌芽孢、酵母、真菌孢子、病毒等，并分解成无害的水和氧。气雾用于空气、物体表面消毒，溶液用于饮水器、饲槽、用具、手等消毒。畜禽舍空气消毒时使用 1.5%~3%过氧化氢喷雾，每立方米 20 毫升，作用 30~60 分钟，消毒后进行通风。10%过氧化氢可杀灭芽孢。温度越高杀菌力越强，空气的相对湿度在 20%~80%时，湿度越大，杀菌力越强，相对湿度低于 20%，杀菌力较差，浓度越高杀菌力越强。过氧化氢有强腐蚀性，避免用金属制容器盛装；配制、使用时应戴防护手套、防护镜，须现用现配；成品消毒剂应避光保存，严禁暴晒。

3. 臭氧　臭氧是一种强氧化剂，具有广谱杀灭微生物的作用，溶于水时杀菌作用更为明显，能有效地杀灭细菌、病毒、芽孢、包囊、真菌孢子等，对原虫及其卵囊也有很好的杀灭作用，还兼有除臭、增加畜禽舍内氧气含量的作用，用于空气、水体、用具等的消毒。饮水消毒时，臭氧浓度为 0.5~1.5 毫克/升，水中余臭氧量 0.1~0.5 毫克/升，维持 5~10 分钟可达到消毒要求，在水质较差时，用 3~6 毫克/升。国外报告，臭氧对病毒的灭活程度与臭氧浓度相关，而与接触时间关系不大。随温度的升高，臭氧的杀菌作用加强。但与其他消毒剂相比，臭氧的消毒效果受温度影响较小。臭氧在人医上已广泛使用，但在兽医上则是一种新型的消毒剂。在常温和空气相对湿度 82%的条件下，臭氧对在空气中的自然菌的杀灭率为 96.77%，对物体表面的大肠杆菌、金黄色葡萄球菌等的杀灭率为 99.97%。臭氧的稳定性差，有一定腐蚀性的毒性，受有机物影响较大，但使用方便、刺激性低、作用快速、无残留污染。

4. 二氧化氯　二氧化氯在常温下为黄绿色气体或红色爆炸性结晶，具有强烈的刺激性，对温度、压力和光均较敏感。20 世纪 70 年代末期，由美国 Bio-Cide 国际有限公司找到一种方法将二氧化氯制成水溶液，这种二氧化氯水溶液就是百合兴，被称为稳定性二氧化氯。该消毒剂为无色、无味、无臭、无腐蚀作用的透明液体，是目前国际上公认的高效、广谱、快速、安全、无残留、不污染环境的第四代灭菌消毒剂。美国环境保护部门在20世纪70年代就进行过反复检测，证明其杀菌效果比一般含氯消毒剂高2.5倍，而且在杀菌消毒过程中还不会使蛋白质变性，对人、畜、水产品无害，无致癌、致突变性，是一种安全可靠的消毒剂。美国食品药品管理局和美国环境保护署批准广泛应用于工农业生产、畜禽养殖、动物、宠物的卫生防疫中。在目前，发达国家已将二氧化氯应用到几乎所有需要杀菌消毒领域，被世界卫生组织列为AI级高效安全灭菌消毒剂，是世界粮农组织推荐使用的优质环保型消毒剂，正在逐步取代醛类、酚类、氯制剂类、季胺类，为一种高效消毒剂。国外20世纪80年代在畜牧业上推广使用，国内已有此类产品生产、出售，如氧氯灵、超氯（菌毒王）等。

本品适用于畜禽活动场所的环境、场地、栏舍、饮水及饲喂用具等方面消毒。能杀灭各种细菌、病毒、真菌等微生物及藻类及原虫，目前尚未发现能够抵抗其氧化性而不被杀灭的微生物，本品兼有去污、除腥、除臭之功能，是养殖行业理想的灭菌消毒剂，现已较多地用于牛奶场、家禽养殖场的消毒。用于环境、空气、场地、笼具喷洒消毒，浓度为200毫克/升；禽畜饮水消毒，0.5毫克/升；饲料防霉，每吨饲料用浓度100毫克/升的消毒液100毫升，喷雾；笼物、动物体表消毒，200毫克/升，喷雾至种蛋微湿；牲畜产房消毒，500毫克/升，喷雾至垫草微湿；预防各种细菌、病毒传染，500毫克/升，喷洒；烈性传染病及疫源地消毒，1 000毫克/升，喷洒。

5. 酸性氧化电位水　酸性氧化电位水是由日本于20世纪80年代中后期发明的高氧化还原电位（+1 100毫伏）、低pH值（2.3~2.7）、含水量次氯酸（溶解氯浓度20~50毫克/升）的一

种新型消毒水。我国在20世纪90年代中期引进了酸性氧化电位水，我国第一台酸性氧化电位水发生器已由清华紫光研制成功。酸性氧化电位水最先应用于医药领域，以后逐步扩展到食品加工、农业、餐饮、旅游、家庭等领域。酸性氧化电位水杀菌谱广，可杀灭一切病原微生物（细菌、芽孢、病毒、真菌、螺旋体等）；作用速度快，数十秒钟完全灭活细菌，使病毒完全失去抗原性；使用方便，取之即用，无须配制；无色、无味、无刺激；无毒、无害、无任何毒副作用，对环境无污染；价格低廉；对易氧化金属（铜、铝、铁等）有一定腐蚀性，对不锈钢和碳钢无腐蚀性，因此浸泡器械时间不宜过长；在一定程度上受有机物的影响，因此，清洗创面时应大量冲洗或直接浸泡，消毒时最好事先将被消毒物用清水洗干净；稳定性较差，遇光和空气及有机物可还原成普通水（室温开放保存4天；室温密闭保存30天；冷藏密闭保存可达90天），最好近期配制使用；贮存时最好选用不透明、非金属容器；应密闭、遮光保存，40℃以下使用。

6. 高锰酸钾 高锰酸钾又称锰酸钾或灰锰氧，是一种强氧化剂的消毒药，它能氧化微生物体内的活性基，可有效杀灭细菌繁殖体、真菌、细菌芽孢和部分病毒。实际应用：常配成0.1%～0.2%浓度，用于羊的皮肤、黏膜消毒，主要是对临产前母羊乳头、会阴以及产科局部消毒用。

(四) 烷基化气体消毒剂

烷基化气体消毒剂是一类主要通过对微生物的蛋白质、DNA和RNA的烷基化作用而将微生物灭活的消毒灭菌剂。对各种微生物均可杀灭，包括细菌繁殖体、芽孢、分枝杆菌、真菌和病毒；杀菌力强；对物品无损害。主要包括环氧乙烷、乙型丙内酯、环氧丙烷、溴化甲烷等，其中环氧乙烷应用比较广泛，其他在兽医消毒上应用不广。

环氧乙烷在常温常压下为无色气体，具有芳香的醚味，当温度低于10.8℃时，气体液化。环氧乙烷液体无色透明，极易溶于水，遇水产生有毒的乙二醇。环氧乙烷可杀灭所有微生物，而且细菌繁殖体和芽孢对环氧乙烷的敏感性差异很小，穿透力强，对大多数物品无损害，属于高效消毒剂。常用于皮毛、塑料、医疗器械、用具、包装材料、畜禽舍、仓库等的消毒或灭菌，而且对大多数物品无损害。杀灭细菌繁殖体，每立方米空间用300~400克作用8小时；杀灭污染霉菌，每立方米空间用700~950克作用8~16小时；杀灭细菌芽孢，每立方米空间用800~1 700克作用16~24小时。环氧乙烷气体消毒时，最适宜的相对湿度是30%~50%，温度以40~54℃为宜，不应低于18℃，消毒时间越长，消毒效果越好，一般为8~24小时。

消毒过程中注意防火防爆，防止消毒袋、柜泄露，控制温、湿度，不用于饮水和食品消毒。工作人员发生头晕、头痛、呕吐、腹泻、呼吸困难等中毒症状时，应立即移离现场，脱去被污染衣物，注意休息、保暖，加强监护。如环氧乙烷液体沾染皮肤，应立即用大量清水或3%硼酸溶液反复冲洗。皮肤症状较重或不缓解，应去医院就诊。眼睛被污染者，用清水冲洗15分钟后点四环素可的松眼膏。

（五）酚类消毒剂

酚类消毒剂为一种最古老的消毒剂，19世纪末出现的商品名为来苏儿的消毒剂，就是酚类消毒剂。目前国内兽医消毒用酚类消毒剂的代表品种是，20世纪80年代我国从英国引进的复合酚类消毒剂——农福，国内也出现了许多类似产品，如菌毒敌（湖南）、农富复合酚（陕西）、菌毒净（江苏）、菌毒灭（广东）、畜禽安等。其有效成分是烷基酚，是从煤焦油中高温分离出的焦油酸，焦油酸中含的酚是混合酚类，所以又称复合酚。由广东省农业科学院兽医研究所研制的消毒灵是国内第一个符合农福标准的复合酚消毒药。这类消毒剂适用于禽舍、畜舍环境消

毒，对各种细菌灭菌力强，对带膜病毒具有灭活能力，但对结核分枝杆菌、芽孢、无囊膜病毒（如口蹄疫病毒）和霉菌杀灭效果不理想。酚类消毒剂受有机物影响小，适用于养殖环境消毒。酚类消毒剂的 pH 值越低，消毒效果越好，遇碱性物质则影响效力。由于酚类化合物有气味滞留，对人畜有毒，不宜用作养殖期间消毒，对畜禽体表消毒也受到限制。

1. 碳酸　碳酸又称苯酚，为带有特殊气味的无色或淡红色针状、块状或三棱形结晶，可溶于水或乙醇。性质稳定，可长期保存。可有效杀灭细菌繁殖体、真菌和部分亲脂性病毒。用于物体表面、环境和器械浸泡消毒，常用浓度为3%~5%。本品具有一定毒性和不良气味，不可直接用于黏膜消毒；能使橡胶制品变脆变硬；对环境有一定污染。近年来，由于许多安全、低毒、高效的消毒剂问世，石炭酸这种古老的消毒剂已很少应用。

2. 煤酚皂溶液　煤酚皂溶液又称来苏儿，黄棕色至红棕色黏稠液体，为甲醛、植物油、氢氧化钠的皂化液，含甲酚 50%。可溶于水及醇溶液，能有效杀灭细菌繁殖体、真菌和大部分病毒。1%~2%溶液用于手、皮肤消毒 3 分钟，目前已较少使用；3%~5%溶液用于器械、用具、畜禽舍地面、墙壁消毒；5%~10%溶液用于环境、排泄物及实验室废弃细菌材料的消毒。本品对黏膜和皮肤有腐蚀作用，需稀释后应用。因其杀菌能力相对较差，且对人畜有毒，有气味滞留，有被其他消毒剂取代的趋势。

3. 复合酚　复合酚是一种新型、广谱、高效、无腐蚀的复合酚类消毒剂，国内同类商品较多。主要用于环境消毒，常规预防消毒稀释配比 1∶300，病原污染的场地及运载车辆可用1∶100 喷雾消毒。严禁与碱性药品或其他消毒液混合使用，以免降低消毒效果。

（六）季铵盐类消毒剂

季铵盐类消毒剂为阳离子表面活性剂，具有除臭、清洁和表面消毒的作用。季铵盐类消毒剂的发展已经历了五代。第一代是新洁尔灭；第二代是在新洁尔灭分子结构上加烷基或氯取代基；第三代为第一代与第二代混配制剂，如日本的 Pacoma、韩国的 Save 等；第四代为苯氧基苄基铵，国外称 Hyamine 类；第五代是双长链二甲基铵。早期有台湾派斯德生化有限公司的百毒杀（主剂为溴化二甲基二癸基铵），北京的敌菌杀，国外商品有 Deciquam222、Bromo-Sept50、以色列 ABIC 公司的 Bromo-Sept 百乐水等。后期又发展氯盐，即氯化二甲基二癸基铵，日本商品名为 Astop（DDAC），欧洲商品名为 Bardac。国内也已有数种同类产品，如畜禽安、铵福、K 西安（天津）、瑞得士（山西）、信得菌毒杀（山东）、1210 消毒剂（北京、山西、浙江）等。

季铵盐类消毒剂性能稳定，pH 值在 6~8 时，受 pH 值变化影响小，碱性环境能提高药效，还有低腐蚀、低刺激性、低毒等特点，对有机质及硬水还有一定抵抗力。早期季铵盐对病毒灭活力差，但是双长链季铵盐，除对各种细菌有效外，对某些病毒也有良好的效果。但季铵盐对芽孢及无囊膜病毒（如口蹄疫病毒等）效力差。此类消毒剂的配伍禁忌多，使用范围受限制。季铵盐类消毒剂如果与其他消毒剂科学组成复方制剂，可弥补上述不足，形成一种既能杀灭细菌又能杀灭病毒的安全无刺激性的复方消毒制剂。目前，季铵盐类多复合戊二醛，制成复合消毒剂，从而克服了季铵盐的不足，将在兽医上有广泛的应用前景。

1. 苯扎溴铵 苯扎溴铵又称新洁尔灭或溴苄烷铵，为淡黄色胶状液体，具有芳香气味，极苦，易溶于水和乙醇，溶液无色透明，性质较稳定，价格低廉，市售产品的浓度为 5%。0.05%~0.1%的水溶液用于手术前洗手消毒、皮肤和黏膜消毒，0.15%~2%水溶液用于畜禽舍空间喷雾消毒，0.1%用于种蛋消毒等。本品现配现用，确保容器清洁，不可用作器械消毒，不宜用作污染物品、排泄物的消毒。

2. 度米芬　又称消毒宁，为白色或微黄色的结晶片剂或粉剂，味微苦而带皂味，能溶于水或乙醇，性能稳定。其杀菌范围及用途与新洁尔灭相似。

3. 百毒杀　百毒杀为双链季铵盐类消毒剂，双长链季铵盐代表性化合物主要有溴化二甲基二癸基铵（百毒杀）和氯化二甲基二癸基铵（1210 消毒剂），具有毒性低，无刺激性，无不良气味，推荐使用剂量对人、畜禽绝对无毒，对用具无腐蚀性，消毒力可持续 10~14 天。饮水消毒，预防量按有效药量 10 000~20 000 倍稀释；疫病发生时可按 5 000~10 000 倍稀释。畜禽舍及环境、用具消毒，预防消毒按 3 000 倍稀释，疫病发生时按 1 000倍稀释；羊体喷雾消毒、种蛋消毒可按 3 000 倍稀释；孵化室及设备可按 2 000~3 000 倍稀释喷雾消毒。

（七）醇类消毒剂

醇类消毒剂具有杀菌作用，随着分子量的增加，杀菌作用增强，但分子量过大水溶性降低，反而难以使用，实际工作中应用最广泛的是乙醇。

1. 乙醇　乙醇又称酒精，为无色透明液体，有较强的酒气味，在室温下易挥发、易燃。可快速、有效地杀灭多种微生物，如细菌繁殖体、真菌和多种病毒，但不能杀灭细胞芽孢。市售的医用乙醇浓度，按重量计算为 92.3%（*W/W*），按体积计算为 95%（*V/V*）。乙醇最佳使用浓度为 70%（*W/W*）或 75%（*V/V*）。配制 75%（*V/V*）乙醇方法：取一适当容量的量杯（筒），量取 95%（*V/V*）乙醇 75 毫升，加蒸馏水至总体积为 95 毫升，混匀即成；配制 70%（*W/W*）乙醇方法：取一容器，称取 92.3%（*W/W*）乙醇 70 克，加蒸馏水至总重量为 92.3 克，混匀即成。常用于皮肤消毒、物体表面消毒、皮肤消毒脱碘、诊疗器械和器材擦拭消毒。近年来，较多使用 70%（*W/W*）乙醇与氯己定、新洁尔灭等复配的消毒剂，效果有明显的增强作用。

2. 异丙醇 异丙醇为无色透明易挥发可燃性液体，具有类似乙醇与丙酮的混合气味。其杀菌效果和作用机制与乙醇类似，杀菌效力比乙醇强，但毒性比乙醇高，只能用于物体表面及环境消毒。可杀灭细菌繁殖体、真菌、分枝杆菌及灭活病毒，但不能杀灭细菌芽孢。常用50%~70%（*V/V*）水溶液擦拭或浸泡5~60分钟。国外常将其与洗必泰配伍使用。

（八）胍类消毒剂

此类消毒剂中，氯已定（洗必泰）已得到广泛的应用。近年来，国外又报道了一种新的胍类消毒剂，即盐酸聚六亚甲基胍消毒剂。

1. 氯已定 氯已定又称洗必泰，为白色结晶粉末，无臭但味苦，微溶于水和乙醇，溶液呈碱性。杀菌谱与季铵盐类相似，具有广谱抑菌作用，对细菌繁殖体、真菌有较强的杀灭作用，但不能杀灭细菌芽孢、结核分枝杆菌和病毒。因其性能稳定、无刺激性、腐蚀性低、使用方便，是一种用途较广的消毒剂。0.02%~0.05%水溶液用于饲养人员、手术前洗手消毒浸泡3分钟；0.05%水溶液用于冲洗创伤；0.01%~0.1%水溶液可用于阴道、膀胱等冲洗。洗必泰（0.5%）在乙醇（70%）作用及碱性条件下其灭菌效力增强，可用于术部消毒。但有机质、肥皂、硬水等会降低其活性。配制好的水溶液最好7天内用完。

2. 盐酸聚六亚甲基胍 盐酸聚六亚甲基胍为白色无定形粉末，无特殊气味，易溶于水，水溶液无色至淡黄色。对细菌和病毒有较强的杀灭作用，作用快速，稳定性好，无毒、无腐蚀性，可降解，对环境无污染。用于饮水、水体消毒除藻及皮肤黏膜和环境消毒，一般浓度为2 000~5 000毫克/升。

（九）其他化学消毒剂

1. 乳酸 乳酸是一种有机酸，为无色澄明或微黄色的黏性液体，能与水或醇任意混合。本品对伤寒杆菌、大肠杆菌、葡萄球

菌及链球菌具有杀灭和抵制作用。黏膜消毒浓度为200毫克/升，空气熏蒸消毒为1 000毫克/升。

醋酸为无色透明液体，有强烈酸味，能与水或醇任意混合。其杀菌和抑菌作用与乳酸相同，但比乳酸弱，可用于空气消毒。

2. 氢氧化钠　氢氧化钠为碱性消毒剂的代表产品。浓度为1%时主要用于玻璃器皿的消毒，2%～5%时，主要用于环境、污物、粪便等的消毒。本品具有较强的腐蚀性，消毒时应注意防护，消毒12小时后用水冲洗干净。

3. 生石灰　生石灰又称氧化钙，为白色块状或粉状物，加水后产热并形成氢氧化钙，呈强碱性。是消毒力好、无不良气味、价廉易得、无污染的消毒药。使用时，加入相当于生石灰重量70%～100%的水，即生成疏松的熟石灰，也即氢氧化钙，这种离解出的氢氧根离子具有杀菌作用。本品可杀死多种病原菌，但对芽孢无效，常用20%石灰乳溶液进行环境、圈舍、地面、垫料、粪便及污水沟等的消毒。生石灰应干燥保存，以免潮解失效；石灰乳应现用现配，最好当天用完。

有的场、户在入场或畜禽入口池中，堆放厚厚的干石灰，让鞋踏而过，这起不到消毒作用。也有的用放置时间过久的熟石灰做消毒用，但它已吸收了空气中的二氧化碳，成了没有氢氧根离子的碳酸钙，已完全丧失了杀菌消毒作用，所以也不能使用。有的将石灰粉直接撒在舍内地面上一层，或上面再铺一薄层垫料，这样常造成幼仔羊的蹄爪灼伤，或舔食而灼伤口腔及消化道。有的将石灰直接撒在羊舍内，致使石灰粉尘大量飞扬，会使羊吸入呼吸道内，引起咳嗽、打喷嚏、甩鼻、打呼噜等一系列症状，人为造成了呼吸道炎症。

第四节　消毒效果的检测与强化消毒效果的措施

一、消毒效果的检测

消毒的目的是为了消灭被各种带菌动物排泄于外界环境中的病原体，切断疾病传播链，尽可能地降低发病概率。消毒效果受到多种因素的影响，包括消毒剂的种类和使用浓度、消毒时的环境条件、消毒设备的性能等。因此，为了掌握消毒的效果，以保证最大限度地杀灭环境中的病原微生物，防止传染病的发生和传播，必须对消毒对象进行消毒效果的检测。

（一）消毒效果检测的原理

在喷洒消毒液或经其他方法消毒处理前后，分别用灭菌棉棒在待检区域取样，并置于一定量的生理盐水中，再以 10 倍稀释法稀释成不同倍数，然后分别取定量的稀释液，置于加有固体培养基的培养皿中，培养一段时间后取出，进行细菌菌落计数，比较消毒前后细菌菌落数，即可得出细菌的消除率，根据结果判定消毒效果的好坏。

消除率=（消毒前菌落数-消毒后菌落数）/消毒前菌落数×100%

（二）消毒效果检测的方法

1. 地面、墙壁和顶棚消毒效果的检测

（1）棉拭子法。用灭菌棉拭子蘸取灭菌生理盐水分别对禽舍地面、墙壁、顶棚进行未经任何处理前和消毒剂消毒后 2 次采样，采样点为至少 5 块相等面积（3 厘米×3 厘米）。用高压灭菌过的棉棒蘸取含有中和剂（使消毒药停止作用）的 0.03 摩尔/升的缓冲液中，在试验区事先划出的 3 厘米×3 厘米的面积内轻轻滚动涂抹，然后将棉棒放在生理盐水管中（若用含氯制剂消毒

时，应将棉棒放在15%的硫代硫酸钠溶液中，以中和剩余的氯），然后投入灭菌生理盐水中。振荡后将洗液样品接种在普通琼脂培养基上，置37℃恒温箱培养18~24小时进行菌落计数。

（2）影印法。将50毫升注射器去头并灭菌，无菌分装普通琼脂制成琼脂柱。分别对羊舍地面、墙壁、顶棚各采样点进行未经任何处理前和消毒剂消毒后2次影印采样，并用灭菌刀切成高度约1厘米厚的琼脂柱，正置于灭菌平皿中，于37℃恒温箱培养18~24小时后进行菌落计数。

2. 对空气消毒效果的检查

（1）平皿暴露法。将待检房间的门窗关闭好，取普通琼脂平板4~5个，打开盖子后，分别放在房间的四角和中央暴露5~30分钟，根据空气污染程度而定。取出后放入37℃恒温箱培养18~24小时，计算生长菌落。消毒后，再按上述方法在同样地点取样培养，根据消毒前后的细菌数的多少，即可按上述公式计算出空气的消毒效果。但该方法只能捕获直径大于10微米的病原颗粒，对体积更小、流行病学意义更大的传染性病原颗粒很难捕获，故准确性差。

（2）液体吸收法。先在空气采样瓶内放10毫升灭菌生理盐水或普通肉汤，抽气口上安装抽气唧筒，进气口对准欲采样的空气，连续抽气100升，抽气完毕后分别吸取其中液体0.5毫升、1毫升、1.5毫升，分别接种在培养基上培养。按此法在消毒前后各采样1次，即可测出空气的消毒效果。

（3）冲击采样法。用空气采样器先抽取一定体积的空气，然后强迫空气通过狭缝直接高速冲击到缓慢转动的琼脂培养基表面，经过培养，比较消毒前后的细菌数。该方法是目前公认的标准空气采样法。

（三）结果判定

如果细菌减少了80%以上为良好，减少了70%~80%为较好，减少了 60%～70% 为一般，减少了 60% 以下则为消毒不合格，需要重新消毒。

二、强化消毒效果的措施

（一）制定合理的消毒程序并认真实施

在消毒操作过程中，影响消毒效果的因素很多，如果没有一个详细、全面的消毒计划并严格落实实施，消毒的随意性大，就不可能收到良好的消毒效果。

1. 消毒计划（程序） 消毒计划（程序）的内容应该包括消毒的场所或对象，消毒的方法，消毒的时间次数，消毒药的选择、配比稀释、交替更换，消毒对象的清洁卫生以及清洁剂或消毒剂的使用等。

2. 执行控制 消毒计划应落实到每一个饲养管理人员，严格按照计划执行并要监督检查，避免随意性和盲目性；要定期进行消毒效果检测，通过肉眼观察和微生物学的监测，以确保消毒的效果，有效减少或排除病原体。

（二）选择适宜的消毒剂和适当的消毒方法

选择适宜的消毒剂和适当的消毒方法见本章第三节有关内容。

（三）职业防护与生物安全

无论采取哪种消毒方式，都要注意消毒人员的自身防护。消毒防护首先要严格遵守操作规程和注意事项，其次要注意消毒人员以及消毒区域内其他人员的防护。防护措施要根据消毒方法的原理和操作规程有针对性。例如，进行喷雾消毒和熏蒸消毒就要穿上防护服，戴上眼镜和口罩；进行紫外线的照射消毒，室内人员都应该离开，避免直接照射。在干热灭菌时防止燃烧；压力蒸汽灭菌时防止爆炸事故及操作人员的烫伤事故；使用气体化学消毒时，防止有毒消毒气体的泄露，经常检测消毒环境中气体的浓

度，多环氧乙烷气体还应防止燃烧、爆炸事故；接触化学消毒剂时，防止过敏和皮肤黏膜损伤等。对进出羊场的人员通过消毒室进行紫外线照射消毒时，眼睛不能看紫外线灯，避免眼睛被灼伤。常用的个人防护用品可以参照国家标准进行选购，防护服应配帽子、口罩、鞋套，并做到防酸碱、防水、防寒、挡风、保暖、透气。

第五节　养羊场的消毒规程

规范的养羊场须制定饲养人员、圈舍、带羊消毒，用具、周围环境消毒、发生疫病的消毒、预防性消毒等各种制度及按规范的程序进行消毒。

一、圈舍消毒

一般先用扫帚清扫并用水冲洗干净后，再用消毒液消毒。用消毒液消毒的操作步骤如下。

（一）消毒液选择与用量

常用的消毒药有10%~20%的石灰乳、30%漂白粉、0.5%~1%菌毒敌（原名农乐，同类产品有农福、农富、菌毒灭等）、0.5%~1%二氯异氰尿酸钠（以此药为主要成分的商品消毒剂有强力消毒灵、灭菌净等）、0.5%过氧乙酸等。消毒液的用量，以羊舍内每平方米面积用1升药液配制，根据药物用量说明来计算。

（二）消毒方法

将消毒液盛于喷雾器内，喷洒圈舍（图1-1）、地面、墙壁、天花板，然后再开门窗通风，用清水刷洗饲槽、用具等，将消毒药味除去。如羊舍有密闭条件，可关闭门窗，用福尔马林熏蒸消毒12~24小时，然后开窗24小时。福尔马林的用量是每平方米空间用12.5~50毫升，加等量水一起加热蒸发。在没有热源的情况下，可加入等量的高锰酸钾（每平方米用7~25克），即可反应产生高热蒸汽。

图1-1　喷洒圈舍消毒

（三）空羊舍消毒规程

育肥羊出栏后，先用0.5%~1%菌毒杀对羊舍消毒，再清除羊粪。用3%火碱水喷洒舍内地面，0.5%的过氧乙酸喷洒墙壁。打扫完羊舍后，用0.5%过氧乙酸或30%漂白粉等交替多次消毒，每次间隔一天。

二、环境消毒

在大门口设消毒池，使用2%氢氧化钠或5%来苏儿溶液，注意定期更换消毒液。

羊舍周围环境每2~3周用2%氢氧化钠消毒或撒生石灰一

次，场周围及场内污水池、排粪坑、下水道出口，每月用漂白粉消毒一次。每隔1~2周，用2%~3%的氢氧化钠溶液喷洒消毒道路；用2%~3%的氢氧化钠，或3%~5%的甲醛或0.5%的过氧乙酸喷洒消毒场地。

圈舍地面消毒可用含2.5%有效氯的漂白粉溶液、4%福尔马林或10%氢氧化钠溶液。停放过芽孢杆菌所致传染病（如炭疽）病羊尸体的场所，应严格加以消毒。首先用含2.5%有效氯的漂白粉溶液喷洒地面，然后将表层土壤掘起30厘米左右，撒上干漂白粉，并与土混合，将此表土妥善运出掩埋。其他传染病所污染的地面土壤，则可先将地面翻一下，深度约30厘米，在翻地的同时撒上干漂白粉（用量为每平方米面积0.5千克），然后以水浸湿，压平。如果放牧地区被某种病原体污染，一般利用阳光来消除病原微生物；如果污染的面积不大，则应使用化学消毒药消毒。

三、用具和垫料消毒

定时对水槽、料槽、饲料车等进行消毒。一般先将用具冲洗干净后，再用0.1%新洁尔灭或0.2%~0.5%过氧乙酸消毒，然后在密闭的室内进行熏蒸。注射器、针头、金属器械，煮沸消毒30分钟左右。

对于养殖场的垫料，可以通过阳光照射的方法进行。这是一种最经济、最简单的方法，将垫草等放在烈日下，暴晒2~3小时，能杀灭多种病原微生物。

四、污物消毒

（一）粪便消毒

粪便消毒按照粪便的无害化处理执行。

（二）污水消毒

最常用的方法是将污水引入污水处理池，加入化学药品（如漂白粉或生石灰）进行消毒。消毒药的用量视污水量而定，一般1升污水用2~5克漂白粉。

（三）皮毛消毒

皮毛消毒，目前广泛利用环氧乙烷气体消毒法。消毒必须在密闭的专用消毒室或密闭良好的容器（常用聚乙烯或聚氯乙烯薄膜制成的篷布）内进行。此法对细菌、病毒、霉菌均有良好的消毒效果，对皮毛等产品中的炭疽芽孢也有较好的消毒作用。

对患炭疽、口蹄疫、布鲁杆菌病、羊痘、坏死杆菌病等的羊皮羊毛均应消毒。应当注意，发生炭疽时，严禁从尸体上剥皮；在储存的原料中即使只发现1张患炭疽病的羊皮，也应将整堆与它接触过的羊皮消毒。

（四）病死尸体的处置

病死羊尸体含有大量病原体，只有及时经过无害化处理，才能防止各种疫病的传播与流行。严禁随意丢弃、出售或作为饲料。应根据疾病种类和性质不同，按《畜禽病害肉尸及其产品无害化处理规程》的规定，采用适宜方法处理病羊尸体。

1. 销毁　销毁是指将病羊尸体用密闭的容器运送到指定地点焚毁或深埋。

2. 焚毁　焚毁是指对危险较大的传染病（如炭疽和气肿疽等）病羊的尸体，应采用焚烧炉焚毁。对焚烧产生的烟气应采取有效的净化措施，防止烟尘、一氧化碳、恶臭等对周围大气环境的污染。

3. 深埋　不具备焚烧条件的养殖场应设置1个以上安全填埋井，填埋井应为混凝土结构，深度大于3米，直径1米，井口加盖密封。进行填埋时，在每次投入尸体后，应覆盖一层厚度大于10厘米的熟石灰，井填满后，须用黏土填埋压实并封口。

或者选择干燥、地势较高，距离住宅、道路、水井、河流及羊场或牧场较远的指定地点，挖深坑掩埋尸体，尸体上覆盖一层石灰。尸坑的长和宽径以容纳尸体侧卧为度，深度应在 2 米以上。

4. 化制 化制是指将病羊尸体在指定的化制站（厂）加工处理。可以将其投入干化机化制，或将整个尸体投入湿化机化制。

五、人员消毒

饲养管理人员应经常保持个人卫生，定期进行人畜共患病的检疫，并进行免疫接种。

养殖场一般谢绝参观，严格控制外来人员，必须进入生产区时，要换厂区工作服和工作鞋，并经过厂区门口消毒池进入。入场要遵守场内防疫制度，按指定路线行走。

场内工作人员备有从里到外至少两套工作服装，一套在场内工作时间用，一套场外用。进场时，将场外穿的衣物、鞋袜全部在外更衣室脱掉，放入各自衣柜锁好，穿上场内服装，着水鞋，经脚踏放在羊舍门口用3%氢氧化钠溶液浸泡着的草垫子。

工作人员外出羊场，脚踏用3%氢氧化钠溶液浸泡着的草垫子进入更衣间，换上场外服装，可外出。

送料车等或经场长批准的特殊车辆可进出场。由门卫对整车用0.5%过氧乙酸或0.5%~1%菌毒杀，进行全方位冲刷喷雾消毒。经盛3%氢氧化钠溶液的消毒池入场。驾驶员不得离开驾驶室，若必须离开，则穿上工作服进入，进入后不得脱下工作服。

办公区、生活区每天早上进行一次喷雾消毒。

六、带羊消毒

定期进行带羊消毒（图 1-2），有利于减少环境中的病原微生物，减少疾病发生。常用的药物有0.2%～0.3%过氧乙酸，每立方米空间用药20～40毫升，也可用0.2%的次氯酸钠溶液或0.1%的新洁尔灭溶液。0.5%以下浓度的过氧乙酸对人畜无害，为了减少对工作人员的刺激，在消毒时可佩戴口罩。一般情况下每周消毒1～2次，春秋疫情常发季节，每周消毒3次，在有疫情发生时，每天消毒1次。带羊消毒时可以将3～5种消毒药交替进行使用。

图1-2 带羊消毒

羊在助产、配种、注射及其他任何对羊接触操作前，应先将有关部位进行消毒擦拭，以减少病原体污染，保证羊只健康。

七、发生传染病时的措施

羊群发生传染病时，应立即采取一系列紧急措施，就地扑灭，以防止疫情扩散。兽医人员要立即向上级部门报告疫情；同时要立即将病羊和健康羊隔离，不让它们有任何接触，以防健康羊受到传染；对于发病前与病羊有过接触的羊（虽然在外表上看不出有病，但有被传染的嫌疑，一般叫作“可疑感染羊”），不能再同其他健康羊在一起饲养，必须单独圈养，经过20天以上的观察不发病，才能与健康羊合群；如有出现病灶的羊，则按病羊处理。对已隔离的病羊，要及时进行药物治疗；隔离场所禁止人、畜出入和接近，工作人员出入应遵守消毒制度；隔离区内的用具、饲料、粪便等，未经彻底消毒不得运出；没有治疗价值的病羊，由兽医根据国家规定进行严格处理；病羊尸体要焚烧或深埋，不得随意抛弃。对健康羊和可疑感染羊，要进行疫苗紧急接种或用药物进行预防性治疗。发生口蹄疫、羊痘等急性烈性传染病时，应立即报告有关部门，划定疫区，采取严格的隔离封锁措施，并组织力量尽快扑灭。

八、提高羊场消毒效果的措施

（一）选择合格的消毒剂

养羊场选择消毒剂要在兽医人员指导下，根据场内不同的消毒对象、要求及消毒环境条件等，有针对性地选购经兽药监察部门批准生产的消毒剂，或是选购经当地畜牧兽医主管部门推荐的适宜本地使用的消毒剂。选择时要检查消毒剂的标签和说明书，看是否是合格产品，是否在有效使用期内。消毒剂要求价格低，易溶于硬水，无残毒，对被消毒物无损伤，在空气中较稳定，且使用方便，对要预防和扑灭的疫病有广谱、快速、高效消毒作用。还要注意的是，不要经常性地选择单一品种的消毒剂。因为，长期使用单一品种，会使病原体产生耐药性。所以，在选择时，应定期及时更换使用过的消毒剂，以保证良好的消毒效果。

（二）选择适宜的消毒方法

应用消毒药剂时，要选择适宜的消毒方法，根据不同的消毒环境、消毒对象和被消毒物的种类等具体情况，选择对其可产生高效可行的消毒方法。如拌和、喷雾、浸泡、刷拭、熏蒸、撒布、涂擦、冲洗等。

（三）按要求科学配制消毒剂

市售的化学消毒药品，因其规格、剂型、含量不同，往往不能直接应用于消毒工作。使用前，要按说明书严格要求配制实际所需的浓度。配制时，要注意选择稀释后对消毒效果影响最小的水，以及稀释后适宜的浓度和温度等。还要注意有些消毒药品要现配现用，配好的药液不宜久贮；有的消毒药液可一次配制，多次使用；还有些消毒药品（如漂白粉等）在久贮后使用时，要先测定有效氯含量，然后根据测定结果进行配制。做好这些都可以提高消毒效果。

（四）设计科学的消毒程序

有些养殖场消毒效果差，主要是执行的消毒程序不科学。畜禽养殖场现行的有两种消毒程序，一种消毒程序的观点是消毒能代替清洁，使用直接消毒程序；另一种消毒程序的观点是先清洁被消毒物上的有机物质障碍后再消毒，使用先清洁后消毒程序。这两种消毒程序都不尽科学，带有弊端。第 1 种消毒程序的弊端是附着在被消毒物上的有机物质会阻碍消毒药剂与病原体的接触，大大降低消毒药剂对病原体的杀灭作用，达不到预期目的和效果；第 2 种消毒程序的弊端是在清洁被消毒物的过程中，病原体有随之扩散的潜在危险。

正确的方法应该是综合现行两种消毒程序，把一次消毒程序改为二次消毒程序，具体为：第一次是使用稀释好的消毒药剂直接进行消毒，待一定作用时间后，清洁被消毒物上的有机物质或其他障碍物质，再用消毒药剂重复消毒 1 次。设计这种二次消毒程序，既科学彻底，消毒效果又好。

（五）科学消毒

在消毒工作中，有的养殖场户往往是用消毒药剂全面喷洒 1 次就算消毒完了，不注意应用浓度和接触作用时间，这样往往也达不到良好的消毒效果。在进行消毒工作时，应让被消毒物充分

与消毒药剂接触，有效应用浓度每平方米至少需要 300 毫升。要掌握好消毒作用时间，当接触时间过短时，往往达不到杀灭的目的，只有达到规定作用时间后才能保证消毒药剂将病原体杀灭。在畜禽养殖场内应用熏蒸消毒时，还需注意保证相对的湿度，以达到良好的消毒效果。在消毒工作中，不要随意把两种或两种以上消毒药剂混合使用，以免出现配伍禁忌而产生拮抗现象，降低消毒效果。

（六）严把人员、车辆、物品进出的消毒关

在养殖场内，虽然都进行了严格的消毒工作，又在进出口设置了消毒槽，但还不能完全切断外界病原体的侵入。必须严格控制场外人员进出，定期更换消毒槽中的消毒药剂，以防挥发后失去药效。饲养管理人员要注意保持身体清洁与健康，入场前需在洗手池清洗，换上工作帽、工作服和工作靴。车辆、饲养工具及有关物品等进出要经过严格消毒。只有采取综合控制措施，从严把关，才能保证场内取得良好的消毒效果。

（七）做好消毒工作记载

将养殖场消毒工作中的执行人员、被消毒物、消毒药剂品种、配制浓度、消毒方法、消毒时间等详细情况（数据）记入《消毒工作记录》，以便总结查找。

第二章　羊场的防疫

第一节　羊场场址的选择和规划

一、正确选择羊场场址

羊场场址的选择应按照羊的生活习性、生理特点，充分考虑羊场的生产特点（种羊场或商品羊场）、饲养管理模式、生产集约化程度以及周围环境等，对地势、地形、风向、土质、水源、位置（交通、供电、居民区、工厂区等）、面积等条件进行具体选择。除考虑饲养规模外，应符合当地土地利用规划的要求，充分考虑羊场的饲草料条件，还要符合肉羊的生活习性及当地的社会条件和自然条件。

（一）地势与地形选择

建造羊舍的场地，应地势干燥、较高、地下水位应在 1.5 米以下的沙质土壤。地形要开阔整齐，场地不要过于狭长或边角太多；地势要平坦而稍有坡度，坡度以 1%～3%较为理想，最大不得超过 25%；土质黏性过重，透水透气性差，不易排水，不适于建场。在山区应选择背风向阳、面积较宽敞的缓坡地建场。凡低洼、山谷、背阴的地方都不宜于选建羊场。

（二）风向选择

我国地域辽阔，各地气候差异显著，北方干燥而寒冷，南方天气酷热而湿润，又有明显的季风特征，夏季多数为东南风，冬季多为西北风。所以在选择场址时，场地一般都应选择坐北朝南或东南方向，这样就避开了冬季北风通道，夏天能充分利用东南风的主风道，以利于场区通风降温避暑。

（三）水质

选择场址前，应考察当地有关地表水、地下水资源的情况，了解是否有因水质问题而出现过某种地方性疾病。另外，应了解在羊场附近是否有屠宰场和排放污水的工厂，尽可能在工厂和城镇上游建场，以保持水质干净。羊场水中大肠杆菌数、固体物总量、硝酸盐和亚硝酸盐的总含量都要符合卫生标准。在此基础上，饮用地下水或自来水都必须满足羊和人的足量饮用。按照每只羊每天需水 10 升、每人每天 30 升的用水量计划设计用水设施。

（四）交通

场址选择重点考虑交通要方便，但不能直接靠近主要公路，羊场周围 3 000 米以内无大型化工厂、采矿厂、皮革厂、肉品加工厂、屠宰厂等污染源，羊场距离公路干线、铁路、城镇居民区和公共场所要在 1 000 米以上，远离高压线。羊场周围有围墙或防疫沟，并建立绿化隔离带。羊场道路 4 米宽即可。

（五）面积的选择

羊场面积要根据饲羊数量、管理方式、集约化程度及饲料供应情况等因素确定。生产区与生活区及未来的发展要相互兼顾，并要留有余地。一般羊场生产区的面积按每只繁殖母羊 $30\sim50m^3$ 计算，种羊场每只羊占面积多一些，商品羊场每只羊所占面积可适当少一些。

二、搞好羊场规划

一个羊场无论规模大小，都应该有饲养区、饲草料贮存加工区、生活管理区、兽医室和粪尿存放处理区。规模大的羊场还应有专用药浴池、解剖室与焚化炉等。对羊场生产区、管理区、场区道路、羊舍设计、饲养工艺及布局要求等要做具体规定。要求羊场应设有废弃物处理设施和病害肉及其产品的无害化处理设备。

（一）羊舍

羊舍是羊场的“生产车间”，是羊生长、发育、生活的地方。要求按性别、年龄、生长阶段设计羊舍，实行分阶段饲养、集中育肥的饲养工艺。羊舍集中的生产区应占羊场总面积的45%~70%。根据绵羊的性别、年龄、生理阶段，可划分为种公羊舍、哺乳母羊舍（包括羔羊补饲栏）、母羊舍、育成羊舍及隔离羊舍。羊舍应避开寒冷季节的西北风，面向南或东南。

（二）饲草料贮存加工区

饲草料贮存加工区包括干草存放及加工区，青贮池或调制区。按每只羊年需青贮料750~1 000千克计算贮存量，青贮池按每立方米贮存500~600千克来计算设计青贮池的容积。

干草存放区与加工区相连，方便饲草搬运和进行加工。饲草料贮存加工区与饲养区相连，与各舍距离适中，便于拉运，位于饲养区的侧风区或侧下风区。

（三）生活管理区

生活管理区包括生活居住区和办公管理区。生活管理区因外来人员繁杂，应与饲养区有一定距离，并且有隔离栏和隔离带分隔，生活居住区和办公管理区可在一区内分设，也可以分区设计。生活居住区主要是技术和管理人员居住生活的场所。办公管理区是办公、管理、销售中心。生活管理区应设置在羊场的上风

区和侧风区。

(四) 粪尿存贮及处理区

粪尿存贮及处理区是羊场废渣存贮场所，是隔离区，要有防止粪液渗漏、溢流的措施。羊粪要每日清扫，运到存贮场所进行处理。存贮区面积根据养殖的数量，一只羊一年可产粪 800～1 000千克，由此可设计出存贮区的面积。处理区应根据处理的方法进行设计。粪尿存贮区设在羊场的下风区。

沼气是在厌氧环境中，在一定的温度、湿度、酸碱度的条件下，微生物在分解发酵有机物质的过程中所产生的一种可燃气体。羊粪制造沼气，入池前要堆沤 3 天，然后入池发酵。

(五) 药浴池

药浴池是防止羊体外寄生虫的预防治疗设施。药浴池一般设在距羊舍不远，便于驱赶羊群，取水方便，排水便利而又不污染农田及周边环境的地方。

(六) 兽医室

兽医室是兽医技术人员办公和药品疫苗存放的地方。位于生产区的中间区域，便于兽医在第一时间到达羊舍。

(七) 解剖室与焚化炉

解剖室与焚化炉应设在与生产区分开的隔离区。解剖室是专门对病死羊进行尸体解剖、查检病变、分析病理病因的专用场所。必须严格封闭、隔离，外人不得入内。剖解的尸体不得外运、外移，更不能食用。焚化炉要靠近解剖室，处于羊场下风区。

三、合理设计羊舍

为保证羊场内卫生，便于防疫，羊舍建设的类型可根据气候条件、饲养要求、建筑场地、建材选用、传统习惯和经济实力等条件灵活设计。南方以防潮和隔热为主要目的，北方以冬季保温为主要目的。

（一）房屋式羊舍

房屋式羊舍（图 2-1）是农民普遍采用的羊舍类型之一，多在北方地区的平川和土质不好的地区使用。在建造时主要从保温的角度考虑得多，羊舍主要为砖木结构，墙壁用砖石块垒成。屋顶有双面式脊式、单面起脊式和平顶式 3 种。羊舍多坐北朝南，呈长方形的布局，前面有运动场和饲槽，在舍内一般不设饲槽。

（二）棚舍式羊舍

棚舍式羊舍（图 2-2）适宜在气候温暖的地区采用。特点是造价低、光线充足、通风良好。夏季可作为凉棚，雨雪天可作为补饲的场所。这种羊舍三面有墙，羊棚的开口在向阳面，前面为运动场。羊群冬季夜间进入棚舍内，平时在运动场过夜。

图 2-1　房屋式羊舍

图 2-2　棚舍式羊舍

（三）塑料大棚式羊舍

塑料大棚式羊舍（图 2-3）是将房屋式和棚舍式羊舍的屋顶部分用塑料薄膜代替而建设的一种羊舍。这种羊舍主要在我国北方冬季寒冷地区使用，具有经济适用、采光保暖性能好的特点。它利用太阳的光能使羊舍的温度升高，又能保留羊体产生的温度，使羊舍内的温度保持在一定的范围内，可以防止羊体热量的散失，提高羊的饲料利用效果和生产性能。

图 2-3 塑料大棚式羊舍

(四) 楼式羊舍

楼式羊舍（图 2-4）主要在南方气候炎热和多雨潮湿的地区使用。在夏季羊在楼板上休息活动，可以达到通风、凉爽、防热、防潮的目的；在冬季羊可以在楼下活动和休息。

图 2-4 楼式羊舍

(五) 窑洞式羊舍

窑洞式羊舍（图 2-5）适宜于土质比较好的地区，特别是在山区使用。其特点是造价低，建筑方便，经久耐用，羊舍温度和湿度比较恒定，还有利于积粪。这种羊舍冬暖、夏凉，舍内的温度变化范围小。其缺点是采光不足和通风性能差。若在建造时增加门窗的面积，并在窑洞的顶上开通风孔，可弥补这些不足。

图 2-5　窑洞式羊舍

第二节　建设配套的卫生隔离设施

羊舍的配套设施包括饲槽、水槽、活动羊栏、药浴设施、饲料库和青贮池等。建设这些设施都要符合卫生隔离要求。

一、饲槽、水槽

饲槽主要是在饲喂羊精饲料、颗粒饲料、青贮料、青草和干草时使用。饲槽分为固定式和移动式两种。

（一）固定式饲槽

在羊运动场的四周或中间，用水泥或砖砌成固定式饲槽（图 2-6）。饲槽要上宽下窄，槽底呈圆形，在槽的边缘用钢筋做成护栏，防止羊踩进饲槽，可减少饲料受到粪尿污染。

a

b

图 2-6 固定式饲槽

（二）移动式饲槽

移动式饲槽（图 2-7）多用木料或铁皮制作而成。具有移动方便、存放灵活的特点。

图 2-7 移动式饲槽

（三）水槽和自动饮水碗

在羊的运动场的中间设置固定式的水槽或放置水盆，在羊舍中可以安装自动饮水碗，供羊饮水用（图 2-8）。

a.水槽　　　　b.自动饮水碗

图 2-8　水槽和自动饮水碗

（四）草料架

草料架形式多种多样。有专供喂粗料的草架，有供喂粗料和精料两用的联合草料架，有专供喂精料用的料槽。添设料架总的要求是不使羊只采食时相互干扰，不使羊脚踏入草料架内，不使架内草料落在羊身上影响到羊毛质量，一般在羊栏上用木条做成倒三角形的草架，木条间隔一般为 9~10 厘米，让羊在草架外吃草，可减少浪费，避免草料污染。

二、活动羊栏

（一）产羔栏

产羔期间，为了对产羔母羊进行特殊的护理，增加母仔感情，提高羔羊的成活率，经常使用母仔栏。母仔栏多用木板制作，也可用钢筋焊制而成。每块围栏高 1 米，长 1.5 米，使用时靠墙围成 1.2~1.5 平方米的小栏，放入 1 只带羔母羊。一般母羊要在产羔栏内饲养 7 天，使母羊完全认羔。

（二）羔羊补饲栏

羔羊补饲栏专用于羊羔的补饲。可在羊运动场内用几个围栏围出一定的面积，在围栏内对羔羊进行补饲补料。围栏应用钢筋焊制而成，钢筋间的间距为 10～15 厘米，使羔羊可以自由出入，而大羊不能进入。

三、药浴设施

药浴是养羊生产中必须进行的生产过程，主要目的是防治羊体外寄生虫对羊体和羊皮的侵害。在养羊专业村可以由养羊户共同投资建设羊的药浴场（图 2-9）、药浴池（图 2-10），以便定期对羊群进行药浴。药浴池为水泥砌成的长方形的水池，池深 80～100 厘米，长 6～8 米，池底宽 40～60 厘米，上宽 60～80 厘米，以 1 只羊可以通过但不能转身为原则。池的两端入口和出口为斜坡，入口一端斜坡稍陡，使羊快速下入池中；在出口处斜坡流台，使药浴后的羊在此停留，把身上多余的药液滴流回药浴池。若无条件，可用水缸或大口锅药浴。

图 2-9　药浴场

图 2-10　药浴池

四、饲料库和青贮池

饲料库（图 2-11）是进行羊精饲料加工和饲料贮存的场所，应选择防潮、防鼠和封闭性能好的房屋作饲料库。草棚（图 2-12）主要用于存放羊的饲草，要防雨雪、防火、防潮。

a

b

图 2-11　饲料库

图 2-12　草棚

青贮池（图 2-13）是存放青贮饲料的场所。在舍饲养羊的情况下，离不开青贮池。青贮池应选择在地势较高、土质坚实、排水良好、地面宽敞、离羊舍较近的地方。青贮池一般为长方形，池底和四周用砖、石或水泥砌成。为防止池壁倒塌，应有 1/10 的坡度，池的断面为梯形。在无条件时，青贮池的四周可用塑料薄膜覆盖，不要使草直接和土接触。青贮池的大小以饲养羊数量的多少和补饲的时间长短而定，一般每立方米的青贮池可存放 500 千克左右玉米青贮。

a

b

图 2-13 青贮池

第三节 加强羊舍环境控制

羊作为一种恒温动物，主要是通过产热和散热的平衡来保持稳定的体温。任何环境的变化，都会直接影响羊本身和该环境之间的热交换总量，因而，为了保持体热平衡就必须进行生理调节。若环境条件不符合羊的舒适范围，那么羊就要进行调节，从而影响其生长、生产能力和健康。羊舍环境控制就是通过人工手段以克服羊舍不利环境因素的影响，建立有利羊健康和生产的环境条件。其主要采取的措施包括：羊舍的防寒避暑、通风换气、采光照明、消毒等。

一、羊舍的防暑与降温

为了消除或缓和高温对羊健康和生产力所产生的有害影响，并减少由此而造成的严重经济损失，近年来人们已越来起重视羊舍的防暑与降温工作，并采取了一些措施。

在天气炎热的情况下，一般是通过降低空气温度、增加非蒸发散热来缓和羊的热负荷。通常是从保护羊免受太阳辐射，增加羊传导散热，对流散热和蒸发散热等行之有效的办法来加以解决。

（一）搭凉棚

对于简易羊舍，要加宽羊舍屋檐，有的羊场的羊槽在运动场，这就使得羊大部分时间在运动场活动和采食，在运动场搭凉棚就尤其重要。搭凉棚一般可减少30%~50%的太阳光辐射热。还有要绿化羊舍周围环境，通过植物蒸腾作用和光合作用，吸收热，降低气温。

（二）设计隔热的屋顶，加强通风

为了减少屋顶向舍内传热，在夏季炎热而冬季不冷的地区，可以采用通风的屋顶，其隔热效果很好。通风屋顶是将屋顶做成两层，屋间内的空气可以流动，进风口在夏季宜正对主风。由于通风屋顶减少了传入舍内的热量，降低了屋顶内的表面温度，所以可以获得很好的隔热防暑效果。在夏凉冬冷地区，则不宜设通风屋顶，这是因为在冬季这种屋顶会促进屋顶散热。另外，羊舍场址宜选在开阔、通风良好的地方，位于夏季主风口，各羊舍间应有足够距离以利通风。

（三）舍饲羊场进行绿化

1. 明显改善羊场内的温度、湿度、气流等情况　在夏季，一部分太阳的辐射热量被稠密的树冠所吸收，而树木所吸收的辐射热量，绝大部分又用于蒸腾和光合作用，所以温度的升高并不明显。绿化可以增加空气的湿度，减缓风速，构建凉爽的环境。

2. 净化空气　大型羊场空气中的微粒含量往往很高，在羊场及其四周如种有高大树木的林带，能吸收大量的二氧化碳和氨，净化、澄清大气中的粉尘，同时又释放出氧。草地除了可以吸附空气中的微粒外，还可以固定地面上的尘土，不使其飞扬。

3. 减轻噪声　树木与植被等对噪声具有吸收和反射的作用，可以减弱噪声的强度。树叶密度越大，减声效果越显著。因此羊舍周围应栽种树冠较大的树木。

4. 减少空气及水中的细菌含量　树木可使空气中的微粒量大大降低，从而使细菌失去附着物，减少病菌传播的机会。有些树木的花、叶能分泌一种芳香物质，可以杀死细菌、真菌等。

用作羊场绿化的树木不仅要适应当地的水土环境，还要有抗污染、吸收有害气体等功能。常见的绿化树种有：梧桐、小叶白杨、毛白杨、钻天杨、旱柳、垂柳、槐树、红杏、刺槐、油松、侧柏、雪松、核桃树等。

（四）利用主风向，加强通风散热

为了保证夏季羊舍有良好的通风，让羊避暑，羊舍的朝向应尽量面对夏季的主风向，以确保有穿堂风通过，使羊体凉爽。

（五）羊舍降温

通过喷雾和淋浴方法来降低舍内温度，淋浴降温是淋湿羊体表，直接降温和加强蒸发散热，同时可吸收空气中的热量而降低舍温。喷雾降温不用湿润体表，就可以促进羊体蒸发散热。

二、羊舍的防寒与保暖

我国北方地区冬季气候寒冷，应通过羊舍的外围结构合理设计，解决防寒保暖问题。羊舍失热最多的是屋顶、天棚、墙壁和地面。

（一）屋顶和天棚

屋顶和天棚面积大，热空气上升，热能易通过天棚、屋顶散失。因此，要求屋顶、天棚结构严密、不透气，天棚应铺设保湿层、锯木灰等，也可采用隔热性能好的合成材料，如聚氨酯板、玻璃棉等。天气寒冷地区可降低羊舍净高，以维护羊舍温度。

（二）墙壁

墙壁是羊舍的主要外围结构，要求墙体能够隔热、防潮，寒冷地区应选择导热系数较小的材料，如空心砖、铝箔波形纸板等作墙体。羊舍长轴应呈东西方向配置，北墙不设门，墙上设双层窗，冬季加塑料薄膜、草帘等。

（三）地面

地面是羊活动直接接触的场所，地面冷热情况直接影响羊体。石板、水泥地面坚固耐用，且能防水，但冷、硬，寒冷地区做羊床时应铺垫草、木板。羊舍的地面多数采用三合土和夯实土地面，这种地面在干燥状况下具有良好的温热特性。而水泥地面又冷又硬，对羊极为不利。空心砖导热系数小，是好的羊舍地面材料，在其下面再加一层油毡或沥青防潮，效果较好。

此外，要选择有利的羊舍朝向，羊舍的设计以坐北朝南为好，运动场朝向以南向为好，有利保温采光。冬季通过提高饲养密度，铺设垫草，也可进行防寒。

三、羊舍的通风换气

通风换气是为了排除羊舍内产生过多的水汽和热量，驱走舍内产生的有害气体和臭味。

（一）羊舍的通风换气

羊舍的通风装置多采用流入排出式系统，进气管均匀设置在羊舍纵墙上，排气管均匀设置在羊舍屋顶上。进气管间距为 2~4 米，排气管间距为 1~2 米。进气管可分别设置在纵墙距天棚 40~50 厘米处及距地面 10~20 厘米处，设调节板，控制进风量。冬季用上面的进气管，同时堵住下面的进风管，避免羊体受寒。夏季用下面的，有利羊体凉爽。排气管一般设置在羊床上方，沿屋脊两侧交错垂直安装在屋顶上，下端由天棚开始，上端高出屋脊 0.5~0.7 米，管内设调节板。排气管上设风帽。

（二）机械通风

机械通风方式里的负压通风比较简单、投资少、管理费用也较低，羊舍多采用负压通风，也叫排气式通风或排风，是通过风机抽出舍内的污浊空气，使舍内空气压力变小，舍外新鲜空气通过进气口或进气管流入舍内而使舍内外空气交换。

四、羊舍的采光

控制羊舍采光的主要方法有如下两种。

（一）窗户面积

羊舍窗户面积越大，采光越好。窗户面积常用采光系数来表示。采光系数指窗户的有效采光面积与舍内地面面积之比。

（二）玻璃

干净的玻璃可以阻止大部分的紫外线，脏的玻璃可以阻止15%~19%可见光，结冰的玻璃可以阻止80%可见光。

第四节 加强羊场的卫生管理

一、圈舍的清扫与洗刷

羊圈舍要经常进行清扫与洗刷。为了避免尘土及微生物飞扬，清扫运动场和羊舍时，先用水或消毒液喷洒（图2–14），然后再清扫（图2–15）。主要是清除粪便、垫料、剩余饲料、灰尘及墙壁和顶棚上的蜘蛛网、尘土。

图 2-14 喷洒羊舍

图 2-15 清扫羊舍

喷洒消毒液的用量为 1 升/米^2，泥土地面、运动场为 1.5 升/米^2 左右。消毒顺序一般从离门远处开始，以墙壁、顶棚、地面的顺序喷洒一遍（图 2-16），再从内向外将地面重复喷洒 1 次，关闭门窗 2~3 小时，然后打开门窗通风换气，再用清水清洗饲槽、水槽及饲养用具等。

图 2-16 羊运动场消毒

二、羊场水的卫生管理

（一）饮用水水质要符合要求

要保证水质符合畜禽饮用水水质标准（表2-1），以保证干净卫生，防止羊感染寄生虫病或发生中毒等。

表2-1　畜禽饮用水水质标准

项目		标准值	
		畜	禽
感官性状及一般化学指标	色（°）　≤	色度不超过30°	
	混浊度（°）　≤	不超过20°	
	臭和味　≤	不得有异臭、异味	
	肉眼可见物　≤	不得含有	
	总硬度（以 $CaCO_3$ 计）（毫克/升）　≤	1 500	
	pH值　≤	5.5~9	6.8~8.0
	溶解性总固体（毫克/升）　≤	4 000	2 000
	氯化物（以 Cl^- 计）（毫克/升）　≤	1 000	250
	硫酸盐（以 SO_4^{2-} 计）（毫克/升）　≤	500	250
细菌学指标≤	总大肠菌群（个/100毫升）　≤	成年畜10，幼畜和禽1	
毒理学指标	氟化物（以 F^- 计）（毫克/升）　≤	2.0	2.0
	氰化物（毫克/升）　≤	0.2	0.05
	总砷（毫克/升）　≤	0.2	0.2
	总汞（毫克/升）　≤	0.01	0.001
	铅（毫克/升）　≤	0.1	0.1
	铬（六价）（毫克/升）　≤	0.1	0.05
	镉（毫克/升）　≤	0.05	0.01
	硝酸盐（以N计）（毫克/升）　≤	30	30

（二）保证用水卫生

（1）场区保持整洁，搞好羊舍内外环境卫生、消灭杂草，每半个月消毒1次，每季灭鼠1次。夏秋两季全场每周灭蚊蝇1次，注意人畜安全。

（2）圈舍每天进行清扫，粪便要及时清除，保持圈舍整洁、整齐、卫生。做到无污水、无污物、少臭气。每周至少消毒1次。

（3）圈舍每年至少要有2~3次空圈消毒。其程序为：彻底清扫→清水冲洗→2%氢氧化钠溶液喷洒→次日用清水冲洗干净，并空圈5~7天。

（4）饮水槽和食槽要每两周用0.1%的高锰酸钾溶液清洗消毒一次。

（5）定期清洗排水设施。

（三）废水符合排放标准

养殖业是我国农村发展的重要产业。近些年来，随着养殖规模的不断扩大、饲养数量的急剧增加，大量的畜禽养殖废水成为污染源，这些养殖场产生的污水如得不到及时处理，必将对环境造成极大危害，造成生态环境恶化、使畜禽产品品质下降并危及人体健康，养殖废水治理技术的滞后将严重制约养殖业的可持续发展。

针对畜禽养殖污染，我国先后发布了《畜禽养殖业污染物排放标准》（GB 18596—2001）、《畜禽养殖业污染防治技术规范》（HJ/T 81—2001）、《规模化畜禽养殖场沼气工程设计规范》（NY/T 1222—2006）、《畜禽养殖污染防治管理办法》（国家环境保护总局令第9号）、《畜禽规模养殖污染防治条例》（国务院令第643号）等文件。

国家颁布的《畜禽养殖业污染物排放标准》（GB 18596—2001）文件中针对养殖废水排放标准要求如下：

（1）畜禽养殖废水不得排入敏感水域和有特殊功能的水域。排放去向应符合国家和地方的有关规定。

（2）标准适用规模范围内的畜禽养殖业的水污染物排放分别执行表2-2、表2-3和表2-4的规定（羊场标准可参考下表执行）。

表2-2 集约化畜禽养殖废水水冲工艺最高允许排水量

种类	猪［米^3/(百头·天)］		鸡［米^3/(千只·天)］		牛［米^3/(百头·天)］	
季节	冬季	夏季	冬季	夏季	冬季	夏季
标准值	2.5	3.5	0.8	1.2	20	30

注：养殖废水排放标准最高允许排放量的单位中，百头、千只均指存栏数。

春、秋季养殖废水排放标准最高允许排放量按冬、夏两季的平均值计算。

表2-3 集约化畜禽养殖业干清粪工艺最高允许排水量

种类	猪［米^3/(百头·天)］		鸡［米^3/(千只·天)］		牛［米^3/(百头·天)］	
季节	冬季	夏季	冬季	夏季	冬季	夏季
标准值	1.2	1.8	0.5	0.7	17	20

注：养殖废水排放标准最高允许排放量的单位中，百头、千只均指存栏数。

春、秋季养殖废水排放标准最高允许排放量按冬、夏两季的平均值计算。

表2-4 集约化畜禽养殖业水污染物最高允许日均排放浓度

控制项目	5日生化需氧量（毫克/升）	化学需氧量（毫克/升）	悬浮物（毫克/升）	氨氮（毫克/升）	总磷（以P计）（毫克/升）	粪大肠菌群数（个/毫升）	蛔虫卵（个/升）
标准值	150	400	200	80	8.0	10 000	2.0

（四）畜禽饮用水中农药限量与检验方法

（1）当畜禽饮用水中含有农药时，农药含量不能超过表2-5

中的规定。

表 2-5　畜禽饮用水中农药限量指标（单位：毫克/升）

项目	限值
马拉硫磷	0.25
内吸磷	0.03
甲基对硫磷	0.02
对硫磷	0.003
乐果	0.08
林丹	0.004
百菌清	0.01
甲萘威	0.05
2，4-D	0.1

（2）畜禽饮用水中农药限量检验方法：

1）马拉硫磷按 GB/T 13192 执行。

2）内吸磷参照《农药污染物残留分析方法汇编》中的方法执行。

3）甲基对硫磷按 GB/T 13192 执行。

4）对硫磷按 GB/T 13192 执行。

5）乐果按 GB/T 13192 执行。

6）林丹按 GB/T 7492 执行。

7）百菌清参照 GB 14878 执行。

8）甲萘威（西维因）参照 GB/T 17331 执行。

9）2，4-D 参照《农药分析》中的方法执行。

三、羊场饲料的卫生管理

建立和推广有效的卫生管理系统，可有效杜绝有毒有害物质和微生物进入饲料原料或配合饲料生产环节，保证最终产品中各种药物残留和卫生指标均在控制线以下，确保饲料原料和配合饲

料产品的安全。

（一）设施设备的卫生管理

饲料饲草加工机械设备和器具的设计要能长期保持防污染，用水的机械、器具要有耐腐蚀材料构成。与饲料饲草等的接触面要具有非吸收性、无毒、平滑。要耐反复清洗、杀菌。接触面使用药剂、润滑剂、涂层要合乎规定。设备布局要防污染，为了便于检查、清扫、清洗，要置于用手可及的地方，必要时可设置检验台，并设检验口。设备、器具维护维修时，事前要作出检查计划及检验器械详单，其计划上要明确记录修理的地方，交换部件负责人，保持检查监督作业及记录。

（二）卫生教育

对从事饲料饲草加工的人员要进行认真的教育，对患有可能会导致饲料被病原微生物污染的疾病的人员，不允许从事饲料饲草的加工工作。不要赤手接触制品，必须用外包装。进入生产区域的人要用肥皂及流动的水洗净手。使用完洗手间或打扫完污染物后要洗手。要穿戴工厂规定的工作服、帽子。考虑到鞋可能把异物带入生产区域，要换专用的鞋。戴手套时需留意不要由手套给原料、制品带来污染。为防止进入生产区的人落下携带物，要事先取下保管。生产区内严禁吸烟。

（三）杀虫灭鼠

由专人负责，制订出高效、安全的计划并得到负责人认可方可实施。对使用的化学制品要有详细的清单及使用方法。要设置毒饵投放位置图并记录查看次数，写出实施结果报告书。使用的化学制品必须是规定所允许的，实施后调查害虫、老鼠生态情况，确认效果。如未达到效果，须改进计划并实施。

（四）饲料的消毒

对粗饲料要通风干燥，经常翻晒和进行日光照射消毒；对青饲料要防止霉烂，最好当日割当日喂。精饲料要防止发霉，要经常晾晒。

四、羊场空气环境质量管理

（一）羊场空气环境质量

对羊场场区、舍区要检测氨气、硫化氢、二氧化碳、总悬浮颗粒物、可吸入颗粒浓度、注意空气流通，避免氨气等浓度过高。

无公害生产中，羊场空气环境质量应符合表 2–6 要求。

表 2–6　羊场空气环境质量指标

项目	单位	场区	舍区
氨气	毫克/米^3	≤5	≤25
硫化氢	毫克/米^3	≤2	≤10
二氧化碳	毫克/米^3	≤750	≤1 500
可吸入颗粒（标准状态）	毫克/米^3	≤1	≤2
总悬浮颗粒物（标准状态）	毫克/米^3	≤2	≤4
恶臭	稀释倍数	≤50	≤70

（二）场区周围区域环境空气质量

密切观察空气质量指数，避免受工业废气的污染。空气质量监测主要包括总悬浮颗粒物、二氧化硫、氮氧化物、氟化物、铅等。

无公害生产中，场区周围区域环境空气质量应符合表 2–7 的要求。

表 2–7　环境空气质量指标

	单位	日平均	1 小时平均
总悬浮颗粒物（标准状态）	毫克/米^3	≤0. 30	
二氧化硫（标准状态）	毫克/米^3	≤0. 15	≤0. 50
氮氧化物（标准状态）	毫克/米^3	≤0. 12	≤0. 24

续表

	单位	日平均	1小时平均
氟化物	微克/(分米^3·天)	≤3（月平均）	
铅（标准状态）	微克/米^3	季平均1.50	

（三）空气消毒

人、羊的呼吸道及口腔排出的微生物，随着呼出气体、咳嗽、鼻喷形成气溶胶悬浮于空气中。空气中微生物的种类和数量受地面活动、气象因素、人口密度、地区、室内外、羊的饲养数量等因素影响。一般羊舍被污染的空气中微生物数量较多，特别是在添加粗饲料、更换垫料、清扫、出栏时更多。因此，必须对羊舍的空气进行消毒，尤其是要注意对病原污染羊舍及羔羊舍的空气进行消毒。

空气消毒最简单的方法是通风，其次是利用紫外线杀菌或甲醛气体熏蒸。

1. 通风换气　通风换气是迅速减少畜禽舍内空气中微生物含量的最简便、最迅速、最有效的措施。它能排除因羊呼吸和蒸发及飞沫、尘埃污染了的空气，换以清新的空气。具体实施时，应打开羊舍的门窗、通风口，提高舍内温度，以加大通风换气量、提高换气速度。一般舍内外温差越大，换气速度越快。

2. 紫外线照射　紫外线的杀菌效能，除与波长有关外，还与光源的强度、照射的距离以及照射时间有密切的关系。紫外线照射只能杀死其直接照射部分的细菌，对阴影部分的细菌无杀灭作用，所以紫外线灯架上不应附加灯罩，以利扩大照射范围。

3. 化学消毒法　常用消毒药液进行喷雾或熏蒸。用于空气消毒的消毒药剂有乳酸、醋酸、过氧乙酸、甲醛、环氧乙烷等。

使用乳酸蒸汽消毒时，按每立方米空间10毫升的用量加等量水，放在器皿中加热蒸发。醋酸、食醋也可用来对空气进行消毒，用量为每立方米 3～10 毫升，加水 1～2 倍稀释，加热、蒸发。

使用过氧乙酸消毒的方法有喷雾法和熏蒸法两种，喷雾消毒时，用 0.3%～0.5%浓度的溶液进行，用量为每立方米 1 000 毫升，喷雾后密闭 1～2 小时。熏蒸消毒时，用 3%～5%浓度溶液加热蒸发，密闭 1～2 小时，用量为每立方米空间 1～3 克。

甲醛气体消毒是空气消毒中最常用的一种方法，一般使用氧化剂和福尔马林溶液，使其产生甲醛气体。常用的氧化剂有高锰酸钾、生石灰等，用量为每立方米空间福尔马林 25 毫升、高锰酸钾 25 克、水 12.5 毫升。

五、搞好羊场的驱虫

为了预防羊的寄生虫病，应在发病季节到来之前，用药物给羊群进行预防性驱虫。预防性驱虫的时机，根据寄生虫病季节动态调查确定。例如，某地的肺线虫病主要发生于 11～12 月及翌年的 4～5 月，那就应该在秋末冬初草枯以前（10 月底或 11 月初）和春末夏初羊抢青以前（3～4 月）各进行 1 次药物驱虫；也可将驱虫药小剂量地混在饲料内，在整个冬季补饲期间让羊食用。

预防性驱虫所用的药物有多种，应视病的流行情况选择应用。丙硫咪唑（丙硫苯咪唑）具有高效、低毒、广谱的优点，对羊常见的胃肠道线虫、肺线虫、肝片吸虫和线虫均有效，可同时驱除混合感染的多种寄生虫，是较理想的驱虫药物。使用驱虫药时，要求剂量准确，并且要先做小群驱虫试验；取得经验后再进行全群驱虫。驱虫过程中发现病羊，应进行对症治疗，及时解救出现中毒和副作用的羊。

药浴是防治羊的外寄生虫病，特别是羊螨病的有效措施，可在剪毛后 10 天左右进行。药浴液可用 0.1%～0.2%杀虫脒（氯苯脒）水溶液、1%敌百虫水溶液或速灭菊酯（80～200 毫克/

升）、溴氰菊酯（50~80毫克/升）。也可用石硫合剂，其配法为生石灰75千克、硫黄粉末12.5千克，用水拌成糊状，加水150升，边煮边拌，直至煮沸呈浓茶色为止，弃去下面的沉渣，上清液便是母液。在母液内加500升温水，即成药浴液。药浴可在特建的药浴池内进行，或在特设的淋浴场淋浴，也可用人工方法抓羊在大盆（缸）中逐只洗浴。目前还有一种驱虫新药——浇泼剂，驱虫效果很好。

六、搞好羊场的卫生防疫

（1）场区大门口、生产管理区、生产区，每栋羊舍入口处设消毒池（盆）。

羊场大门口的消毒池（图2-17），长度不小于汽车轮胎周长的1.5~2倍，宽度应与门的宽度一样，水深10~15厘米，内放2%~3%氢氧化钠溶液或5%来苏儿溶液。消毒液每周换1次。

图2-17　羊场大门口的消毒池

（2）生活区、生产管理区应分别配备消毒设施（喷雾器等）。

（3）每栋羊舍的设备、物品固定使用，羊只不许串舍，出场后不得返回，应入隔离饲养舍。

(4) 禁止在生产区内解剖羊，剖后和病死羊焚烧处理，羊只出场要出具检疫证明、健康卡和消毒证明。

(5) 禁用强毒疫苗，制定科学的免疫程序。

(6) 场区绿化率（草坪）达到40%以上。

(7) 场区内分净道、污道，互不交叉，净道用于进羊及运送饲料、用具、用品，污道用于运送粪便、废弃物、死淘羊。

第五节　羊场粪便及病尸的无害化处理

一、病死畜禽进行无害化处理的规定

病死动物及动物产品携带病原体，如未经无害化处理或任意处置，不仅严重污染环境，还可能传播重大动物疫病，危害畜牧业生产安全，甚至引发严重的公共卫生事件。按照《中华人民共和国环境保护法》《中华人民共和国畜牧法》《中华人民共和国动物防疫法》《规模养殖污染防治条例》以及地方性制定的动物防疫条例等法律法规和畜牧兽医主管部门的规定，从事畜禽养殖的单位和个人是病死动物及动物产品无害化处理的第一责任人，必须自觉履行无害化处理的责任和义务。法律法规明确规定，染疫动物或者染疫动物产品，病死或者死因不明的动物尸体，应当按照国家规定进行无害化处理，不得随意处理，不得随意丢弃；法律法规明令禁止屠宰、生产、经营、加工、贮藏、运输病死或者死因不明、染疫或者疑似染疫、检疫不合格等动物及动物产品。无害化处理应按《病害动物和病害动物产品生物安全处理规程》（GB 16548—2006），以及农业部发布的《病死动物无害化处理技术规范》的要求，采取深埋、焚烧、化制、生物降解等措施，确保病原及时消灭，防止病原扩散蔓延。规模养殖场应配备

无害化处理设施设备，建立无害化处理制度。

二、粪便的无害化处理

国家标准《畜禽养殖业污染物排放标准》（GB 18596—2001）规定，用于直接还田的畜禽粪便，必须进行无害化处理，防止污染施用地面。粪尿，适宜寄生虫、病原微生物寄生，繁殖和传播。从防疫的角度看，羊粪不利于羊场的卫生与防疫。为了变不利为有利，需对羊粪进行无害化处理。羊粪无害化处理主要是通过物理、化学、生物等方法，杀灭病原体，改变羊粪中病原体适宜寄生、繁殖和传播的环境，保持和增加羊粪有机物的含量，达到污染物的资源化利用。羊粪无害化环境标准是：蛔虫卵的死亡率≥95%；粪大肠菌群数≤10 个/千克；恶臭污染物排放标准是：臭气浓度标准值 70。

（一）羊粪的处理

1. 发酵处理 粪便的发酵处理利用各种微生物的活动来分解羊粪中的有机成分，从而有效地提高有机物的利用率，在发酵过程中形成的特殊理化环境也可杀死粪便中的病原菌和一些虫卵，根据发酵过程中依靠的主要微生物种类不同，可分为充气动态发酵、堆肥发酵和沼气发酵处理。

（1）充气动态发酵。在适宜的温度、湿度以及供氧充足的条件下，好气菌迅速繁殖，将粪中的有机物质分解成易消化吸收的物质，同时释放出硫化氢、氨等气体。在 45～55℃下处理 12 小时左右，可生产出优质有机肥料和再生饲料。

（2）堆肥发酵处理。传统处理羊的粪便的消毒方法中，最实用的方法是生物热消毒法，即在距羊场 100～200 米以外的地方设一堆粪场，将羊粪堆积起来，上面覆盖 10 厘米厚的沙土，发酵 30 天左右，利用微生物进行生物化学反应，分解熟化羊粪中的异味有机物，随着堆肥温度升高，杀灭其中的病原菌、虫卵

和蛆蛹，达到无害化并成为优质肥料的方法。

（3）沼气发酵处理。沼气处理是厌氧发酵过程，可直接对水粪进行处理。其优点是产出的沼气是一种高热值可燃气体，沼渣是很好的肥料。经过处理的干沼渣还可作饲料。

2. 干燥处理

（1）脱水干燥处理。脱水干燥，使其中的含水量降低到15%以下，便于包装运输，又可抑制畜粪中微生物活动，减少养分（如蛋白质）损失。

（2）高温快速干燥。采用以回转圆筒烘干炉为代表的高温快速干燥设备，可在短时间（10分钟左右）内将含水率为70%的湿粪，迅速干燥至含水仅10%~15%的干粪。

（3）太阳能自然干燥处理。采用专用的塑料大棚，长度可达60~90米，内有混凝土槽，两侧为导轨，在导轨上安装有搅拌装置。湿粪装入混凝土槽，搅拌装置沿着导轨在大棚内反复行走，通过搅拌板的正反向转动来捣碎、翻动和推送畜粪，并通过强制通风排除大棚内的水汽，达到干燥畜粪的目的。夏季只需要约1周的时间即可把畜粪的含水量降到10%左右。

（二）羊粪的利用

羊粪属热性肥料，适用于凉性土壤和阴坡地。羊粪含有机质24%~27%，氮0.7%~0.8%，磷（五氧化二磷）0.45%~0.6%，钾（氧化钾）0.4%~0.5%。羊粪粪质较细，养分浓厚，含有丰富的氮、磷、钾、微量元素和高效有机质；羊粪能活化土壤中大量存留的氮磷钾，有助于农作物的吸收。同时，还能显著提高农作物的抗病、抗逆、抗掉花、抗掉果能力。与施用无机肥相比，施用羊粪可使粮食作物增产10%以上，蔬菜和经济作物增产30%左右，块根作物增产40%左右。

1. 直接用作肥料　羊粪作为肥料首先应根据饲料的营养成分和吸收率，估测粪便中的营养成分。另外，施肥前要了解土壤

类型、成分及作物种类，确定合理的作物养分需要量，并在此基础上计算出畜粪施用量。

2. 生产有机无机复合肥　羊粪最好先经发酵后再烘干，然后与无机肥配制成复合肥。复合肥不但松软、易拌、无臭味，而且施肥后也不再发酵，特别适合于盆栽花卉和无土栽培及庭院种植业（图 2-18）。

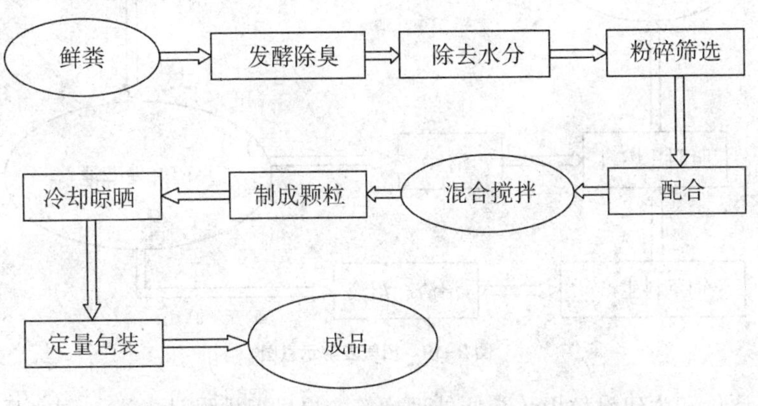

图 2-18　羊粪有机肥生产流程图

3. 制取沼气　沼气是在厌氧环境下，在一定温度、湿度、酸碱度的条件下，微生物在分解发酵有机物质的过程中所产生的一种可燃气体。羊粪制造沼气，入池前要堆沤 3 天，然后入池发酵（图 2-19）。

4. 土地还原法　将羊粪与地表土混合，深度为 20 厘米，用水浇灌超过保水容量。有机物质使土壤中的微生物迅速增加，消耗掉土地中的氧，微生物产生的有机酸、发酵产生的热，可以有效地杀灭病菌。使土地转变成还原状态。

（三）粪便无害化卫生标准

畜粪无害化卫生标准是借助卫生部制定的国家标准（GB 7959—87），适用于全国城乡垃圾、粪便无害化处理效果的卫生

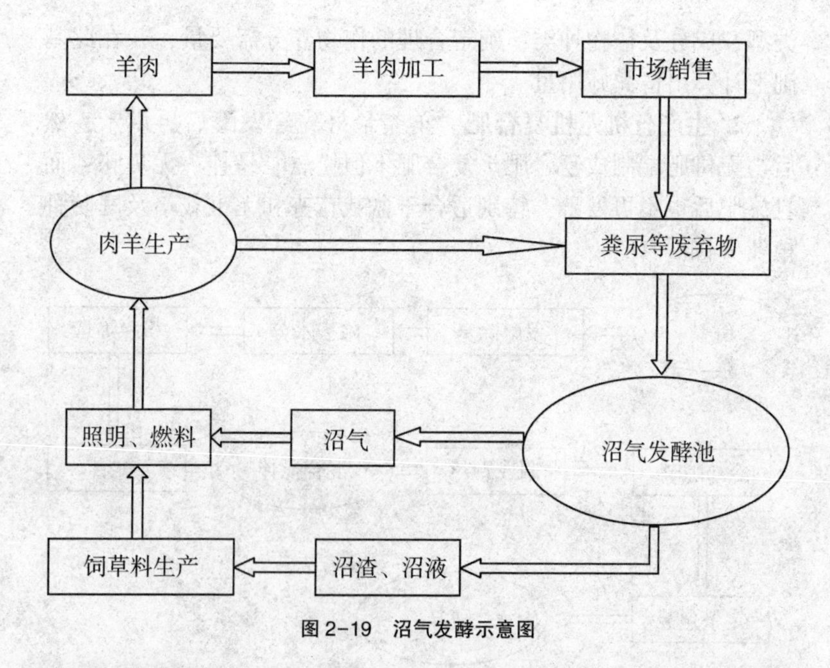

图 2-19　沼气发酵示意图

评价和为建设垃圾、粪便处理构筑物提供卫生设计参数。国家目前尚未制定出对于家畜粪便的无害化卫生标准，在此借鉴人的粪便无害化卫生标准，来阐述对家畜粪便无害化处理的卫生要求。

标准中的粪便是指人体排泄物；堆肥是指以垃圾、粪便为原料的好氧性高温堆肥；沼气发酵是以粪便为原料，在密闭、厌氧条件下的厌氧性消化（包括常温、中温和高温消化）。经无害化处理后的堆肥和粪便，应符合国家的有关规定，堆肥最高温度达 50~55℃甚至更高，应持续 5~7 天，粪便中蛔虫卵死亡率为 95%~100%，有效地控制苍蝇滋生，堆肥周围没有活动的蛆、蛹或新羽化的成蝇。沼气发酵的卫生标准是，密封贮存期应在 30 天以上，(53±2)℃的高温沼气发酵温度应持续 2 天，寄生虫卵沉降率在 95%以上，粪液中不得检出活的血吸虫卵和钩虫

卵，常温沼气发酵的粪大肠菌值应为 10^{-1}，高温沼气发酵应为 $10^{-1}\sim10^{2}$，有效地控制蚊蝇滋生，粪液中无孑孓，池的周围无活的蛆、蛹或新羽化的成蝇。

三、病羊尸体的无害化处理

病死羊尸体含大量病原体，只有及时经过无害化处理，才能防止疫病的传播与流行，严禁随意丢弃、出售或作为饲料，应根据病症种类的性质不同，按《畜禽病害肉尸及其产品无公害化处理规程》的规定，采用适宜方法处理病羊的尸体。

（一）销毁

患传染病家畜的尸体中含有大量病原体，并可污染环境，若不及时做无害化处理，常可引起人畜患病。对确认为是炭疽、羊快疫、羊肠毒血症、羊猝狙、肉毒梭菌中毒症、蓝舌病、口蹄疫、李氏杆菌病、布鲁杆菌病等传染病和恶性肿瘤或两个器官发现肿瘤的病畜的整个尸体，以及从其他患病畜割除下来的病变部分和内脏都应进行无害化销毁，其方法是利用湿法化制和焚毁，前者是利用湿化机将整个尸体送入密闭容器中进行化制，即熬制成工业油。后者是将整个尸体或割除的病变部分和内脏投入焚化炉中烧毁炭化。

（二）化制

除上述传染病外，凡病变严重、肌肉发生退行性变化的其他传染病、中毒性疾病、囊虫病、旋毛虫病以及自行死亡或不明原因死亡的家畜的整个尸体或胴体及内脏，应利用湿化机制将原料分类分别投入密闭容器中进行化制、熬制成工业油。

（三）掩埋

掩埋是一种暂时看作有效其实极不彻底的尸体处理方法，但比较简单易行，目前还在广泛地使用。掩埋尸体时应选择干燥、地势较高，距离住宅、道路、水井、河流及牧场较远的偏僻地

区。尸坑的长和宽能容纳尸体侧卧为度，深度应为 2 米以上。

（四）腐败

将尸体投入专用的尸体坑内，尸体坑一般为直径 3 米，深 10~13 米的圆形井，坑壁与坑底用不透水的材料制成。

（五）加热煮沸

对某些危害不是特别严重，而经过煮沸消毒后又无害的患传染病的病畜肉尸和内脏，切成重量不超过 2 千克、厚度不超过 8 厘米的肉块，进行高压蒸煮成一般煮沸消毒处理。但必须在指定的场所处理。对洗涤生肉的泔水等，必须经过无害化处理；熟肉决不可再与洗过生肉的泔水以及菜板等接触。

四、病羊产品的无害化处理

（一）血液

1. 漂白粉消毒法　对患羊痘、山羊关节炎、绵羊梅迪维斯那病、弓形虫病、锥虫病等传染病以及血液寄生虫病的病羊血液的处理，是将 1 份漂白粉加入 4 份血液中充分搅匀，放入沸水中烧煮，至血块深部呈黑红色并呈蜂窝状时为止。

2. 高温处理　凡属上述传染病者均可高温处理。方法是将已凝固的血液划成豆腐方块，放入沸水中烧煮，至血块深部呈黑红色并成蜂窝状时为止。

（二）蹄、骨和角

将肉尸作高温处理时剔出的病羊骨、蹄、角放入高压锅内蒸煮至脱胶或胶脂时止。

（三）皮毛

1. 盐酸食盐溶液消毒法　此法用于被上述疫病污染的和一般病畜的皮毛消毒。方法是用 2. 5%盐酸溶液与 15%食盐水溶液等量混合，将皮张浸泡在此溶液中，并使液温保持在 30℃左右，浸泡 40 小时，皮张与消毒液之比为 1：10 浸泡后捞出沥干，放

入2%氢氧化钠溶液中，以中和皮张上的酸，再用水冲洗后晾干。也可按100毫升25%食盐水溶液中加入盐酸1毫升配制消毒液，在室温15℃条件下浸泡48小时，皮张与消毒液之比为1∶4。浸泡后捞出沥干，再放入1%氢氧化钠溶液中浸泡，以中和皮张上的酸，再用水冲洗后晾干。

2. 过氧乙酸消毒法　此法用于任何病畜的皮毛消毒。方法是将皮毛放入新鲜配制的2%过氧乙酸溶液中浸泡30分钟捞出，用水冲洗后晾干。

3. 碱盐液浸泡消毒法　此法用于上述疫病污染的皮毛消毒。具体方法是将病皮浸入5%碱盐液（饱和盐水内加5%氢氧化钠）中，室温（17~20℃）浸泡24小时，并随时加以搅拌，然后取出挂起，待碱盐液流净，放入5%盐酸液内浸泡，使皮上的碱被中和，捞出，用水冲洗后晾干。

4. 石灰乳浸泡消毒法　此法用于口蹄疫和螨病病皮的消毒。方法是将1份生石灰加1份水制成熟石灰，再用水配成10%或5%混悬液（石灰乳）。将口蹄疫病皮浸入10%石灰乳中浸泡2小时；而将螨病病皮浸入10%石灰乳中浸泡12小时，然后取出晾干。

5. 盐腌消毒法　主要用于布鲁杆菌病病皮的消毒。按皮重量的15%加入食盐，均匀撒于皮的表面。一般毛皮腌制2个月，胎儿毛皮腌制3个月。

第六节　羊场常用药物的合理使用

一、常用药物的分类与保存

（一）常用药物的分类

1. 抗微生物药　如青霉素、红霉素、庆大霉素，氟哌酸、环丙沙星等。

2. 驱虫药 如盐酸噻咪唑（驱虫净）、丙硫咪唑、敌敌畏、阿维菌素等。

3. 作用于消化系统的药物 如健胃药、促反刍药及止酵药，如马钱子酊、胃蛋白酶、干酵母、鱼石脂等；泻药、止泻药及解痉药，如硫酸钠、硫酸镁、液状石蜡、活性炭等。

4. 作用于呼吸系统的药物 如氯化铵、咳必清、复方甘草片、氨茶碱等。

5. 作用于泌尿、生殖系统的药物 如利尿酸、乌洛托品、绒毛膜促性腺激素、黄体酮、催产素等。

6. 作用于心血管系统的药物 如安钠咖、安络血、仙鹤草素等。

7. 镇静与麻醉药 如盐酸氯丙嗪、静松灵、盐酸普鲁卡因等。

8. 解热镇痛抗风湿药 如氨基比林、安痛定、安乃近等。

9. 体液补充剂 如葡萄糖、氯化钠、氯化钙、葡萄糖酸钙、碳酸氢钠等。

10. 解毒药 如阿托品、碘解磷定等。

11. 消毒药及外用 如碘酊、新洁尔灭、高锰酸钾、鱼石脂、双氧水、龙胆紫、氢氧化钠、碘伏、漂白粉、二氯异氰尿酸钠等。

（二）保存

保存药物应定期检查，防止过期、失效，阅读药品说明书，按所要求贮存方法分类保存，不宜与其他杂物混放。

(1) 对于因湿而易变性、易受潮、易风化、易挥发、易氧化及吸收二氧化碳而变质的药物需用玻璃瓶密闭贮存。

(2) 易因受热而变质，易燃、易爆、易挥发等药物，需 2~15℃低温保存。

（3）见光易发生变化或导致药效降低的，需避光容器内贮存。

（4）分门别类，做好标记。原包装完好的药物，可以原封不动地保存，散装药应按类分开，并贴上醒目的标签，标清有效日期、名称、用法、用量及失效期。内服药与外用药宜严格分开。

（5）定期更换淘汰。每年定期对备用药进行检查。例如维生素C存放一年药效可降低一半，中药丸剂容易发霉生虫，最多存放2年，其他药物参照生产日期查对处理。

二、药物的制剂、剂型与剂量

剂型是根据医疗、预防等的需要，将兽药加工制成具有一定规格、一定形状而有效成分不变，以便于使用、运输和贮存的形式。

兽药的剂型种类繁多，常用的分类方法如下：

（一）按兽药形态分类

1. 液态剂型

（1）溶液剂。溶液剂是一种透明的可供内服或外用的溶液，一般是由两种或两种以上成分所组成，其中包括溶质和溶媒。溶质多为不挥发的化学药品，溶媒多为水，但也有醇溶液或油溶液等。内服药如鱼肝油溶液，外用消毒药如新洁尔灭溶液等。

（2）注射剂。注射剂也称针剂，是指灌封于特制容器中的灭菌的澄明液、混悬液、乳浊液或粉末（粉针剂，临用时加注射用水等溶媒配制），必须用注射法给药的一种剂型。如果密封于安瓿瓶中，称为安瓿剂。如青霉素粉针、庆大霉素注射液等。

（3）酊剂。酊剂是指将化学药品溶解于不同浓度的乙醇或药物用不同浓度的乙醇浸出的澄明液体剂型，如碘酊等。

（4）煎剂或浸剂。这两种都是药材（生药）的水性浸出制剂。煎剂是将药材加水煎煮一定时间后的滤液；浸剂是用沸水、温水或冷水将药材浸泡一定时间后滤过而制得的液体剂型。如板蓝根煎剂。

(5) 乳剂。乳剂是指两种以上不相混合的液体（油和水），加入乳化剂后制成的乳状混浊液，可供内服、外用或注射。

2. 半固体剂型

(1) 浸膏剂。浸膏剂是药材的浸出液经浓缩除去溶媒的膏状或粉状的半固体或固体剂型。除有特殊规定外，浸膏剂每克相当于原药材 2~5 克，如酵母浸膏等。

(2) 软膏剂。软膏剂是将药物加赋形剂（或称基质），均匀混合而制成的易于外用涂布的一种半固体剂型。供眼科用的软膏又叫眼膏，如盐酸四环素软膏等。

(3) 固体剂型

1) 粉剂。粉剂是一种干燥粉末剂型，由一种或一种以上的药物经粉碎、过筛、均匀混合而制成的固体剂型。可供内服或外用。

2) 可溶性粉剂。可溶性粉剂是由一种或几种药物与助溶剂、助悬剂等辅助药组成的可溶性粉末。多作为饲料添加剂型，投入饮水中使药物均匀分散。

3) 预混剂。预混剂是指一种或几种药物与适宜的基质（如碳酸钙、麸皮、玉米粉等）均匀混合制成供添加于饲料的药物添加剂。将它掺入饲料中充分混合，可达到使药物微量成分均匀分散的目的。如土霉素预混剂等。

4) 片剂。片剂是将粉剂加适当赋形剂后，制成颗粒经压片机加压制成的圆片状剂型。

5) 胶囊剂。胶囊剂是将药粉或药液密封入胶囊中制成的一种剂型，其优点是可避免药物的刺激性或不良气味。

6) 微型胶囊。微型胶囊简称微囊，系利用天然的或合成的

高分子材料（通称囊材），将固体或液体药物（通称囊芯物）包裹成直径 1~5 000 微米的微小胶囊。药物的微囊可根据临床需要制成散剂、胶囊剂、片剂、注射剂以及软膏剂等各种剂型的制剂。药物制成微囊后，具有提高药物稳定性、延长药物疗效、掩盖不良气味、降低在消化道的副作用、减少复方的配伍禁忌等优点。用微囊做原料制成的各种剂型的制剂，应符合该剂型的制剂规定与要求。如维生素 A 微囊剂。

（4）气体剂型。气体剂型是指某些液体药物稀释后或固体药物干粉利用雾化器喷出形成微粒状的制剂。可供皮肤和腔道等局部使用，或由呼吸道吸入后发挥全身作用。

（二）按分散系统分类

1. 真溶液类液体剂型 真溶液类液体剂型是指由分散相和分散介质组成的液态分散系统剂型，其直径小于 1 纳米，如溶液剂、糖浆剂、甘油剂等。

2. 胶体溶液类液体剂型 胶体溶液类液体剂型是指均匀地液体分散系统药剂，其分散相质点直径在 1~100 纳米，如胶浆剂。

3. 混悬液类液体剂型 混悬液类液体剂型是指固态分散相和液体分散介质组成的不均匀的分散系统药剂，其分散相质点一般在 0.1~100 微米，如混悬剂。

4. 乳浊液类液体剂型 乳浊液类液体剂型是指液体分散相和液体分散介质不均匀的分散系统药剂，其分散相质点直径在 0.1~50 微米，如乳剂等。

（三）按给药途径分类

1. 肠道给药剂型 如片剂、散剂、胶囊剂、栓剂等。

2. 不经肠道给药剂型 如注射剂、软膏剂、口含片、滴眼剂、气雾剂等。

在选定药物以后，制剂的选择就是一个重要问题。同一药物，相同剂量，所用的制剂不同，其吸收程度也不同。有时，甚至同一制剂，由于生产的工艺不同，其吸收程度和速度也不尽相同。因此，应根据疾病的轻重缓急慎重选择药物的剂型。

剂量是指药物产生治疗作用所需的用量。在一定范围内，剂量愈大，体内药物浓度愈高，作用也愈强；剂量愈小，作用就小。但如果浓度过大，超过一定限度，就会出现不良反应，甚至中毒。因此，为了既经济又有效地发挥药物的作用，达到用药目的，避免不良反应，应充分了解并严格掌握各种药物的剂量。

药物剂量的计量单位，一般固体药物用重量表示。按照1984年国务院关于在我国统一实行法定计量单位的命令，一般采用法定计量单位，如克、毫克、升、毫升等。对于固体和半固体药物用克、毫克表示；液体药物用升和毫升表示。常用计量单位的换算关系如下。

1千克=1 000克，1克=1 000毫克，1升=1 000毫升，1毫升=1 000微升

一些抗生素和维生素，如青霉素、庆大霉素、维生素A、维生素D等药物多用国际单位来表示，英文缩写为IU。

三、药物的治疗作用和不良反应

用药的目的在于防治疾病。凡符合用药目的，能达到防治效果的作用叫治疗作用。不符合用药目的，甚至对机体产生损害的效果称为不良反应。在多数情况下，这两种效果会同时出现，这就是药物作用的两重性。在用药中，应尽量发挥药物的治疗作用，避免或减少不良反应。药物不良反应有副作用、毒性作用和过敏反应等。

（一）副作用

副作用是指药物在治疗剂量时出现的与治疗目的无关的作用。如阿托品有松弛平滑肌和抑制腺腺分泌的作用，当利用其松弛平滑肌的作用而治疗肠痉挛时，同时出现的唾液腺分泌减少

(口腔干燥) 即为副作用。

(二) 毒性作用

毒性作用是指用药量过大、时间过长而造成对机体的损害作用。毒性作用可在用药不久后发生，称为急性毒性；也可能在长期用药过程中逐渐蓄积后产生，称为慢性毒性。大多数药物都有一定的毒性，当达到一定剂量后，多数动物均可出现相同的中毒症状。故药物的毒性作用大多也是可以预防的。在用药中，以增加剂量来增强药物的作用是有限的，而且也是危险的。此外，有些药物可以致畸胎、致癌，也属药物的毒性作用，必须警惕。

(三) 过敏反应

过敏反应是指少数具有特异体质的动物，在应用治疗量甚至极小量的某种药物时，产生一种与药物作用性质完全不同的反应，称为过敏反应。它与药物剂量的大小无关，而且不同的药物发生的过敏反应大多相似。过敏反应难以预知。轻度的过敏反应，常有发热、呕吐、皮疹、哮喘等症状，可给予苯海拉明、溴化钙等抗过敏药物进行处理。严重的过敏反应可引起动物发生过敏性休克，应使用肾上腺素或高效糖皮质激素等进行抢救。

(四) 继发反应

继发反应是指在药物治疗作用之后的一种继发反应，是药物发挥治疗作用的不良后果，也称治疗矛盾。如长期应用广谱抗生素时，由于改变了肠道正常菌群，敏感细菌被消灭，不敏感的细菌如葡萄球菌或真菌则大量繁殖，导致葡萄球菌肠炎或念珠菌病等的继发性感染。

四、药物的选择及用药注意事项

羊病临床合理用药的目的是要达到最理想的疗效和最大安全性。因此药物治疗过程中有其选择原则和注意事项。

（一）药物选择原则

用于预防和治疗疾病的药物，种类很多，各有独特的优点和缺点。临床实践证明，任何一种疾病常有多种药物有效。为了获得最佳疗效，应根据病情、病因及症状加以选择。选用药物应坚持疗效高、毒性反应低、价廉易得的基本原则。

1. 疗效高 疗效高是选择药物首先考虑的因素。在治疗和预防疾病中，选用药物的基本点是药物的疗效。如具有抗菌作用的药物可有数种，选用时应首选对病原菌最敏感的抗菌药。

2. 毒性反应低 毒性反应低是选择用药考虑的重要因素，多数药物都有不同程度的毒性，有些药物疗效虽好，但毒性反应严重，因此必须放弃，临床上多数选用疗效稍差而毒性作用更低的药物。

3. 价廉易得 价廉易得是兽医人员应高度重视的问题。滥用药物，贪多求全，既会降低疗效，增加毒性或产生耐受性，又会造成畜主经济损失和药品浪费。

（二）合理用药注意事项

在选择用药基本原则指导下，认真制定临床用药方案。临床用药应该注意以下方面。

1. 明确诊断 明确诊断是合理用药的先决条件，选用药物要有明确的临床指征。要根据药物的药理特点，针对病例的具体病症，选用疗效可靠、使用方便、廉价易得的药物制剂。注意避免滥用药物及疗效不确切的药物。

2. 选择最适宜的给药方法 给药方法应根据病情缓急、用药的目的以及药物本身的性质等决定。病情危重或药物局部刺激性强时，宜以静脉注射。油溶剂或混悬剂应严禁用于静脉注射，可用于肌内注射。治疗消化系统疾病的药物多经口投药。局部关节、子宫内膜等炎症可用局部注入给药。

3. 适宜剂量与合理疗程 选择剂量的根据是《中华人民共

和国兽药典》及《兽医药品规范》。该药典及规范中的剂量适用于多数成年动物，对于老弱、病幼的个体，特别是肝、肾功能不良的个体，应酌情调整剂量。有些药物排泄缓慢，药物半衰期长，在连续应用时，应特别预防蓄积中毒。为此，在经连续治疗一个疗程之后，应停药一定时间，才可以开始下一疗程。疗程可长可短，一般认为，慢性疾病的疗程要长，急性疾病的疗程要短。传染病需在病情控制之后有一定巩固时间，必要时，可用间歇休药再给药的方式进行治疗。

4. 合理配伍用药　临床用药时，多数合并用药。此外，既要考虑药物的协同作用、减轻不良反应，同时还应注意避免药物间的配伍禁忌，尤其应注意避免药理性配伍禁忌。药理性配伍禁忌包括药物疗效互相抵消和毒性的增加，如胃蛋白酶和小苏打片配伍使用，会使胃蛋白酶活性下降。药物理化性配伍禁忌，在临床用药时应认真对待，在两种药物配伍时，由于物理性质的改变，使药物或抑制剂发生变化，使两种药物化学本质变化而失效，有时甚至还产生有毒的反应，如解磷定与碳酸氢钠注射配伍时，可产生微量氰化物而增加毒性。

第三章　羊场的免疫

第一节　羊群的免疫保护

一、羊传染病的控制原则

传染病的一个基本特征是能在个体之间直接或间接相互传染，构成流行。传染病能在羊群中发生、传播和流行，必须具备三个必要环节：传染源、传播途径、易感羊。控制羊的传染病，要采取控制传染源、切断传播途径、保护易感羊只三条途径。

（一）控制传染源

传染源一般就是受感染的羊，包括已发病的羊和带菌（毒）的羊，尤其是带菌（毒）的羊，外表无临诊症状且一般不易查出，容易被人们忽视。对已发病的羊和带菌（毒）的羊，要隔离，积极治疗；如果不治死亡后，要采取焚烧或深埋处理方法，切断传染源；如果治愈，也要继续观察一段时间后，再和其他羊合群。

（二）切断传播途径

传播途径是指病原从传染源排出后，经过一定的方式再侵入健康动物经过的途径，可分为水平传播和垂直传播两类。

水平传播的传播方式可分为直接接触传播和间接接触传播。

直接接触传播是在没有任何外界因素参与下，病羊与健康羊直接接触引起传染，特点是一个接一个发生，有明显连锁性。间接接触传播，即病原体通过媒介如饲料、饮水、土壤、空气等间接地使健康羊发生传染。大多数传染病以间接接触为主要传播方式。垂直传播即从母体经胎盘、产道将病原体传播到后代。

对病羊要早发现、早隔离、早治疗，切断病原体的传播途径，对母畜患有传染病的要及时治疗，对不能治愈的要及时淘汰，防止将病原体传播给后代。

（三）保护易感羊只

1. 提高羊只非特异性抵抗力　加强饲养管理，均衡羊只营养水平，消除各种应激因素，提高羊只非特异性抵抗力。

2. 免疫接种，提高羊只特异性抵抗力　依据羊传染病流行规律和分布特征，对出现某种羊只疫病或有一定种类疫病倾向的羊只（群）有针对性地接种疫苗、免疫血清等生物制品，以提高羊只特异性免疫力，降低易感性的方法或手段叫作免疫接种。

（1）计划免疫接种。按照既定的免疫程序对易感羊只进行的免疫接种称为计划免疫接种。依据疫病流行的规律、使用疫苗的性质以及接种羊只的特点，确定接种次数、接种次序、接种途径、免疫剂量和时间间隔等因素所制订的免疫计划叫作免疫程序。

（2）紧急免疫接种。在发生某种传染病时，对疫区和受威胁区尚未发病的易感羊只进行的应急性免疫接种，或者在羊只运输检疫或口岸检疫时，根据检疫情况或检疫要求对检疫羊只进行的临时性免疫接种叫作紧急免疫接种。

3. 药物预防　药物预防是降低经济损失与生产成本的法宝。以饲料添加剂的形式或其他给药途径给羊只提供一定种类的抗病原体药物，达到预防羊只疫病的目的，称为药物预防。药物预防是防控羊只传染病的重要途径，在某些疫病或一定条件时采用，可取得较为理想的效果。药物预防在规模化养殖业中尤为重要。

二、免疫保护的原理

免疫是动物体的一种生理功能，动物体依靠这种功能识别“自己”和“非己”成分，从而破坏和排斥进入体内的抗原物质，或本身所产生的损伤细胞和肿瘤细胞等，以维持健康。抵抗微生物、寄生物的感染或其他所不希望的生物侵入的状态。免疫涉及特异性成分和非特异性成分。非特异性成分不需要事先暴露，可以立刻响应，可以有效地防止各种病原体的入侵。特异性免疫是在主体的寿命期内发展起来的，专门针对某个病原体的免疫。

第二节　羊常用的疫苗及使用

一、疫苗的概念

疫苗是指为了预防、控制传染病的发生、流行，用于预防接种的疫苗类预防性生物制品。生物制品，是指用微生物或其毒素、酶，人或动物的血清、细胞等制备的供预防、诊断和治疗用的制剂。预防接种用的生物制品包括疫苗、菌苗和类毒素。其中，由细菌制成的为菌苗；由病毒、立克次体、螺旋体制成的为疫苗，有时也统称为疫苗。

疫苗是将病原微生物（如细菌、立克次体、病毒等）及其代谢产物，经过人工减毒、灭活或利用基因工程等方法制成的用于预防传染病的自动免疫制剂。疫苗保留了病原菌刺激动物体免疫系统的特性。当动物体接触到这种不具伤害力的病原菌后，免疫系统便会产生一定的保护物质，如免疫激素、活性生理物质、特殊抗体等；当动物再次接触到这种病原菌时，动物体的免疫系

统便会依循其原有的记忆，制造更多的保护物质来阻止病原菌的伤害。

二、羊常用疫苗的种类和选择

（一）无毒炭疽芽胞苗

预防羊炭疽。绵羊颈部或后腿内皮下注射0.5毫升，注射后14天产生免疫力，免疫期1年。山羊不能使用。2~15℃干燥冷暗处保存，贮存期2年。

（二）第Ⅱ号炭疽芽胞苗

预防羊炭疽。绵羊、山羊均于股内或尾部皮内注射0.2毫升或皮下注射1毫升，注射后14天产生免疫力，绵羊免疫期1年，山羊为6个月。0~15℃干燥冷暗处保存，贮存期2年。

（三）布鲁杆菌病猪型疫苗

预防布鲁杆菌病。肌内注射0.5毫升（含菌50亿）。3月龄以下羔羊、妊娠母羊、有该病的阳性羊，均不能注射。用饮水免疫法时，用量按每只羊服200亿菌体计算，2天内分2次饮用；在饮服疫苗前一般应停止饮水半天，以保证每只羊都能饮用一定量的水。应当用冷的清水稀释疫苗，并迅速饮喂，效果最佳。

（四）羊快疫-猝狙-肠毒血症三联灭活疫苗

羔羊、成年羊均为皮下或肌内注射5毫升，注射后14天产生免疫力，免疫期6个月。

（五）羔羊大肠杆菌病灭活疫苗

3月龄以下羔羊，皮下注射0.5~1.0毫升；3月龄至1岁的羊，皮下注射2毫升，注射后14天产生免疫力，免疫期5个月。

（六）羊厌气菌氢氧化铝甲醛五联灭活疫苗

预防羊快疫、猝狙、肠毒血症、羔羊痢疾和黑疫。不论年龄大小，均皮下或肌内注射5毫升，注射后14天产生免疫力，免疫期6个月。

（七）羊肺炎支原体氢氧化铝灭活疫苗

预防由绵羊肺炎支原体引起的传染性胸膜肺炎。颈部皮下注射，6月龄以下幼羊2毫升，成年羊3毫升，免疫期1年半以上。

（八）羊痘鸡胚化弱毒疫苗

冻干苗按瓶签上标注的疫苗量，用生理盐水25倍稀释，振荡均匀，不论年龄大小，均皮下注射0.5毫升，注射后6天产生免疫力，免疫期1年。

（九）山羊痘弱毒疫苗

预防山羊、绵羊羊痘。皮下注射0.5~1.0毫升，免疫期1年。

（十）口蹄疫疫苗

疫苗应为乳状液，允许有少量油相析出或乳状液柱分层，疫苗应在2~8℃下避光保存，严防冻结。口蹄疫疫苗宜肌内注射，绵羊、山羊使用4厘米长的18号针头。羊使用O型口蹄疫灭活疫苗，均为深层肌内注射，免疫期6个月。其用量是：羔羊每只1毫升，成年羊每头2毫升。

第三节　羊场免疫程序与免疫接种

一、羊场免疫程序的制定

达到一定规模化的羊场，需根据当地传染病流行情况建立一定的免疫程序。各地区可能流行的传染病不止一种，因此，羊场往往需用多种疫苗来预防，也需要根据各种疫苗的免疫特性合理地安排免疫接种的次数和时间。目前对于羊还没有统一的免疫程序，只能在实践中根据实际情况，制定一个合理的免疫程序。表3-1是按月份制定的免疫程序。

表 3-1　羊场免疫程序（按月份）

免疫时间	疫苗	免疫对象及方法
3~4 月	羊口蹄疫亚Ⅰ、O 型双价苗	4 月龄以上所有羊只肌内注射 1 毫升，间隔 20 天强化注射 1 次
3~4 月	羊三联四防	全群免疫，每头份用 20% 氢氧化铝胶盐水稀释，所有羊只一律肌内注射 1 毫升
5 月	羊痘冻干苗	全群免疫，用生理盐水 25 倍稀释，所有羊只一律皮下注射 0.5 毫升
9~10 月	羊口蹄疫亚Ⅰ、O 型双价苗	4 月龄以上所有羊只肌内注射 1 毫升，间隔 20 天强化注射 1 次
9~10 月	羊三联四防	全群免疫，每头份用 20% 氢氧化铝胶盐水稀释，所有羊只一律肌内注射 1 毫升
11 月	羊痘冻干苗	全群免疫，所有羊只一律皮下注射 0.5 毫升

二、羊免疫接种的途径及方法

（一）肌内注射法

肌内注射法适用于接种弱毒或灭活疫苗，注射部位在臀部及两侧颈部，一般用 12 号针头。

（二）皮下注射法

皮下注射法适用于接种弱毒或灭活疫苗，注射部位在股内侧、肘后。用大拇指及食指捏住皮肤，注射时，确保针头插入皮下，为此进针后摆动针头，如感到针头摆动自如，推压注射器推管，药液极易进入皮下，无阻力感。

（三）皮内注射法

皮内注射法一般适用于羊痘弱毒疫苗等少数疫苗，注射部位在颈外侧和尾部皮肤褶皱壁。左手拇指与食指顺皮肤的皱纹，从两边平行捏起一个皮褶，右手持注射器使针头与注射平面平行刺入。注射药液后在注射部位有一豌豆大小泡，且小泡会随皮肤移动，则证明确实注入皮内。

（四）口服法

口服法是将疫苗均匀地混于饲料或饮水中经口服后获得免疫。免疫前应停饮或停喂半天，以保证饮喂疫苗时每头羊都能饮一定量的水或吃入一定量的饲料。

三、影响羊免疫效果的因素

（一）遗传因素

机体对接种抗原的免疫应答在一定程度上是受遗传控制的，因此，不同品种甚至同一品种的不同个体的动物，对同一种抗原的免疫反应强弱也有差异。

（二）营养状况

维生素、微量元素、氨基酸的缺乏都会使机体的免疫功能下降。例如，维生素 A 缺乏会导致淋巴器官的萎缩，影响淋巴细胞的分化、增殖、受体表达与活化，导致体内的 T 淋巴细胞数量减少，吞噬细胞的吞噬能力下降。

（三）环境因素

环境因素包括动物生长环境的温度、湿度、通风状况、环境卫生及消毒等。如果环境过冷过热、湿度过大、通风不良都会使机体出现不同程度的应激反应，导致机体对抗原的免疫应答能力下降，接种疫苗后不能取得相应的免疫效果，表现为抗体水平低、细胞免疫应答减弱。环境卫生和消毒工作做得好可减少或杜绝强毒感染的机会，使动物安全度过接种疫苗后的诱导期。只有搞好环境，才能减少动物发病的机会，即使抗体水平不高也能得到有效的保护。如果环境差，存有大量的病原，即使抗体水平较高也会存在发病的可能。

（四）疫苗的质量

疫苗质量是免疫成败的关键因素。弱毒疫苗接种后在体内有

一个繁殖过程，因而接种的疫苗中必须含有足够量的有活力的病原，否则会影响免疫效果。灭活苗接种后没有繁殖过程，因而必须有足够的抗原量做保证，才能刺激机体产生坚强的免疫力。保存与运输不当会使疫苗质量下降甚至失效。

（五）疫苗的使用

在疫苗的使用过程中，有很多因素会影响免疫效果，例如疫苗的稀释方法、水质、雾粒大小、接种途径、免疫程序等都是影响免疫效果的重要因素。

（六）病原的血清型与变异

有些疾病的病原含有多个血清型，给免疫防治造成困难。如果疫苗毒株（或菌株）的血清型与引起疾病病原的血清型不同，则难以取得良好的预防效果。因而针对多血清型的疾病应考虑使用多价苗。针对一些易变异的病原，疫苗免疫往往不能取得很好的免疫效果。

（七）疾病对免疫的影响

有些疾病可以引起免疫抑制，从而严重影响疫苗的免疫效果。另外，动物的免疫缺陷病、中毒病等对疫苗的免疫效果都有不同程度的影响。

（八）母源抗体

母源抗体的被动免疫对新生动物是十分重要的，然而给疫苗的接种也带来一定的影响，尤其是弱毒疫苗在免疫动物时，如果动物存在较高水平的母源抗体，会严重影响疫苗的免疫效果。

（九）病原微生物之间的干扰作用

同时免疫两种或多种弱毒疫苗往往会产生干扰现象，给免疫带来一定的影响。

第四章 羊病的诊断方法和治疗技术

第一节 羊病的临床诊断方法

一、群体检查

临床诊断时，羊的数量较多，不可能逐一进行检查时应先做大群检查，从羊群中先剔出病羊和可疑病羊，然后再对其进行个体检查。

运动、休息和采食饮水三种状态的检查，是对大群羊进行临床检查的三大环节；眼看、耳听、手摸、检温是对大群羊进行临床检查的主要方法。运用“看、听、摸、检”的方法通过“动、静、食”三态的检查，可以把大部分病羊从羊群中检查出来。运动时的检查，是在羊群的自然活动和人为驱赶活动时的检查，从不正常的动态中找出病羊。休息时的检查，是在保持羊群安静的情况下，进行看和听，以检出姿态和声音异常的羊。采食饮水时的检查，是在羊自然采食、饮水时进行的检查，以检出采食饮水有异常表现的羊。“三态”的检查可根据实际情况灵活运用。

（一）运动时的检查

首先，观察羊的精神外貌和姿态步样。健康羊精神活泼，步态平稳，不离群，不掉队。而病羊多精神不振，沉郁或兴奋不安，

步态踉跄，跛行，前肢软弱跪地或后肢麻痹，有时突然倒地发生痉挛等。应将其挑出做个体检查。其次，注意观察羊的天然孔及分泌物。健康羊鼻镜湿润，鼻孔、眼及嘴角干净；病羊则表现鼻镜干燥，鼻孔流出分泌物，有时鼻孔周围污染脏土杂物，眼角附着脓性分泌物，嘴角流出唾液，发现这样的羊，应将其剔出复检。

（二）休息时的检查

首先，有顺序地并尽可能地逐只观察羊的站立和躺卧姿态，健康羊吃饱后多合群卧地休息，时而进行反刍，当有人接近时常起身离去。病羊常独自呆立一侧，肌肉震颤及痉挛，或离群单卧，长时间不见其反刍，有人接近也不动。其次，与运动时的检查一样要注意羊的天然孔、分泌物及呼吸状态等。再次，注意被毛状态，如发现被毛有脱落之处，无毛部位有痘疹或痂皮，以及听到磨牙、咳嗽或打喷嚏声时，均应剔出来检查。

（三）采食饮水时的检查

这是在放牧、喂饲或饮水时对羊的食欲及采食饮水状态进行的观察。健康羊在放牧时多走在前头，边走边吃草，饲喂时也多抢着吃；饮水时，多迅速奔向饮水处，争先喝水。病羊吃草时，多落在后边，时吃时停，或离群停立不吃草；饮水时或不喝或暴饮，如发现这样的羊应予剔出复检。

二、个体检查

临床诊断最常用的方法是望、闻、问、切等，根据所发现的症状表现及异常变化，综合起来加以分析，往往可以对疾病做出诊断，或为进一步检验提供依据。

（一）望诊

望诊也叫视诊，即观察病羊的表现。望诊时，最好先从离病羊几步远的地方观察羊的肥瘦、姿势、步态等情况；然后靠近病羊详细查看被毛、皮肤、黏膜、结膜、粪尿等情况。

1. 肥瘦 一般急性病，如急性胸胀、急性炭疽等，病羊身体仍然肥壮；相反，一般慢性病，如寄生虫病等，病羊身体多瘦弱。

2. 姿势 观察病羊一举一动是否与平时相同，如果不同，就可能是有病的表现。有些疾病表现出特殊的姿势，如破伤风表现四肢僵直，行动不灵便。

3. 步态 一般健康羊步态活泼而稳健。如果羊患病时，常表现行动不稳，或不喜行走。当羊的四肢肌肉、关节或胯部发生疾病时，则表现为跛行。

4. 毛和皮肤 健康羊的被毛平整而不易脱落，富有光泽。在病理状态下，被毛粗乱蓬松，失去光泽，而且容易脱落。患螨病的羊，脊部被毛可成片脱落，同时皮肤变厚变硬，出现蹭痒和摔伤。在检查皮肤时，除注意皮肤的颜色外，还要注意有无水肿、炎性肿胀、外伤以及皮肤是否温热等。

5. 黏膜 一般健康羊的眼结膜、鼻腔、口腔、阴道和肛门黏膜呈光滑粉红色。如口腔黏膜发红，多半是由于体温升高，身体上有发炎的地方。黏膜发红并带有红点、血丝或呈紫色，是由于严重的中毒或传染病引起的。黏膜呈苍白色，多为患贫血病；呈黄色，多为患黄疸病；呈蓝色，多为肺脏、心脏患病。

检查眼结膜时，用左手拇指与食指拨开上下眼睑观察结膜颜色（图 4-1）。健康羊结膜为淡红色、湿润。病羊的结膜呈苍白、发黄或赤紫色。

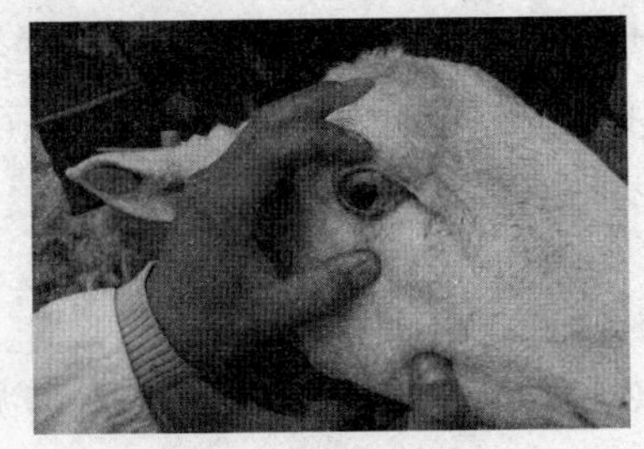

图 4-1 眼结膜检查

健康羊的鼻腔黏膜潮湿红润，鼻孔周围干净，鼻孔内无污物；病羊的鼻孔周围有大量鼻汁和脓液，常打喷嚏，有时有虫体喷出，如羊鼻蝇幼虫。用手触觉鼻孔，能感到温度偏高。

6. 吃食、饮水、口腔和粪尿　羊吃食或饮水忽然增多或减少，以及喜欢舔泥土、吃草根等，也是有病的表现，可能是慢性营养不良。反刍减少、无力或停止，表示羊的前胃有病。口腔有病时，如喉头炎、口腔溃疡、舌有烂伤等，打开口腔就可以看出来。羊的排粪也要检查，主要检查粪便的形状、硬度、色泽及附着物等。正常时，羊粪呈小球形，没有难闻的臭味。病理状态下，粪便有特殊臭味，见于各型肠炎；粪便过于干燥，多为缺水和肠弛缓；粪便过于稀薄，多为肠功能亢进；前部肠管出血，粪呈黑褐色，后部出血则粪呈鲜红色；粪内有大量黏液，表示肠黏膜有卡他性炎症；粪便混有完整谷粒或纤维很粗，表示消化不良；混有纤维素膜时，表示为纤维素性肠炎；混有寄生虫及其节片时，表示体内有寄生虫。正常羊每天排尿 3~4 次，排尿次数和尿量过多或过少，以及排尿痛苦、失禁，都是有病的征候。

7. 呼吸　正常时，羊每分钟呼吸 12~20 次。呼吸次数增多，见于热性病、呼吸系统疾病、心脏衰弱及贫血、腹压升高等；呼吸次数减少，主要见于某些中毒、代谢障碍、昏迷。另外，还要检查呼吸型、呼吸节律以及呼吸是否困难等。

（二）闻诊

闻诊有两方面内容：鼻闻气味（即嗅诊）、耳听声音。

1. 闻气味　诊断羊病时，用鼻嗅闻病羊的分泌物、排泄物、呼出气体及口腔气味很重要。如肺坏疽时，鼻闻可带有腐败性恶臭；胃肠炎时，粪便腥臭或恶臭；消化不良时，可从呼气中闻到酸臭味。

2. 听声音　听声音即听诊。听诊是利用听觉来判断羊体内正常的和有病的声音。最常用的听诊部位为胸部（心、肺）和腹部（胃、肠）。听诊的方法有两种：一种是直接听诊，即将一块布铺在被检查的部位，然后把耳朵紧贴在上边，直接听羊体内的声音；另一种是间接听诊，即用听诊器听诊。不论用哪种方法听诊，都应当把病羊牵到清静的地方，以免受外界杂音的干扰。

（1）心脏听诊：听心脏跳动的声音，正常听诊时可听到“嘣—咚”两个交替发出的声音（图4-2）。“嘣”音，为心脏收缩时所产生的声音，其特点是低、钝、长、间隔时间短，叫作第一心音。“咚”音为心脏舒张时所产生的声音，其特点是高、锐、短、间隔时间长，叫作第二心音。第一、第二心音均增强，见于热性病的初期；第一、第二心音均减弱，见于心脏机能障碍的后期或患有渗出性胸膜炎、心包炎；第一心音增强时，常伴有明显的心搏动增强和第二心音微弱，主要见于心脏衰弱的后期，排血量减少，动脉压下降；第二心音增强时，见于肺气肿、肺水肿、鼻炎等病理过程中。如果在正常心音以外听到其他杂音，多为瓣膜疾病、创伤性心包炎、胸膜炎等。

（2）肺脏听诊：是听取肺脏在吸入和呼出空气时，由于肺脏振动而产生的声音（图4-3）。一般有下列5种。

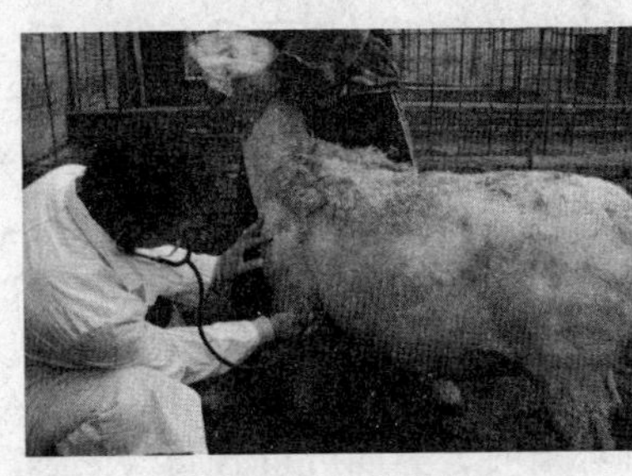

图4-2　心脏听诊

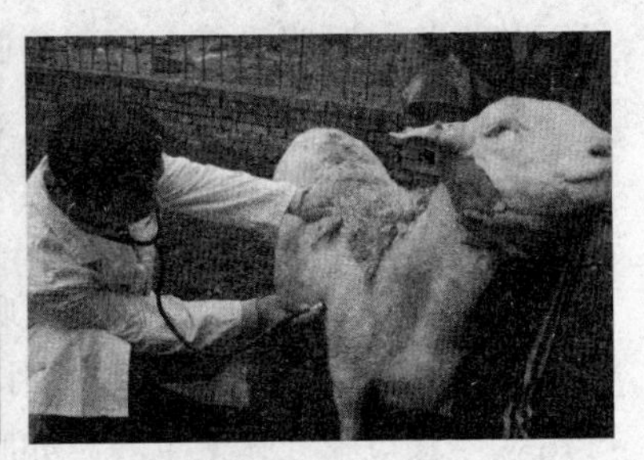

图4-3　肺部听诊

1）肺泡呼吸音：健康羊吸气时，从肺部可听到“夫”的声音；呼气时，可以听到“呼”的声音，这称为肺泡呼吸音。肺泡呼吸音过强，多为支气管炎、黏膜肿胀等；过弱时，多为肺泡

肿胀、肺泡气肿、渗出性胸膜炎等。

2）支气管呼吸音：是空气通过喉头狭窄部所发出的声音，类似“赫”的声音。如果在肺部听到这种声音，多为肺炎的病变，见于羊的传染性胸膜肺炎等病。

3）啰音：支气管发炎时，管内积有分泌物，被呼吸的气流冲动而发出的声音。啰音可分为干啰音和湿啰音两种。干啰音很复杂，有咚隆声、笛声、口哨声及猫鸣声等，多见于慢性支气管炎、慢性肺气肿、肺结核等；湿啰音类似含漱音、沸腾音或水疱破裂音，多发生于肺水肿、肺充血、肺出血、慢性肺炎等。

4）捻发音：这种声音像用手指捻毛发时所发出的声音，多见于慢性肺炎、肺水肿等。

5）摩擦音：一般有两种，一为胸膜摩擦音，多发生在肺脏与胸膜之间，见于纤维素性胸膜炎、胸膜结核等。因为胸膜发炎、纤维素沉积，使胸膜变得粗糙，当呼吸时，互相摩擦而发出声音，这种声音像一手贴在耳上，用另一手的手指轻轻摩擦贴耳的手背所发出的声音。另一种为心包摩擦音，当发生纤维素性心包炎时，心包的两叶失去润滑性，因而伴随心脏的跳动两叶互相摩擦而发生杂音。

（3）腹部听诊：主要是听取腹部胃肠运动的声音。羊健康的时候，于左肷部可听到瘤胃蠕动音，呈逐渐增强又逐渐减弱的沙沙音，每两分钟可听到3~6次。羊患前胃弛缓或发热性疾病时，瘤胃蠕动音减弱或消失。羊的肠音，类似于流水声或漱口声，正常时较弱。在羊患肠炎初期，肠音亢进；便秘时，肠音消失。

（三）问诊

问诊是通过询问畜主或饲养员，了解羊发病的有关情况。询问内容一般包括：发病时间，发病只数，病前和病后的异常表现，以往的病史、治疗情况、免疫接种情况，饲养管理情况及羊的年龄、性别等。但在听取其回答时，应考虑所谈情况与当事人的利害关系（责任），分析其可靠性。

（四）切诊

1. 触诊 触诊是用手指或手指尖感触被检查的部位，并稍加压力，以便确定被检查的各个器官组织是否正常。触诊常用如下几种方法。

（1）皮肤检查：主要检查皮肤的弹性、温度、有无肿胀和伤口等。羊的营养不好，或得过皮肤病，皮肤就没有弹性。发高热时，皮温会升高。

（2）体温检查：一般用手摸羊耳朵或把手插进羊嘴里去握住舌头，可以知道病羊是否发热。但是准确的方法，是用体温表测量。在给病羊量体温时，先把体温表的水银柱甩下去，涂上油或水以后，再慢慢插入肛门里，体温表的1/3留在肛门外面，插入后滞留的时间一般为2~5分钟（图4-4）。羊的体温，一般幼羊比成年羊高一些，热天比冷天高一些，运动后比运动前高一些，这都是正常的生理现象。羊的正常体温是38~40℃。如高于正常体温，则为发热，常见于传染病。

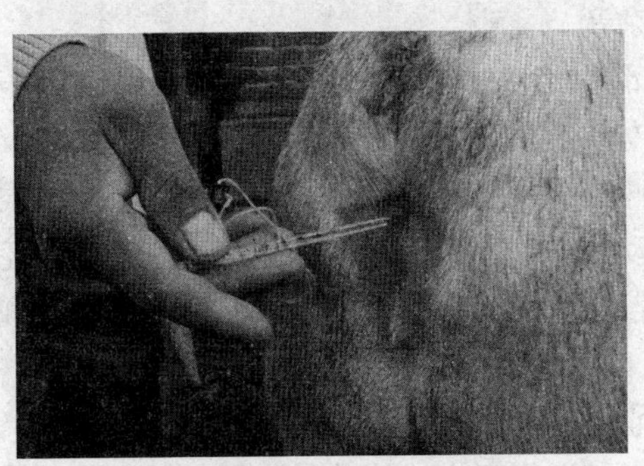

图4-4　直肠测量羊的体温

（3）脉搏检查：用手触摸羊的颌外动脉或股内动脉，感知

心搏的情况，即为脉搏检查。检查股内动脉时，检查者一手（左手）握住羊的一侧后肢的下部，检手（右手）的食指及中指放于股内侧的股动脉上，拇指放于股外侧。健康羊的脉搏每分钟跳动 70~80 次，频率与心搏基本一致。

（4）体表淋巴结检查：主要检查颌下、肩前、膝上和乳房上淋巴结。当羊发生结核病、副结核病、羊链球菌病时，体表淋巴结往往肿大，其形状、硬度、温度、敏感性及活动性等也会发生变化。

（5）人工诱咳：检查者立在羊的左侧，用右手捏压气管前 3 个软骨环，羊有病时，就容易引起咳嗽。羊发生肺炎、胸膜炎、结核时，咳嗽低弱；发生喉炎及支气管炎时，则咳嗽强而有力。

2. 叩诊 叩诊（图 4-5）就是敲打体表某一部位，根据所产生的音响性质来推断内部病理变化或某一器官的投影轮廓。一般是用左手食指或中指平放在被查部位，然后用右手中指由第二指节成直角弯曲，向左手食指或中指第二指节上敲打。叩诊的声音有清音、浊音、半浊音和鼓音。

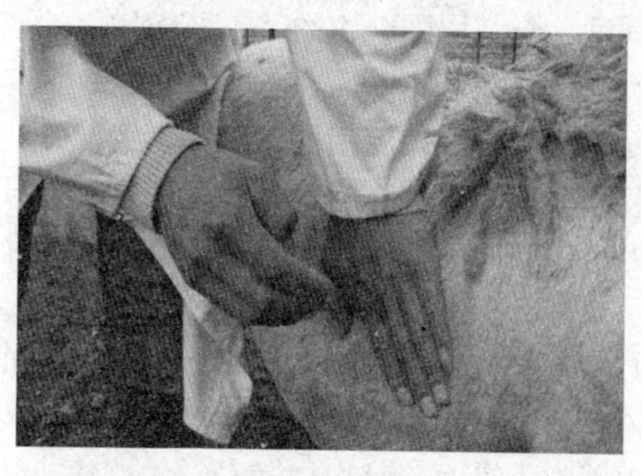

图 4-5 叩诊

清音，为叩诊健康羊胸廓所发出的持续高而清的声音；浊音，当羊胸腔积聚大量渗出液时，叩打胸壁出现水平浊音界；半浊音，介于清音与浊音之间的一种声音，叩诊含少量气体的组织，如肺缘，可发出此种声音，当羊患支气管肺炎时，肺泡含气量减少，叩诊呈半浊音；鼓音，叩诊瘤胃发出的声音，若瘤胃臌气，则发出的鼓音增强。

三、病理学诊断

（一）解剖病理学观察

病羊解剖病理学观察是诊断羊病、确定病原或病因的基本手段，通过观察相关器官的病变情况，结合外观检查可以做出初步的诊断，为疾病治疗和后续确诊提供依据。一般来讲，不同组织器官的检查要点各有侧重。

1. 皮下检查　在剥皮过程中进行，要注意检查皮下有无出血、水肿、脱水、炎症和脓肿，并观察皮下脂肪组织的多少、颜色、性状及病理变化性质等。

2. 淋巴结　要特别注意颌下淋巴结、颈浅淋巴结、腹股沟下淋巴结、肠系膜淋巴结、肺门淋巴结等的检查。注意检查其大小、颜色、硬度，与其周围组织的关系及横切面的变化。

3. 肺脏　首先注意其大小、色泽、重量、质度、弹性、有无病灶及表面附着物等。然后用剪刀将支气管剪开，注意检查支气管黏膜的色泽、表面附着物的数量、黏稠度。最后将整个肺脏纵横切割数刀，观察切面有无病变，切面流出物的数量、色泽变化等。

4. 心脏　先检查心脏纵沟、冠状沟的脂肪量和性状，有无出血。然后检查心脏的外形、大小、色泽及心外膜的性状。最后切开心脏检查心腔。沿左侧纵沟切开右心室及肺动脉，同样再切开左心室及主动脉。检查心腔内血液的性状，心内膜、心瓣膜是否光滑，有无变形、增厚，心肌的色泽、质度，心壁的厚薄等。

5. 脾脏　脾脏摘出后，注意其形态、大小、质度；然后纵

行切开，检查脾小梁、脾髓的颜色，红、白髓的比例，脾髓是否容易刮脱。

6. 肝脏　先检查肝门部的动脉、静脉、胆管和淋巴结。然后检查肝脏的形态、大小、色泽、包膜性状、有无出血、结节、坏死等。最后切开肝组织，观察切面的色泽、质度和含血量等情况。注意切面是否隆突，肝小叶结构是否清晰，有无脓肿、寄生虫性结节和坏死等。

7. 肾脏　先检查肾脏的形态、大小、色泽和质度，然后由肾的外侧面向肾门部将肾脏纵切为相等的两半，检查包膜是否容易剥离，肾表面是否光滑，皮质和髓质的颜色、质度、比例、结构，肾盂黏膜及肾盂内有无结石等。

8. 胃的检查　检查胃的大小、质度，浆膜的色泽，有无粘连、胃壁有无破裂和穿孔等。羊胃的检查，特别要注意网胃有无创伤，是否与膈相粘连。如果没有粘连，可将瘤胃、网胃、瓣胃、皱胃之间的联系分离，使四个胃展开。然后沿皱胃小弯与瓣胃、网胃之大弯剪开；瘤胃则沿背缘和腹缘剪开，检查胃内容物及黏膜的情况。

9. 肠管的检查　从十二指肠、空肠、回肠、大肠、直肠分段进行检查。在检查时，先检查肠管浆膜面的情况。然后沿肠系膜附着处剪开肠腔，检查肠内容物及黏膜情况。

10. 骨盆腔器官的检查　公畜生殖系统的检查，从腹侧剪开膀胱、尿管、阴茎，检查输尿管开口及膀胱、尿道黏膜，尿道中有无结石，包皮、龟头有无异常分泌物；切开睾丸及副性腺检查有无异常。母畜生殖系统的检查，沿腹侧剪开膀胱，沿背侧剪开子宫及阴道，检查黏膜、内腔有无异常；检查卵巢形状，卵泡、黄体的发育情况，输卵管是否扩张等。

11. 脑的检查　打开颅腔之后，先检查硬脑膜有无充血、出血和瘀血。然后切开大脑，检查脉络丛的性状和脑室有无积水。

最后横切脑组织，检查有无出血及溶解性坏死等变化。

（二）组织病理学观察

组织病理学技术是融解剖学技术、组织胚胎学技术、病理学技术和临床实践经验于一体的综合性诊断技术，通过观察动物重要器官的组织学结构特征、联系病变器官的代谢和机能的改变，探讨疾病的病因、发病机制及病理变化与临床表现的内在联系和相互的关系。一般来讲，是将病变组织制成切片染色，或脱落、穿刺细胞涂片，经染色后用光学显微镜观察组织和细胞的病理变化。组织切片最常用苏木素伊红染色（HE 染色），必要时可辅以一些特殊染色。

四、实验室诊断

（一）病料的采集、保存和运送

羊群发生疑似传染病时，应采集病料送有关诊断实验室检验。病料的采集、保存和运送是否正确，对疾病的诊断至关重要。

1. 病料的采集

（1）剖检前检查。凡发现羊急性死亡时，必须先用显微镜检查其末梢血液抹片中有无炭疽杆菌存在。如怀疑是炭疽，则不可随意剖检，只有在确定不是炭疽时，方可进行剖检。

（2）取材时间。内脏病料的采取，须于死亡后立即进行，最好不超过 6 小时，否则时间过长，由于肠内侵入其他细菌，易使尸体腐败，影响病原微生物检出的准确性。

（3）器械的消毒。刀、剪、镊子、注射器、针头等应煮沸 30 分钟。器皿（玻璃制、陶制、珐琅制等）可用高压灭菌或干烤灭菌。软木塞、橡皮塞置于 0.5%石炭酸水溶液中煮沸 10 分钟。采取 1 种病料，使用 1 套器械和容器，不可混用。

（4）病料采集。应根据不同的传染病，相应地采集该病常受侵害的脏器或内容物。如败血性传染病可采取心、肝、脾、

肺、肾、淋巴结、胃、肠等；肠毒血症采取小肠及其内容物；有神经症状的传染病采集脑、脊髓等。如无法判定是哪种传染病，可进行全面采集。检查血清抗体时，采取血液，凝固后析出血清，将血清装入灭菌小瓶中送检。为了避免杂菌污染，对病变的检查应待病料采取完毕后再进行。供显微镜检查用的脓、血液及黏液抹片，可按下述推片固定法制作：先将材料置于载玻片上，再用灭菌玻棒均匀涂抹或以另一玻片一端的边缘与载玻片呈45°角推抹之（图4-6）；用组织块做触片时，可持小镊将组织块的游离面在载玻片上轻轻涂抹即可。做成的抹片、触片，包扎，载玻片上应注明号码，并另附说明。

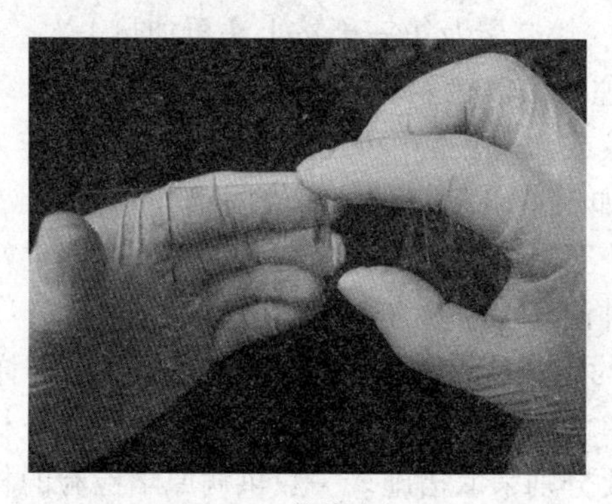

图4-6　推片固定法

2. 病料的保存　病料采取后，如不能立即检验，或需送往有关单位检验，应当装入容器并加入适量的保存剂，使病料尽量保持新鲜状态。

（1）细菌检验材料的保存。将脏器组织块保存于装有饱和氯化钠溶液或30%甘油缓冲盐水的容器中，容器加塞封固。病料如为液体，可装在封闭的毛细玻管或试管中运送。饱和氯化钠溶液的配制法是：蒸馏水100毫升、氯化钠38~39克，充分搅拌溶解后，用数层纱布过滤，高压灭菌后备用。30%甘油缓冲盐水溶

液的配制法是：中性甘油30毫升、氯化钠0.5克、碱性磷酸钠1克，加蒸馏水至100毫升，混合后高压灭菌备用。

（2）病毒检验材料的保存。将脏器组织块保存于装有50%甘油缓冲盐水或鸡蛋生理盐水的容器中，容器加塞封固。50%甘油缓冲盐水溶液的配制方法是：氯化钠2.5克、酸性磷酸钠0.46克、碱性磷酸钠10.74克，溶于100毫升中性蒸馏水中，加纯中性甘油150毫升、中性蒸馏水50毫升，混合分装后，高压灭菌备用。鸡蛋生理盐水的配制法是：先将新鲜鸡蛋表面用碘酒消毒，然后打开，将内容物倾入灭菌容器内，按全蛋9份加入灭菌生理盐水1份，摇匀后用灭菌纱布过滤，再加热至56~58℃，持续30分钟，第二天及第三天按上法再加热1次，即可应用。

（3）病理组织学检验材料的保存。将脏器组织块放入10%福尔马林溶液或95%乙醇中固定；固定液的用量应为送检病料的10倍以上。如用10%福尔马林溶液固定，应在24小时后换新鲜溶液1次。严寒季节为防病料冻结，可将上述固定好的组织块取出，保存于甘油和10%福尔马林等量混合液中。

3. 病料的运送 装病料的容器要一一标号，详细记录，并附病料送检单。病料包装要求安全稳妥，对于危险材料、怕热或怕冻的材料要分别采取措施。一般供病原学检验的材料怕热，供病理学检验的材料怕冻。前者应放入加有冰块的保温瓶内送检，如无冰块，可在保温瓶内放入氯化铝450~500克，加水1 500毫升，上层放病料，这样能在保温瓶内保持0℃达24小时。包装好的病料要尽快运送，长途以空运为宜。

（二）细菌学检验

1. 涂片镜检 将病料涂于清洁无油污的载玻片上，干燥后在酒精灯火焰上固定，选用单染色法（如美蓝染色法）、革兰氏染色法、抗酸染色法或其他特殊染色法染色镜检（图4-7、图4-8），根据所观察到的细菌形态特征，作出初步诊断或确定进

一步检验的步骤。

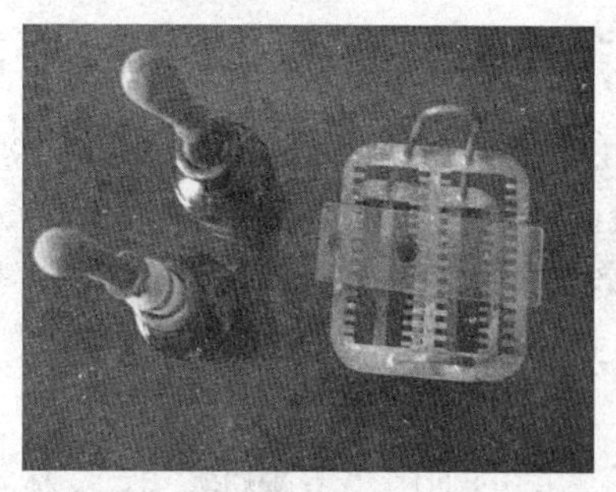

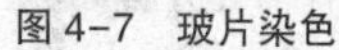

图 4-7　玻片染色

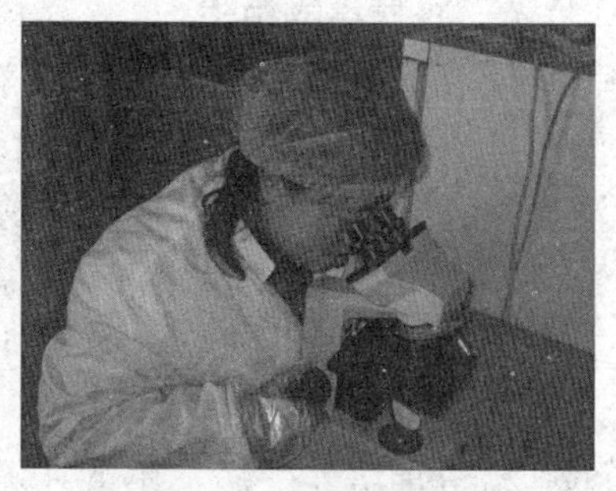

图 4-8　显微镜检查病原

2. 分离培养　根据所怀疑传染病病原菌的特点，将病料接种于适宜的细菌培养基上，在一定温度（常为 37℃）下进行培养（图 4-9），获得纯培养苗后，再用特殊的培养基培养，进行细菌的形态学、培养特征、生化特性、致病力和抗原特性鉴定。

图 4-9　细菌分离培养

3. 动物实验　用灭菌生理盐水将病料做成 1 ∶ 10 悬液，或利用分离培养获得的细菌液感染实验动物，如小白鼠、大白鼠、豚鼠、家兔等。感染方法可用皮下、肌内、腹腔、静脉或脑内注射。感染后按常规隔离饲养管理，注意观察，有时还须对某种实验动物测量体温；如有死亡，应立即进行剖检及细菌学检查。

（三）病毒学检验

1. 样品处理检验 病毒的样品，要先除去其中的组织和可能污染的杂菌。其方法是以无菌手段取出病料组织，用磷酸缓冲液反复洗涤 3 次，然后将组织剪碎、研细，加磷酸缓冲液制成 1∶10悬液（血液或渗出液可直接制成 1∶10 悬液），以每分钟 2 000~3 000 转的速度离心沉淀 15 分钟，取出上清液，每毫升加入青霉素和链霉素各 1 000 单位，置冰箱中备用。

2. 分离培养 病毒不能在无生命的细菌培养基上生长，因此，要把样品接种到鸡胚或细胞培养物上进行培养。对分离到的病毒，用电子显微镜检查、血清学试验及动物实验等方法进行理化学和生物学特性的鉴定。

3. 动物实验 将上述方法处理过的待检样品或经分离培养得到的病毒液，接种易感动物，其方法与细菌学检验中的动物实验相同。

（四）寄生虫病检验

羊寄生虫病的种类很多，但其临床症状除少数外都不够明显。因此，羊寄生虫病的生前诊断往往需要进行实验室检验。常用的方法有以下几种。

1. 粪便检查 羊患了蠕虫病以后，其粪便中可排出蠕虫的卵、幼虫、虫体及其片段，某些原虫的卵囊、包囊也可通过粪便排出。因此，粪便检查是寄生虫病生前诊断的一个重要手段。检查时，粪便应从羊的直肠挖取，或用刚刚排出的粪便。检查粪便中虫卵常用的方法如下。

（1）直接涂片法。在洁净无油污的载玻片上滴 1~2 滴清水，用火柴棒蘸取少量粪便放入其中，涂匀，剔去粗渣，盖上盖玻片，置于显微镜下检查（图 4–10）。此法快速简便，但检出率很低，最好多检查几个标本。

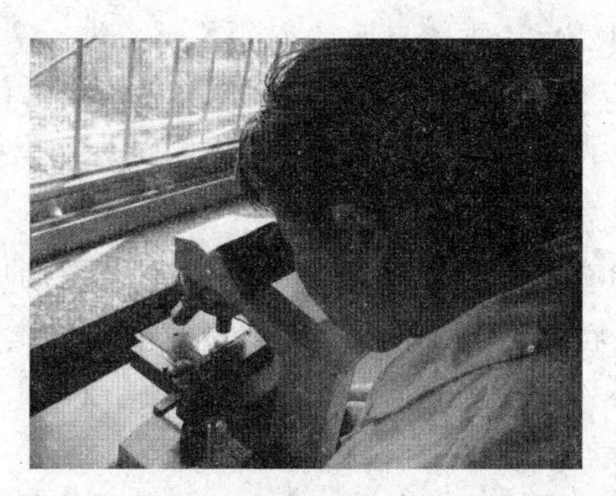

图 4-10 寄生虫涂片检查

（2）漂浮法。取羊粪 10 克，加少量饱和盐水，用小棒将粪球捣碎，再加几倍量的饱和盐水搅匀，以 60 目（非法定计量单位。表示每平方英寸上的孔数）铜筛过滤，静置 30 分钟，用直径 5~10 毫米的铁丝圈，与液面平行接触，蘸取表面液膜，抖落于载玻片上并覆盖盖玻片，置于显微镜下检查。该法能查出多数种类的线虫卵和一些绦虫卵，但对相对密度大于饱和盐水的吸虫卵和棘头虫卵，效果不大。

（3）沉淀法。取羊粪 5~10 克，放在 200 毫升容量的烧杯内，加入少量清水，用小棒将粪球捣碎，再加 5 倍量的清水调制成糊状，用 60 目铜筛过滤，静置 15 分钟，弃去上清液，保留沉渣。再加满清水。静置 15 分钟，弃去上清液，保留沉渣。如此反复 3~4 次，最后将沉渣涂于载玻片上，置显微镜下检查。此法主要用于诊断虫卵相对密度大的羊吸虫病。

2. 虫体检查

（1）蠕虫虫体检查。将羊粪数克盛于盆内，加 10 倍量生理盐水，搅拌均匀，静置沉淀 20 分钟，弃去上清液。再于沉淀物中重新加入生理盐水，搅匀，静置后弃去上清液；如此反复 2~3 次。最后取少量沉淀物置于黑色背景上，用放大镜寻找虫体。

（2）蠕虫幼虫检查法。取羊粪球 3～10 个，放在平皿内，加入适量 40℃的温水，10～15 分钟后取出粪球，将留下的液体放在低倍显微镜下检查。蠕虫幼虫常集中于羊粪球表面而易于从粪球表面转移到温水中而被检查出来。

（3）螨检查法。在羊体患部，先去掉干硬痂皮，然后用小刀刮取一些皮屑，放在烧杯内，加适量的 10%氢氧化钾溶液，微微加温，20 分钟后待皮屑溶解，取沉渣镜检。

（五）血常规检查

目前血常规检验已成为兽医临床医生最常用的实验室诊断手段之一。血常规检验是指对血液中有形成分如红细胞、白细胞、血小板等指标进行质和量的分析，也是为动物血液病及相关系统疾病的诊断和鉴别提供重要信息的途径之一。临床上可使用血常规分析仪进行检测，具有重复性强、方便、快捷、高效等特点。

第二节　羊病的治疗技术

一、保定

在了解羊的习性的基础上，视个体情况，尽可能在其自然状态进行检查。必要时，可采取一定的保定措施，以便于检查和处理，保证人、畜安全。接近羊只时，要胆大、心细、温和、注意安全。检查者应先向其发出欲接近的信号，然后从其侧前方徐徐接近。接近后，可用手轻轻抚摸其颈部或臀部，使其保持安静、温顺状态。

（一）物理保定法

1. 握角骑跨夹持保定法　保定者两手握住羊的两角或头部，骑跨羊身，以大腿内侧夹持羊两侧胸壁即可保定（图 4-11）。适

用于临床检查或治疗时的保定。

2. 两手围抱保定法　保定者从羊胸侧用两手分别围抱其前胸或股后部加以保定（图4-12）。羔羊保定时，保定者坐着抱住羔羊，羊背向保定者，头朝上，臀部向下，两手分别握住前后肢。适用于一般检查或治疗时的保定。

图4-11　握角骑跨夹持保定法

图4-12　两手围抱保定法

3. 侧卧保定法　保定大羊时，保定者俯身从对侧一手抓住羊两前肢系部或一前肢臂部，另一手抓住腹肋部膝袋处搬倒羊体，然后，另一手改为抓住两后肢系部，前后一起按住即可（图4-13）。为了保定牢靠，可用绳将四肢捆绑在一起。适用于治疗或简单手术时的保定。

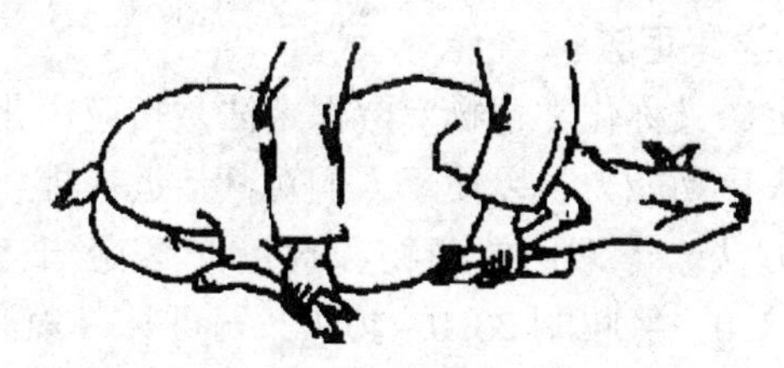

图4-13　侧卧保定法

4. 倒立式保定法　保定者骑跨在羊颈部，面向后，两腿夹紧羊体，弯腰用手将两后肢提起。适用于阉割、后躯检查等。

根据不同的检查需要，也可以采取单人徒手保定法（图4-14）、双人徒手保定法（图4-15）、栏架保定法（图4-16）和手术床保定法（图4-17）等。

图4-14 单人徒手保定法

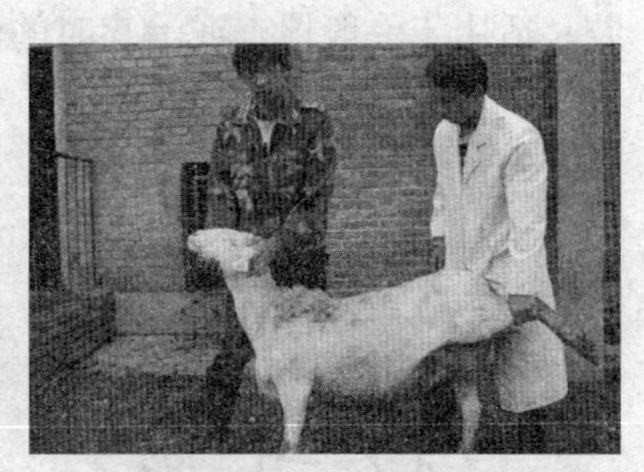
图4-15 双人徒手保定法

图4-16 栏架保定法

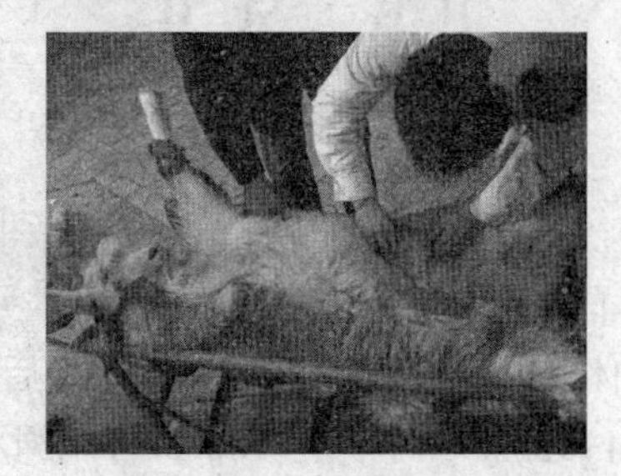
图4-17 手术床保定法

（二）化学保定法

化学保定法又称化学药物麻醉保定法。指应用化学试剂，使动物暂时失去运动能力，以便于人们对其接近捕捉、运输和诊治的一种保定方法。羊常用的药物和剂量（毫克/千克体重）为：静松灵1.3~3.0，氯胺酮20.0~40.0，司可林（氯化琥珀胆碱）2.0。化学保定剂一般作肌内注射，剂量一定要计算准确。

二、注射

注射法是将灭过菌的液体药物，用注射器注入羊的体内。注射前，要将注射器和针头用清水洗净，煮沸30分钟。注射器吸入药液后要直立推进注射器活塞排除管内气泡，准备注射。

(一) 皮下注射

皮下注射是把药液注射到羊的皮肤和肌肉之间。羊的注射部位是在颈部或股内侧皮肤松软处。注射时，先把注射部位的毛剪净，涂上碘酒，用左手捏起注射部位皮肤，右手持注射器，将针头斜向刺入皮肤，如针头能左右自由活动，即可注入药液；注射完毕拔出针头，在注射点上涂擦碘酒。凡易于溶解又无刺激性的药物及疫苗等，均可进行皮下注射。

(二) 肌内注射

肌内注射是将灭菌的药液注入肌肉比较多的部位。羊的注射部位是颈部。注射方法基本上与皮下注射相同，不同之处是，注射时以左手拇、食指呈“八”字形压住所要注射部位的肌肉，右手持注射器将针头向肌肉组织内垂直刺入，即可注药（图4-18）。一般刺激性小、吸收缓慢的药液，如青霉素等，均可采用肌内注射。

(三) 静脉注射

静脉注射是将灭菌的药液直接注射到静脉内，使药液随血流很快分布到全身，迅速发生药效。羊的注射部位是颈静脉。注射方法是将注射部位的毛剪净，涂上碘酒，先用左手按压静脉靠近心脏的一端，使其怒张，右手持注射器，将针头向上刺入静脉内，如有血液回流，则表示已插入静脉内，然后用右手推动活塞，将药液注入；药液注射完毕后，左手按住刺入孔，右手拔针，在注射处涂擦碘酒即可。如药液量大，也可使用输液管，其注射分两步进行：先将针头刺入静脉，再接上输液管（图4-

19）。凡输液（如生理盐水、葡萄糖溶液等）以及药物刺激性大，不宜皮下或肌内注射的药物（如九一四、氯化钙等），多采用静脉注射。

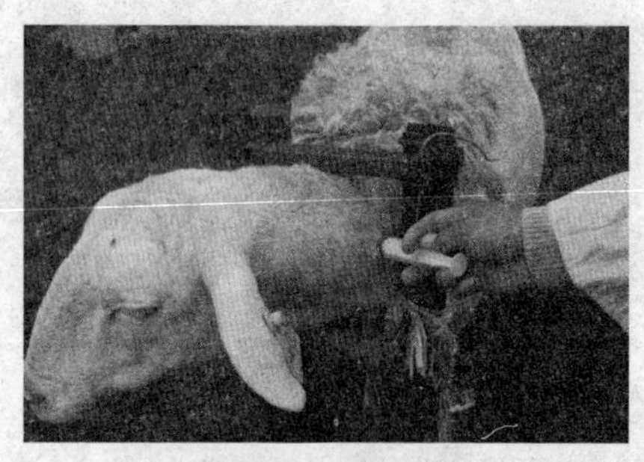

图 4-18　肌内注射

图 4-19　静脉注射

（四）气管注射

气管注射是将药液直接注入气管内。注射时，多取侧卧保定，且头高臀低；将针头穿过气管软骨环之间，垂直刺入，摇动针头，若感觉针头确已进入气管，接上注射器，抽动活塞，见有气泡，即可将药液缓缓注入。如欲使药液流入两侧肺中，则应注射两次，第二次注射时，须将羊翻转，卧于另一侧。本法适用于治疗气管、支气管和肺部疾病，也常用于肺部驱虫（如羊肺线虫病）。

（五）皮内注射

皮内注射主要用于皮内变态反应诊断，常在羊的颈部两侧部位，局部剪毛，碘酊消毒后，使用小号针头，以左手大拇指和食指、中指绷紧皮肤，右手持注射器，使针头几乎与注射部位的皮面呈平行方向刺入，至针头斜面完全进入皮内后，放松左手，以

针头与针筒交接处压迫固定针头，右手注入药液，至皮肤表面形成一个小圆形丘疹即可。

（六）瘤胃穿刺注药法

当羊发生瘤胃臌气时，可采用本法。穿刺部位是在左肷窝中央臌气最高的部位。其方法为局部剪毛，碘酒消毒，将皮肤稍向上移，然后将套管针或普通针头垂直地或朝右肘头方向刺入皮肤及瘤胃壁，气体即从针头排出，然后拔出针头，碘酒消毒即可。必要时可从套管针孔注入防腐剂或消沫药。

三、给药

（一）口服给药法

1. 混饲给药　将药物均匀混入饲料中，让羊吃料时能同时吃进药物。此法简便易行，适用于长期投药，不溶于水的药物用此法更为恰当。应用此法时要注意药物与饲料的混合必须均匀，并应准确掌握饲料中药物所占的比例。为保证均匀混合，可先把所需药物混入少量饲料中（图 4-20），然后把这些饲料再混入全部饲料中，用铁锨反复拌匀（图 4-21）。有些药适口性差，混饲给药时要少添多喂。

图 4-20　把药物拌入少量饲料中

图 4-21　大堆饲料反复掺拌

2. 混水给药 将药物溶解于水中，让羊只自由饮用（图4-22）。有些疫苗也可用此法投服。对患病不能进食但还能饮水的羊，此法尤其适用。采用此法须注意根据羊可能饮水的量，来计算药量与药液浓度。在给药前，一般应停止饮水半天，以保证每只羊都能饮到一定量的水。所用药物应易溶于水。有些药物在水中时间长了破坏变质，此时应限时饮用药液，以防止药物失效。

3. 长颈瓶给药法 当给羊灌服稀药液时，可将药液倒入细口长颈的玻璃瓶、塑料瓶或一般的酒瓶中，抬高羊的嘴巴，给药者右手拿药瓶，左手用食、中二指自羊右口角伸入口内，轻轻压迫舌头，羊口即张开；然后，右手将药瓶口从左口角伸入羊口中，并将左手抽出，待瓶口伸到舌头中段，即抬高瓶底，将药液灌入（图4-23）。

图4-22 药物混水

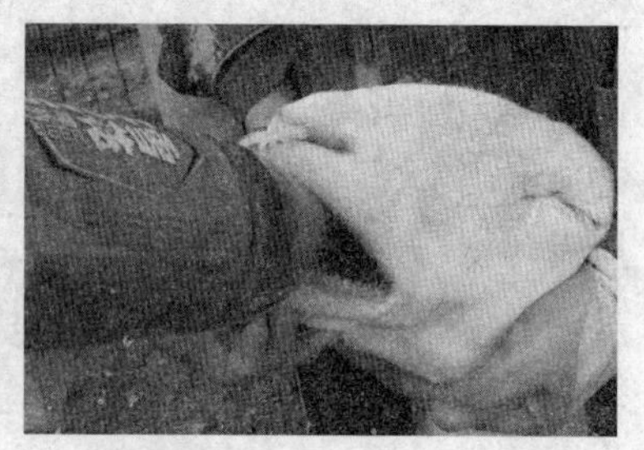

图4-23 长颈瓶给药

4. 药板给药法 专用于给羊服用舔剂。舔剂不流动，在口腔中不会向咽部滑动，因而不致发生误咽。给药时，用竹制或木制的药板。给药者站在羊的右侧，左手将开口器放入羊口中，右手持药板，用药板前部刮取药物，从右口角伸入口内到达舌根部，将药板翻转，轻轻按压，并向后抽出，把药抹在舌根部，待羊下咽后，再抹第二次，如此反复进行，直到把药给完。

（二）胃管给药法

1. 经鼻腔插入　先将胃管插入鼻孔，沿下鼻道慢慢送入，到达咽部时，有阻挡感觉，待羊进行吞咽动作时趁机送入食道，如不吞咽，可轻轻来回抽动胃管，诱发吞咽。胃管通过咽部后，如进入食道，继续深送会感到稍有阻力，这时要向胃管内用力吹气，如见左侧颈沟有起伏，表示胃管已进入食道。如胃管误入气管，多数羊会表现不安，咳嗽，继续深送，毫无阻力，向胃管吹气，左侧颈沟看不到波动，用手在左侧颈沟胸腔入口处摸不到胃管，同时胃管末端有与呼吸一致的气流出现。此时应将胃管抽出，重新插入。如胃管已入食道，继续深送，即可到达胃内，此时从胃管内排出酸臭气味，将胃管放低时则流出胃内容物。

2. 经口腔插入　先装好木质开口器，用绳固定在羊头部，将胃管通过木质开口器的中间孔，沿上颚直插入咽部，借吞咽动作胃管可顺利进入食道，继续深送，胃管即可到达胃内。胃管插入正确后，即可接上漏斗灌药。药液灌完后，再灌少量清水，然后取掉漏斗，往胃管内吹气，使胃管内残留的液体完全入胃，然后折叠胃管，慢慢抽出。该法适用于灌服大量水剂及有刺激性的药液。患有咽炎、咽喉炎和咳嗽严重的病羊，不可用胃管灌药。

四、药浴

药浴是羊饲养管理上的一项重要工作。为预防和驱除羊体外寄生虫，避免疥癣发生，每年应在羊剪毛后 10 天左右，彻底药浴 1 次。

（一）常用的药浴液

敌百虫（2%溶液）、速灭杀丁（80~200 毫克/升）、溴氰菊酯（50~80 毫克/升），也可用石硫合剂（生石灰 7.5 千克、硫黄粉末 12.5 千克，加水 150 千克拌成糊状、煮沸，边煮边拌，煮至浓茶色为止，沥去沉渣，取上清液加温水 500 千克即可）。

也可用50%的锌硫磷乳油，这是一种新的低毒高效农药，效果很好。配制方法是，100千克水加50克锌硫磷乳油，有效浓度为0.05%，水温为25~30℃，洗羊1~2分钟。每50克乳油可药浴14只羊，第1次洗过后1周，再洗1次即可。

（二）药浴方法

1. 盆浴 盆浴的器具可用木桶或水缸等，先按要求配制好浴液（水温在30℃左右）。药浴时，最好由两人操作，一人抓住羊的两前肢，另一人抓住羊的两后肢，让羊腹部向上。除头部外，将羊体在药液中浸泡2~3分钟；然后，将头部急速浸2~3次，每次1~2秒即可。

2. 池浴 此方法需在特设的药浴池里进行（图4-24）。最常用的药浴池为水泥建筑的沟形池，进口处为一广场，羊群药浴前集中在这里等候。由广场通过一狭道至浴池，使羊缓缓进入。浴池进口做成斜坡，羊由此滑入，慢慢通过浴池。池深1米多，长10米，池底宽30~60厘米，上宽60~100厘米，羊只能通过但不能转身即可。药浴时，人站在浴池两边，用压扶杆控制羊，勿使其漂浮或沉没。羊群浴后应在出口处（出口处为一倾向浴池的斜面）稍作停留，使羊身上流下的药液可回流到池中（图4-25）。

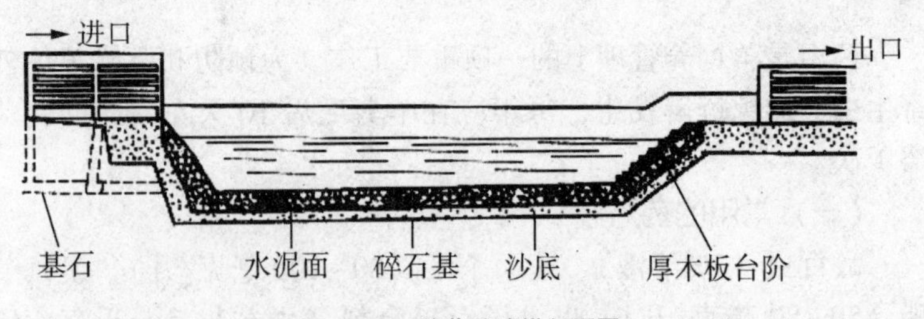

图4-24 羊药浴池纵剖面图

图 4-25　羊只通过药浴池

3. 淋浴　在特设的淋浴场进行，优点是容量大、速度快、比较安全（图 4-26）。淋浴前先清洗好淋浴场，并检查确保机械运转正常即可试淋。淋浴时，把羊群赶入淋浴场，开动水泵喷淋。经 3 分钟左右，全部羊只都淋透全身后关闭水泵。将淋过的羊赶入滤液栏中，经 3~5 分钟后放出。池浴和淋浴适用于有条件的羊场和大的专业户；盆浴则适于养羊少、羊群不大的养羊户使用。

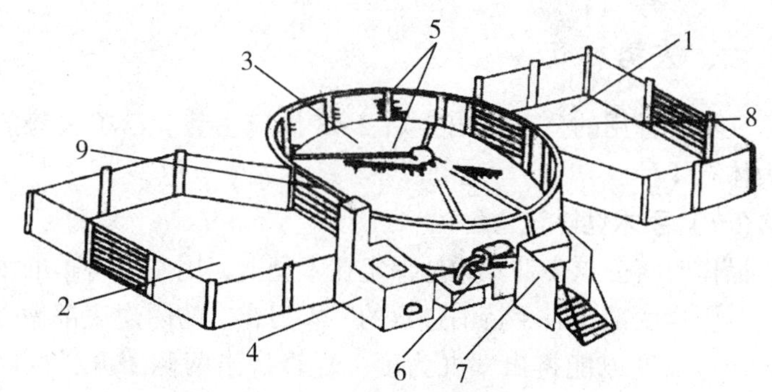

图 4-26　羊淋浴式药浴装置

1. 未浴羊栏　2. 已浴羊栏　3. 药浴淋场　4. 炉灶及加热水箱　5. 喷头　6. 离心式水泵　7. 控制台　8. 药浴淋场入口　9. 药浴淋场出口

五、灌肠

灌肠是将药物配成液体，直接灌入直肠内（图 4-27）。羊可用小橡皮管灌。先将直肠内的粪便清除，然后在橡皮管前端涂上凡士林，缓慢插入直肠内，把连接橡皮管的盛药容器提高到羊的背部以上。灌肠完毕后，拔出橡皮管，用手压住肛门或拍打尾根部。灌肠的温度应与体温一致。

图 4-27　直肠给药

六、去势

凡不作种用的公羔在出生后 2～3 周应去势。给羊去势的方法大体有 4 种。

（一）手术切除法

操作时将公羔半仰半蹲地保定在木凳上，用左手将羊的睾丸挤到其阴囊底部，右手持消过毒的手术刀在羊的阴囊底部做一切口，切口长度以能挤出睾丸为度，轻轻挤出两侧睾丸，撕断精索。也可以在羊阴囊的侧下方切口，挤出一侧睾丸后将阴囊的纵隔从内部切开，再挤出另一侧睾丸，然后将伤口用碘酊消毒或撒上磺胺粉，让其自愈。

(二) 结扎法

先将公羔的睾丸挤到阴囊底部，然后用橡皮筋或细绳将阴囊的上部紧紧扎住，以阻断血液流通。经过 10~15 天，其睾丸及阴囊便自行萎缩脱落。此法简单易行、无出血、无感染。

(三) 去势钳法

使用专用的去势钳在公羔的阴囊上部将精索夹断，睾丸便逐渐萎缩。该方法快速有效，但操作者要有一定的经验（图 4-28）。

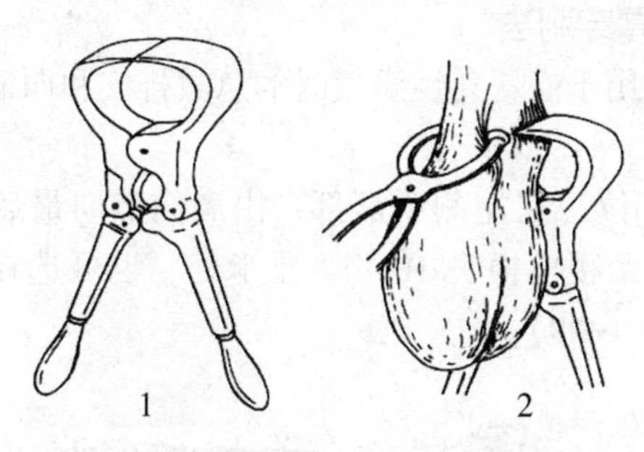

图 4-28　去势钳

(四) 药物去势法

操作人员一手将公羔的睾丸挤到阴囊底部，并对其阴囊顶部与睾丸对应处消毒，另一手拿吸有消睾注射液的注射器，从睾丸顶部顺睾丸长径方向平行进针，扎入睾丸实质，针尖抵达睾丸下 1/3 处时慢慢注射。边注射边退针，使药液停留于睾丸中 1/3 处。依同法做另一侧睾丸注射。公羔注射后的睾丸呈膨胀状态，所以切勿挤压，以防药物外溢。药物的注射量为 0.5~1 毫升/只，注射时最好用 9 号针头。

七、穿刺

穿刺术是使用特制的穿刺器具（如套管针、肝脏穿刺器、骨

髓穿刺器等)，刺入病畜体腔、脏器或髓腔内，排除内容物或气体，或注入药液以达到治疗目的。也可通过穿刺采取病畜体某一特定器官或组织的病理材料。提供实验室可检病料，有助于确诊。但是，穿刺术在实施中有损伤组织，并有引起局部感染的可能，故应用时必须慎重。

应用穿刺器具均应严密消毒，干燥备用。在操作中要严格遵守无菌操作和安全措施才能取得良好的结果。手术动物一般站立保定，必要时可行侧卧保定。手术部位剪毛、消毒。

（一）瘤胃穿刺法

瘤胃穿刺用于瘤胃急性臌气时的急救排气和向瘤胃内注入药液。

1. 穿刺部位　在左侧肷窝部，由髋结节向最后肋骨所引水平线的中点，距腰椎横突 10~12 厘米处。也可选在瘤胃隆起最高点穿刺（图 4-29）。

图 4-29　羊瘤胃穿刺法

1. 套管针　2. 穿刺部位

2. 穿刺方法　羊可用一般静脉注射针头，或用细套管针。术部剪毛消毒。右手持注射针头或套管针向对侧肘头方向迅速刺入 10~12 厘米。左手按压固定针头或套管，拔出内针，用手指不断堵住管口，间歇放气，使瘤胃内的气体间断排出。若套管堵

塞，可插入内针疏通。气体排出后，为防止复发，可经针头或套管向瘤胃内注入止酵剂和消沫剂。注完药液插入内针，同时用力压住皮肤，拔出针头或套管针，局部消毒，必要时以碘仿火棉胶封闭穿刺孔。

在紧急情况下，无套管针或注射针头时可就地取材（如竹管、鹅翎等）进行穿刺，以挽救病畜生命，然后再采取抗感染措施。

3. 注意事项　放气速度不宜过快，防止发生急性脑贫血，造成虚脱。同时注意观察病畜的表现，根据病情，为了防止臌气继续发展，避免重复穿刺，可将套管针固定，留置一定时间后再拔出；穿刺和放气时，应注意防止针孔局部感染；因放气后期往往伴有泡沫样内容物流出，污染套管口周围并易流进腹腔而继发腹膜炎；经套管注入药液时，注药前一定要确切判定套管仍在瘤胃内后，方能注入。

（二）膀胱穿刺法

当尿道完全阻塞发生尿闭时，为防止膀胱破裂或尿中毒，进行膀胱穿刺排出膀胱内的尿液，进行急救治疗。

1. 穿刺部位　羊在后腹部耻骨前缘，触摸有膨满弹性感，即为术部。

2. 穿刺方法　侧卧保定，将左或右后肢向后牵引转位，充分暴露术部，于耻骨前缘触摸膨满波动最明显处，左手压迫，右手持连有长橡胶管的针头向后下方刺入，并固定好针头，待排完尿液，拔出针头，术部消毒，涂火棉胶。

3. 穿刺注意事项　针刺入膀胱后，应很稳地握住针头，防止滑脱。若进行多次穿刺时，易引起腹膜炎和膀胱炎，宜慎重。

（三）胸腔穿刺法

胸腔穿刺法主要用于排出胸腔的积液、血液，或洗涤胸腔及注入药液进行治疗。也可用于检查胸腔有无积液，并采取胸腔积液，从而鉴别其性质，以助于诊断。

1. 穿刺部位 在羊右侧第6肋间，左侧第7肋间。具体位置在与肩关节引水平线相交点的下方2~3厘米处，胸外静脉上方约2厘米处。

2. 穿刺方法 准备好套管针或10~16号长针头，胸腔洗涤剂（如0.1%利凡诺溶液、0.1%高锰酸钾溶液）、生理盐水（加热至体温程度），输液瓶等。左手将术部皮肤稍向上方移动1~2厘米，右手持套管针用指头控制于3~5厘米处，在靠近肋骨前缘垂直刺入。穿刺肋间肌时有阻力感，当阻力消失而有空虚时，表明已刺入胸腔内，左手把持套管，右手拔去内针，即可流出积液或血液，放液时不宜过急，应用拇指不断堵住套管口，作间断地放出积液，预防胸腔减压过急，影响心肺功能。如针孔堵塞不流时，可用内针疏通，直至放完为止。

有时放完积液之后，需要洗涤胸腔，可将消毒药液装入接有橡胶管的输液瓶，连接输液瓶胶管，高举输液瓶，药液即可流入胸腔，然后将其放出。如此反复冲洗2~3次，最后注入治疗性药物。消毒药液量少时也可用注射器进行冲洗。操作完毕，插入内针，拔出套管针，使局部皮肤复位，术部涂碘酊，以碘仿火棉胶封闭穿刺孔。

3. 注意事项 穿刺或排液过程中，应注意防止空气进入胸腔内。排出积液和注入洗涤剂时应缓慢进行，洗涤剂的量不能过多，并加温，同时注意观察病畜有无异常表现。穿刺时需注意防止损伤肋间血管与神经。刺入时，应以手指控制套管针的刺入深度，以防过深刺伤心肺。穿刺过程遇有出血时，应充分止血，改变位置再行穿刺。

（四）腹腔穿刺

腹腔穿刺用于排出腹腔的积液和洗涤腹腔及注入药液进行治疗。或采取腹腔积液，以助于胃肠破裂、肠变位、内脏出血、腹

膜炎等疾病的鉴别诊断。

1. 穿刺部位　羊在脐与膝关节连线的中点。

2. 穿刺方法　术者蹲下，左手稍移动皮肤。右手控制套管针（或针头）的深度，由下向上垂直刺入3~4厘米。其余的操作方法同胸腔穿刺。当洗涤腹腔时，羊在右侧肷窝中央，右手持针头垂直刺入腹腔，连接输液瓶胶管或注射器，注入药液，再由穿刺部排出，如此反复冲洗2~3次。

3. 穿刺注意事项　刺入深度不宜过深，以防刺伤肠管。穿刺位置应准确，保定要安全。其他参照胸腔穿刺的注意事项。

八、冲洗

（一）洗眼法

1. 应用　洗眼法主要用于结膜与角膜炎症和各种眼病治疗。

2. 用具　洗眼用器械：冲洗器、洗眼瓶、胶帽吸管等，也可用20毫升注射器代用；常备点眼药或洗眼药：0.1%盐酸肾上腺素溶液、3.5%盐酸可卡因溶液、0.5%阿托品溶液、0.5%硫酸锌溶液、2%~4%硼酸溶液、1%~3%蛋白银溶液、0.01%~0.03%高锰酸钾溶液及生理盐水等。

3. 方法　柱栏内站立保定好动物，固定头部，用一手拇指与食指翻开上下眼睑，另一手持冲洗器（洗眼瓶、注射器等），使其前端斜向内眼角，徐徐向结膜上灌注药液冲洗眼内分泌物。或用细胶管由鼻孔插入鼻泪管内，从胶管游离端注入洗眼药液，更有利于洗去眼内的分泌物和异物。如冲洗不彻底时，可用硼酸棉球轻拭结膜囊。洗净后，左手拿点眼药瓶，靠在外眼角眶上斜向内眼角，将药液滴入眼内，闭合眼睑，用手轻轻按摩1~2次以防药液流出，并促进药液在眼内扩散。如用眼膏时，可用玻璃棒一端蘸眼膏，横放在上下眼睑之间闭合眼睑，抽去玻璃棒，眼膏即可留在眼内，用手轻轻按摩1~2次，以防流出。或直接将眼膏挤入结膜囊内。

4. 注意事项 防止动物骚动，点药瓶或洗眼器与病眼不能接触。与眼球不能成垂直方向，以防感染和损伤角膜。点眼药或眼膏应准确点入眼内，防止流出。

（二）口腔冲洗法

口腔冲洗法主要用于口炎、舌及牙齿疾病的治疗，有时也用于冲出口腔的不洁物。

1. 用具 大动物用橡皮管连接漏斗或注射器连接橡胶管，中、小动物可用吸管或不带针头的注射器。冲洗剂可用自来水或收敛剂、低浓度防腐消毒药等。

2. 方法 大动物站立保定，使病畜头部稍低并确实固定。中、小动物侧卧保定，使头部处于低位。术者一手持橡胶管一端（或注射器）从口角伸入口腔，并用手固定在口角上；另一只手将装有冲洗药液的漏斗举起（或推注），药液即可流入口腔进行冲洗。

3. 注意事项 冲洗药液根据需要可稍加温防止过凉。插进口腔内的胶管不宜过深，以防误咬和咬碎。

（三）导胃与洗胃法

导胃与洗胃法用于瘤胃积食或瘤胃酸中毒时排除胃内容物，以及排除胃内毒物，或吸取胃液供实验室检查等。

1. 用具及药品 导胃用具同胃管给药，但应用较粗胃管。洗胃应用36~39℃温水，此外根据需要可用2%~3%碳酸氢钠溶液、1%~2%食盐水、0.1%高锰酸钾溶液等。还应备吸球。

2. 方法 基本同胃管投药。动物站立或倒卧保定。先用胃管测量到胃内的长度（羊从唇至倒数第二肋骨）并做好标记，装好开口器，固定好头部。从口腔徐徐插入胃管，到胸腔入口及贲门处时阻力较大，应缓慢插入，以免损伤食管黏膜。必要时可灌入少量温水，待贲门弛缓后，再向前推送入胃。胃管前端经贲

门到达胃内后，阻力突然消失，此时可有酸臭味气体或食糜排出。如不能顺利排出胃内容物时，装上漏斗，每次灌入温水或其他药液100~2 000毫升。将头低下，利用虹吸原理，高举漏斗，不待药液流尽，随即放低头部和漏斗，或用吸球反复抽吸，以吸出胃内容物，如此反复多次，逐渐排出胃内大部分内容物，直至病情好转为止。冲洗完之后，缓慢抽出胃管，解除保定。

3. 注意事项　操作中要注意安全，使用的胃管要根据动物的大小选定，胃管长度和粗细要适宜。瘤胃积食宜反复灌入大量温水，方能洗出胃内容物。

（四）阴道及子宫冲洗法

阴道及子宫冲洗法用于阴道炎和子宫内膜炎的治疗，主要为了排出阴道或子宫内的炎性分泌物，促进黏膜修复，尽快恢复生殖机能。

1. 用具及药品　子宫洗涤用的输液瓶，洗净消毒。冲洗溶液为微温生理盐水、5%~10%葡萄糖溶液，0.1%利凡诺溶液及0.1%或0.5%高锰酸钾溶液等，还可用抗生素及磺胺类制剂。

2. 方法　充分洗净外阴部，术者手及手臂常规消毒。而后，术者手握输液瓶或漏斗所连接的长胶管。徐徐插入子宫颈口，再缓慢导入子宫内，提高输液瓶或漏斗，药液可通过导管流入子宫内，待输液瓶或漏斗中的冲洗液快流完时，迅速把输液瓶或漏斗放低，借虹吸作用使子宫内液体自行排出。如此反复冲洗2~3次，直至流出的液体与注入的液体颜色基本一致为止。

阴道的冲洗，把导管的一端插入阴道内，提高漏斗，冲洗液即可流入，借病畜努责冲洗液可自行排出，如此反复洗至冲洗液透明为止。阴道或子宫冲洗后，可放入抗生素或其他抗菌消炎药物。

3. 注意事项　操作认真，防止粗暴，特别是插入导管时更需谨慎，预防子宫壁穿孔；严格遵守消毒规则。对于子宫积脓或子宫积水的病例，应先将子宫内积液排出之后，再进行冲洗；不得应用强刺激性或腐蚀性的药液冲洗。注入子宫内的冲洗药液，尽量充分排出，必要时可按压腹壁促使排出，以防子宫积液。

（五）尿道及膀胱冲洗法

尿道及膀胱冲洗法用于尿道炎及膀胱炎的治疗，或采尿液供化验诊断。本法对于母畜较易操作，对公畜操作难度较大。

1. 用具及药品 根据动物种类、性别备用不同类型的导尿管。用前将导尿管放在0.1%高锰酸钾溶液温水中浸泡5~10分钟，前端蘸液状石蜡。冲洗药液宜选择刺激性小或腐蚀性小的消毒、收敛剂。常用的有生理盐水、2%硼酸溶液、0.1%~0.5%高锰酸钾溶液、1%~2%石炭酸溶液或0.1%~0.2%利凡诺溶液等。此外，也常用抗生素及磺胺制剂的溶液（冲洗药液的温度要与体温一致）。备好注射器与洗涤器。术者的手，病畜的外阴部及公畜阴茎，尿道口要清洗消毒。

2. 方法

（1）母羊膀胱冲洗。羊侧卧保定，助手将尾巴拉向一侧或吊起。术者将导尿管握于掌心，前端与食指同长，呈圆锥形伸入阴道，先用手指触摸尿道口，轻轻刺激或扩张尿道口，伺机插入导尿管，徐徐推进，当进入膀胱后，则无阻力，尿液自然流出。排完尿后，导尿管另一端连接洗涤器或注射器，注入冲洗药液，反复冲洗，直至排出药液透明为止。最后将膀胱内药液排净。当触摸识别尿道口有困难时，可用开膣器开张阴道，即可看到阴道腹侧的尿道口。

（2）公羊膀胱冲洗。用速眠新麻醉病羊后将其仰卧于操作台上保定。挤压病羊包皮，使龟头暴露在外，用消毒纱布包住龟头，用0.1%新洁尔灭洗尿道外口，用医用专用导尿管，直径约为1.5毫米，从尿道口缓缓插入，插入至“S”状弯曲部前缘时常发生困难，可用手指隔着皮肤向深部压迫，迫使导尿管末端进

入膀胱，一旦进入膀胱内，尿液即从导尿管流出。冲洗方法与母畜相同，导尿或冲洗完之后，还可注入治疗药液，而后除去导尿管。

3. 注意事项　插入时，导尿管前端宜涂润滑剂，以防损伤尿道黏膜，防止粗暴操作，以免损伤尿道黏膜或造成膀胱壁的穿孔。

九、驱虫

羊的寄生虫病较常见，患病羊往往食欲降低，生长缓慢，消瘦，毛皮质量下降，抵抗力减弱，重者甚至死亡，给养羊业带来严重的经济损失。为了防止体内寄生虫病的蔓延，每年春秋两季要进行驱虫。驱虫后 1~3 天内，要安置羊群在指定羊舍和牧地放牧，防止寄生虫及其虫卵污染羊舍和干净牧地。3~4 天后即可转移到一般羊舍和草场。

常用的驱虫药物有四咪唑、驱虫净、丙硫咪唑。丙硫咪唑是一种广谱、低毒、高效的驱虫药，每千克体重的剂量为 15 毫克，对线虫、吸虫、绦虫等都有较好的治疗效果。为防止寄生虫病的发生，平时应加强对羊群的饲养管理。注意草料卫生，饮水清洁，避免在低洼或有死水的牧地放牧。同时结合改善牧地排水，用化学及生物学方法消灭中间宿主。多数寄生虫卵随粪便排出，故对粪便要发酵处理。

十、剖腹探查及单侧子宫角摘除术

近年来，随着母羊产羔水平逐渐提高（2~5 羔），随之而来的母羊难产、胎儿滞留、子宫糜烂破裂的病例逐渐增多。发病母羊表现为精神委顿、喜卧、食欲减退至废绝、反刍减少或停止等一系列临床症状，最后死亡。但如果能及时确诊和手术治疗也能取得满意效果。

1. 麻醉 采用静松灵注射液按每千克体重2毫升，肌内注射进行麻醉。

2. 术前准备 将羊半仰卧于手术台上保定，术区剪毛，剃毛，清洗，常规消毒，切口选腹中线偏左侧3~5厘米处，长10厘米左右，平行于腹中线。

3. 手术通路 切开腹腔，摘除病变器官、组织。

（1）术部常规严密消毒，用创布隔离。

（2）笔式持刀沿预定手术切口线切开皮肤10~12厘米，依次切开肌肉、筋膜，至腹膜，用纱布随时压迫止血，剪开腹膜并扩大至所需长度。此时，一股有恶臭、浅黄褐色的腹水流出，排净污水，用温生理盐水冲洗后手伸进腹腔进行探查，子宫已破。

（3）在切口上方摸出已腐败的胎儿后肢，由于切口不便于操作，做一个“丁”字切口，用创布盖住下部切口，常规处理后，切开各层组织，随后取出腐败的胎儿，发现子宫已腐烂且与大网膜粘连，导致网膜增生局部腐败，为根治起见，施行第二步手术，即摘除腐烂网膜及一侧子宫角。

（4）用温生理盐水冲洗后，取肠钳夹住子宫角健康部，剪去腐烂部，用肠线取单层连续缝合子宫角。

（5）缝完后用温生理盐水冲洗，并摘除粘连在肠管上的腐烂网膜，缝合健康的网膜，并将肠管、网膜复位，彻底用温生理盐水清洗腹腔，投放青霉素240万单位，链霉素200万单位。

（6）闭合腹腔，采用腹膜、肌肉、皮肤常规分层缝合，腹壁创口缝合完毕后用红霉素软膏涂布，结系绷带隔离手术。

4. 术后用药及护理

（1）术后用药。苏醒灵1支，破伤风抗毒素血清3支，止血敏2支，肌内注射；静脉注射，生理盐水500毫升，青霉素640万单位。

（2）术后护理。术后羊单独饲养，同时配合全身应用抗生素5~7天，以控制感染，且18~24小时禁食，3~4天后慢慢恢复喂正常食物。

十一、剖宫产

当临产母羊子宫颈扩张不全或子宫颈闭锁，胎儿不能产出，或骨骼变形，致使骨盆腔狭窄，胎儿不能正常通过产道而造成难产时，可进行剖宫产。

母羊用二甲苯胺噻唑肌内注射进行麻醉，每千克体重0.2~0.6毫克。

（一）剖宫产的步骤

手术部位在乳静脉右外侧2~3厘米，距乳房2厘米腹下切口，长度可以取出胎儿为宜。具体步骤为：

1. 切开腹壁　切开腹壁15~20厘米，开腹后如腹压较高，助手可用大块纱布或手，覆盖压迫切口两侧，防止网膜及肠管脱出。

2. 拉出子宫　双手伸入腹腔，拨开网膜与肠管，摸到孕角，再将手伸入子宫下，隔着子宫壁握住胎儿弯曲的两前肢腕部，缓慢地将子宫角大弯的一部分及胎儿拉至切口外5~6厘米，然后在子宫和切口之间塞上大块生理盐水纱布，或在一块薄塑料布上，中央做一切口，套在拉出的子宫角上，而后将切口边缘缝在子宫切线的周围，以防肠管脱出和胎水流入腹腔。

3. 切开子宫　沿子宫角大弯避开母体子叶切开10~15厘米，一般活胎儿切口出血较多，要边切边止血，防止失血过多。

4. 取出胎儿　切开子宫后，助手固定子宫切口两侧，术者撕破胎膜，排出胎水，严防流入腹腔，然后用手握头及前肢慢慢拉出胎儿，扯断脐带，交助手处理。

5. 剥离胎衣　羊的胎儿胎盘和母体粘连紧密，剥离时要慢

慢进行，防止强行拉扯，必要时可注射垂体后叶素。

6. 缝合子宫 先把子宫内胎水洗净，再用青霉素生理盐水洗净切口，防止强行拉扯，速用螺旋形缝合法缝合子宫切口全层，缝到最后1~2针时，要向子宫内撒四环素粉2克或金霉素胶囊2~3个。最后用伦贝特或库兴缝合法，缝合子宫浆膜及肌层，用温生理盐水充分洗净子宫壁，再于切口上涂油剂青霉素，将子宫送回腹腔复位。

7. 缝合腹壁

（二）剖宫产的注意事项

由于本手术所用器械数量较多，故在术前术后都必须清点器械数目，以免术后遗留于腹腔或子宫内，造成不良后果。

操作时，要胆大心细，彻底止血，迅速准确，严密消毒，同时注意观察病畜变化，必要时可进行强行输液。

术后指定专人负责检查病畜全身情况，必要时给以静脉注射5%葡萄糖氯化钠液或抗生素等疗法，同时注意术部的清洁，防止感染，争取术后第一期愈合。

第五章　常见羊病的防制技术

第一节　常见病毒病的防制技术

一、口蹄疫

口蹄疫是由口蹄疫病毒引起的人兽共患的一种急性、热性、高度接触性传染病，其临诊特征是在口腔黏膜、四肢下端及乳房等处皮肤形成的水疱和烂斑。该病传播迅速、流行面广，成年动物多取良性经过，幼龄动物多因心肌受损而死亡率较高。

（一）病原

口蹄疫病毒属微 RNA 病毒科口疮病毒属。病毒具有多型性和变异性，根据抗原的不同，可分为 O、A、C、亚洲 I 型等不同的血清型和 65 个亚型，各型之间均无交叉免疫性。我国主要是 A 型、O 型和亚洲 I 型。口蹄疫病毒具有较强的环境适应性，耐低温，不怕干燥。常用的消毒剂有 1%～2%的氢氧化钠、30%的热草木灰水、1%～2%的甲醛、0.2%～0.5%的过氧乙酸、4%的碳酸氢钠溶液等。

（二）诊断方法

口蹄疫病根据其流行特点、临床症状、病理剖检，易于做出初步诊断，但要确诊，须结合实验室检查进行。

1. 流行特点 该病主要侵害偶蹄兽，如牛、羊、猪、鹿、骆驼等，其中以猪、牛、羊最为易感。人也可感染此病。病畜和带毒动物是该病的主要传染源，痊愈家畜可带毒4~12个月。本病主要靠直接和间接接触性传播，消化道和呼吸道传染是主要传播途径，也可通过眼结膜、鼻黏膜、乳头及伤口感染。空气传播对本病的快速大面积流行起着十分重要的作用。

2. 临床症状 羊感染口蹄疫病毒后一般经过1~7天的潜伏期出现症状。病羊体温升高，初期体温可达40~41℃，精神沉郁，食欲减退或拒食，脉搏和呼吸加快。主要在口唇周围、口角及鼻部特别严重。亦可发生在蹄部和乳房等皮肤部位。病灶开始出现稍高起的斑点，随后变成丘疹、水疱及脓疱三个阶段，并形成痂块，痂块呈红棕色，以后变为黑褐色，非常坚硬。除去硬痂后露出凸凹不平锯齿状的肉芽组织，很容易出血，有的形成瘘管，压之有脓汁排出。病变发生在硬腭和齿龈时，容易溃烂成片，痂块往往24小时后脱落，长出新的皮肤，并不留任何瘢痕。孕羊流产，羔羊有时有出血性胃肠炎，常因心肌炎而死。

3. 病理变化 除口腔、蹄部的水疱和烂斑外，病羊消化道黏膜有出血性炎症，心肌色泽较淡，质地松软，心外膜与心内膜有弥散性及斑点状出血，心肌切面有灰白色或淡黄色、针头大小的斑点或条纹，如虎斑，称为“虎斑心”，以心内膜的病变最为显著。

4. 实验室诊断 可采取病羊水疱皮或水疱液，置50%甘油生理盐水中，迅速送有关单位实验室，进行补体结合实验、琼脂扩散实验、动物接种实验等进行确诊。

5. 鉴别诊断 本病应与羊传染性脓疱病、蓝舌病、腐蹄病加以区别。

（三）防制措施

1. 预防 不从有病区购进动物及其产品、生物制品，加强

检疫。由车船、飞机卸下的动物肥料、废水及装运工具就地消毒。口蹄疫常发地区每年定期进行预防接种。发现本病立即报告上级兽医部门，并进行封锁、隔离消毒，对疫点严格封锁，扑杀病畜。对剩余饲料、饮水、病畜活动场地、羊舍和所走过的道路、畜产品及污染品进行全面严格消毒，工作人员外出必须全面消毒。疫点最后一只病羊消灭之后3个月内不出现新病例时才可解除封锁。

2. 免疫接种 每年定期给羊群注射同型口蹄疫疫苗。

3. 上报疫情、隔离封锁 一旦发生疫情，应立即上报疫情，迅速隔离病羊，封锁疫区。在病羊污染的地方用1%~2%氢氧化钠或福尔马林溶液严格消毒。对疫区和受威胁区未发病动物进行紧急免疫接种。

4. 治疗 经有关部门同意方可治疗。

（1）口腔溃疡用0.1%高锰酸钾液冲洗后，涂碘甘油或撒布冰硼散，每天2~3次。

（2）蹄部溃疡用2%来苏儿液或0.1%新洁尔灭液清洗，涂松馏油或碘甘油或碘仿鱼肝油（1：10），必要时用绷带包扎蹄部，蹄壳脱落经持续治疗可长出新蹄壳。

（3）乳头溃疡用3%硼酸液或0.1%雷佛奴尔液洗净后，涂青霉素软膏或磺胺软膏。

二、狂犬病

狂犬病俗称“疯狗病”，是由患狂犬病的狗咬伤引起的。病原是狂犬病病毒。羊患本病后，以不停鸣叫和性欲亢进为特征。

（一）流行特点

（1）本病呈散发，由带狂犬病病毒的动物咬伤而引起，狂犬病病毒主要存在于神经组织和唾液腺中。

（2）狂犬病病毒的宿主是病犬和蝙蝠。传播途径是接触含毒的唾液和污染物、喷嚏气雾，尤其被狗、蝙蝠咬伤均可被感染。

（二）诊断要点

（1）本病的潜伏期很长，从被狗咬伤至发病长达20~60天。

（2）羊患该病基本没有兴奋期，病初精神沉郁，然后出现不安、鸣叫，并自咬身体表面，甚至将皮肤咬烂。

（3）经常打喷嚏，不停鸣叫，前肢扒地，性欲亢进，好爬跨其他羊。

（4）病至后期，出现后躯麻痹，病程3~5天，长的可延至8天，死亡率达100%。

（三）防制

1. 预防 扑杀野狗和没有免疫的狗；养狗必须登记注册，进行免疫接种；疫区与受威胁区的羊和易感动物接种弱毒疫苗或灭菌苗。

2. 治疗 羊和家畜被患有狂犬病或可疑的动物咬伤时，应及时用清水或肥皂水冲洗伤口，再用0.1%升汞、碘酒或硝酸银等处理伤口，并立即接种狂犬病疫苗；也可用免疫进行治疗。对被狂犬咬伤的羊和家畜一般应予扑杀，以免危害于人。

三、羊痘

（一）绵羊痘

绵羊痘是各种家畜痘病中危害最为严重的一种热性接触性传染病。由山羊痘病毒属绵羊痘病毒引起，其特征是皮肤和黏膜上发生特异的痘疹，可见到典型的斑疹、丘疹、水疱、脓疱和结痂等病理过程。

1. 病原 绵羊痘病毒属于脊椎动物痘病毒亚科，山羊痘病毒属。病毒呈砖形或椭圆形，是动物病毒中最大的病毒。

2. 流行病学 本病主要经呼吸道感染，也可通过损伤的皮

肤和黏膜感染。饲养管理人员、护理用具、皮毛、饲料、垫草和外寄生虫等都可成为传播媒介。不同品种、性别、年龄的绵羊都有易感性，以细毛羊最为易感，羔羊比成年羊易感，病死率亦高。可引起妊娠母羊流产，因此在产羔前流行羊痘，会导致很大损失。本病多发生于冬末春初、气候严寒季节。饲草缺乏和饲养管理不良等因素都可促使发病和加重病情。

3. 临床症状 潜伏期平均为6~8天，病羊体温升高达41~42℃，结膜眼睑红肿，呼吸和脉搏加快，鼻流出黏液，食欲减退，精神不振，弓背站立，经1~4天后开始发痘。痘疹多见于皮肤无毛或少毛处，先出现红斑，1~2天后变成丘疹再逐渐形成水疱，最后变成脓疱，脓疱破溃后，若无继发感染逐渐干燥，形成痂皮，经2~3周痊愈。发生在舌和齿龈的痘疹往往形成溃疡。有的羊咽喉、支气管，肺脏和前胃或真胃黏膜上发生痘疹时，病羊因继发细菌或病毒感染而死于败血症。有的病羊见痘疹内出血，呈黑色痘；还有的病例痘疹发生化脓和坏疽，形成深层溃疡，发出恶臭，常为恶性经过，病死率高达20%~50%及以上。

4. 病理变化 在胃黏膜上，往往有大小不等的圆形或半球形坚实的结节，单个或融合存在，有的病例还形成糜烂或溃疡。咽和支气管黏膜亦常有痘疹，在肺部可见干酪样结节和卡他性肺炎区。此外，常见细菌性败血症变化，如脂肪肝变性、淋巴结急性肿胀等。病羊常死于继发感染。

5. 防制 平时加强饲养管理，抓好秋膘，特别是春季适当补饲精料，注意防寒过冬。在绵羊痘常发地区的羊群，每年定期预防接种。在已发病的羊群立即隔离病羊，对尚未发病和邻近已受威胁的羊群，用羊痘鸡胚化弱毒疫苗进行紧急接种，不论羊只大小，一律在尾部或股内侧皮内注射疫苗0.5毫升，注射后4~6天产生可靠免疫力，免疫期可持续1年。

发生痘疹后，局部可用0.1%高锰酸钾溶液洗涤，擦干后涂抹紫药水或碘甘油等。使用免疫血清做紧急预防和紧急治疗，效果更好。

（二）山羊痘

山羊痘是山羊痘病毒引起的一种急性接触性传染病，只感染山羊。其特征是皮肤和黏膜上形成特殊的丘疹和疱疹（痘疹）。

1. 临床症状 山羊痘潜伏期6~8天，病初鼻孔闭塞、呼吸促迫，有的山羊流浆液或黏液性鼻涕，眼睑肿胀、结膜充血、有浆液性分泌物，体温升高到41~42℃，鼻孔周围、面部、耳部、背部、胸腹部、四肢无毛区有两分至一元钱硬币大小的块状疹，疹块破溃后，有淡黄色液体流出，时间长了结痂。全过程为4周左右。山羊痘并发呼吸道、消化道和关节炎症，严重时可引起脓毒败血症死亡。

2. 治疗 山羊痘用青、链霉素无效。免疫血清：大羊10~20毫升、小羊5~10毫升皮下注射。对症疗法：10%氯化钠液40~60毫升或碳酸氢钠液250毫升，静脉滴注。局部用1%高锰酸钾液洗涤患部，再涂擦碘甘油。支持疗法：10%葡萄糖液500毫升、5%葡萄糖酸钙40毫升、青霉素380万单位、链霉素2克，一次性静脉滴注。

3. 预防措施 平时注意环境卫生，加强饲养管理。检疫，特别是引进种羊，隔离4周。疫区内用疫苗预防接种，山羊痘活疫苗（冻干苗）进行免疫接种；每只羊皮内注射1.5毫升。皮下注射，免疫期1年。发病山羊立即进行隔离治疗和消毒，病死山羊尸体立即深埋，防止病源扩散。

四、痒病

痒病也叫震颤病，摇摆病，是由一种特殊的传染因子侵害中枢神经系统引起的绵羊和山羊的慢性致死性疫病。本病以剧痒、共济失调和高致死率为特征。

(一) 病原与流行特点

痒病的病原与牛海绵状脑病类似，为朊病毒。

不同品种、性别的羊均可发生痒病，主要是2~5岁绵羊，易感性存在着明显品种间差异，可在无关联的绵羊间进行水平传播。消化道很可能是自然感染痒病的门户，因为可首先在患羊消化道的淋巴组织中查到病原。2~5岁的成年绵羊最为易感，18个月以下的幼龄绵羊很少表现临床症状。不同品种和品系的绵羊，易感性不同。

病羊是本病的传染源。痒病可经口腔或黏膜感染，也可在子宫内以垂直方式传播，直接感染胎儿。通常呈散发性流行，感染羊群内只有少数羊发病，传播缓慢。羊群一旦感染痒病，很难根除。首次发生痒病的地区，发病率为5%~20%或更高一些，病死率极高，几乎100%。在已受感染的羊群中，以散发为主，常常只有个别动物发病。人可以因接触病羊或食用带感染痒病因子的肉品而感染本病。

(二) 诊断

根据临床症状可做出初步诊断，确诊需进一步做实验室诊断。

1. 临床症状　本病潜伏期较长，一般为2~5年或以上，故1岁以下的羊极少出现临床症状。潜伏期长短受宿主遗传特性和病原株系等许多因素影响。

以瘙痒与运动共济失调为临床特征。病羊早期易惊，头颈抬起，行走时步态高举，头颈或腹肋部肌肉发生频细震颤；发展期，病羊出现瘙痒，用四肢搔其腰部等，常发生伸颈、摆头、咬唇或舔舌等反射。病羊常啃咬腹肋部、股部或尾部；瘙痒部位多在臀部、腹部、尾根部、头顶部和颈背侧，常常是两侧对称性的。病羊频频摩擦、啃咬、蹬踢自身的发痒部位，造成大面积掉毛和皮肤损伤，甚至破溃出血。有时还会出现大小便失禁。病羊体温正常，照常采食，但日渐消瘦，常不能跳跃，遇沟坡、土堆、门槛时，反复跌倒；病期几周或几个月。病死率达100%。

2. 病理变化 除尸体消瘦、掉毛、皮肤损伤外，内脏器官缺乏明显可见的肉眼变化。病理组织学检查，主要是中枢神经系统的显微变化。病变出现在脑干的灰质中，可见神经节元的树突和轴突内形成大空泡，其空泡数量比正常羊多得多（正常羊脑在显微镜下一个视野大约只有一个空泡）。大空泡在脑干和延脑中尤为多见；星状胶质细胞增生，最终导致灰质的海绵状变性。

实验室诊断：在国际贸易中，尚未指定诊断方法。主要进行病理学检查。对脑髓、脑桥、大脑、丘脑、小脑以及脊髓进行组织切片，最明显的病变在脑髓、脑桥、中脑和丘脑。痒病的特征性病变为神经元空泡化，神经元变性和消失，灰质神经纤维网空泡化，星状胶质细胞增生和出现淀粉样斑。

3. 类证鉴别 痒病与梅迪-维斯纳病的鉴别：在临床表现上具有特征性，病羊擦痒，组织病理学检查中枢神经系统是海绵样变性，神经元发生空泡变性，星状胶质细胞肥大增生，与梅迪-维斯纳病不同。此外，梅迪-维斯纳病可用免疫血清学方法检出抗体，而痒病则不能。

痒病与螨病、虱病的鉴别：螨病、虱病能引起擦痒、咬伤、皮毛脱落、皮肤发炎等，仔细检查，可发现螨、虱等寄生虫。

（三）防制

尚无有效疫苗和治疗药物。预防本病的主要措施是灭蜱，在蜱活动季节，定期对易感动物进行药浴或喷雾杀虫；对痒病、隐性感染羊采取扑杀后焚化。在疫区可以用鸡胚化弱毒疫苗进行接种。严禁从存在痒病的国家或地区引进羊、羊肉、羊的精液和胚胎等。禁止用病死羊加工蛋白质饲料，禁止用反刍动物蛋白饲喂牛、羊。

加强对市场和屠宰场肉类的检验，检出的病羊肉必须销毁，不得食用。一旦发现病羊或疑似病羊，应迅速做出确诊，立即扑杀全群，并进行深埋或焚烧销毁等无害化处理。禁止用病肉（尸）加工成肉骨粉用作饲料或喂水貂、猫等动物。定期消毒。常用的消毒方法有：焚烧、5%~10%氢氧化钠溶液作用1小时、5%次氯酸钠溶液作用2小时、浸入3%十二烷基磺酸钠溶液煮沸10分钟。

五、蓝舌病

蓝舌病是由蓝舌病病毒引起的主要侵害绵羊的一种以库蠓为传播媒介的传染病。本病以发热，消瘦，口腔黏膜、鼻黏膜以及消化道黏膜等发生严重的卡他性炎症为特征，病羊蹄部也常发生病理损害，因蹄真皮层遭受侵害而发生跛行。由于病羊特别是羔羊长期发育不良以及死亡、胎儿畸形、皮毛损坏等，可造成巨大的经济损失。

蓝舌病病毒分类上属于呼肠孤病毒科，环状病毒属。病毒核酸类型为双股RNA。就目前所知，蓝舌病病毒有24个血清型，各血清型之间缺乏交互免疫性。本病毒可在鸡胚内增殖，一般经卵黄囊或血管途径接种；病毒也可于乳小鼠和仓鼠脑内接种增殖；羊肾、胎牛肾、犊牛肾、小鼠肾原代和继代细胞均可培养增殖蓝舌病病毒并产生细胞病变。病毒主要存在于病畜的血液以及各脏器之中，在康复动物的体内存在达4~5个月之久。蓝舌病病毒抵抗力强，在50%甘油中可存活多年，对2%~3%氢氧化钠溶液敏感。

（一）诊断要点

1. 流行特点　蓝舌病病毒主要感染绵羊，所有品种的绵羊均可感染，而以纯种的美利奴羊更为敏感。牛、山羊和其他反刍动物包括鹿、羚羊、沙漠大角羊等野生反刍动物也可感染本病，

但临床症状轻缓或无明显症状，而以隐性感染为主。仓鼠、小鼠等实验动物可感染蓝舌病病毒。病羊和病后带毒羊为传染源，隐性感染的其他反刍动物也是危险的传染来源。本病主要通过媒介昆虫库蠓叮咬传播。本病的分布多与库蠓的分布、习性及生活史密切相关。因此，蓝舌病多发生于湿热的晚春、夏季、秋季和池塘、河流分布广的潮湿低洼地区，也即媒介昆虫库蠓大量滋生、活动的季节和地区。

2. 临床症状 潜伏期为3~8天，病初体温升高达40.5~41.5℃，稽留5~6天，表现为厌食、委顿，落后于羊群。流涎，口唇水肿，蔓延到面部和耳部，甚至颈部、腹部。口腔黏膜充血，后发绀，呈青紫色。在发热几天后，口腔连同唇、齿龈、颊、舌黏膜糜烂，致使吞咽困难；随着病的发展，在溃疡损伤部位渗出血液，唾液呈红色，口腔发臭。鼻流炎性、黏性分泌物，鼻孔周围结痂，引起呼吸困难和鼾声。有时蹄冠、蹄叶发生炎症，触之敏感，呈不同程度的跛行，甚至膝行或卧地不动。病羊消瘦、衰弱，有的便秘或腹泻，有时下痢带血，早期有白细胞减少症。病程一般为6~14天，发病率30%~40%，病死率2%~3%，有时可高达90%。患病不死的经10~15天痊愈，6~8周后蹄部也恢复。怀孕4~8周的母羊遭受感染时，其分娩的羔羊中约有20%发育缺陷，如脑积水、小脑发育不足、回沟过多等。

3. 病理变化 主要见于口腔、瘤胃、心、肌肉、皮肤和蹄部。口腔出现糜烂和深红色区，舌、齿龈、硬腭、颊黏膜和唇水肿。瘤胃有暗红色区，表面有空泡变性和坏死。真皮充血、出血和水肿。肌肉出血，肌纤维变性，有时肌间有浆液和胶冻样浸润。呼吸道、消化道和泌尿道黏膜及心肌、心内外膜均有小点出血。严重病例，消化道黏膜有坏死和溃疡。脾脏通常肿大。肾和淋巴结轻度发炎和水肿，有时有蹄叶炎变化。

4. 类症鉴别 羊蓝舌病通常应与口蹄疫、羊传染性脓疱等

疾病进行区别。

（1）蓝舌病与口蹄疫的鉴别。口蹄疫为高度接触传染性疾病，牛、猪易感性强，感染发病临床症状典型而明显。蓝舌病则主要通过库蠓叮咬传播，且蓝舌病病毒不感染猪，人工接种不能使豚鼠感染。口蹄疫的糜烂性病理损害是由于水疱破溃而发生，蓝舌病虽有上皮脱落和糜烂，但不形成水肿。

（2）蓝舌病与羊传染性脓疱的鉴别。羊传染性脓疱在羊群中以幼龄羊发病率为高，患病羊口唇、鼻端出现丘疹和水疱，破溃以后形成疣状厚痂，痂皮下为增生的肉芽组织。病羊特别是年龄较大者，一般没有最严重的全身症状，无体温反应。采集局部病变组织进行电镜复染检查，可发现呈线团样编织构造的典型羊口疮病毒。

（二）防制

（1）加强口岸检疫和运输检疫，严禁从有本病的国家和地区引进牛、羊及其冻精、胚胎。为防止本病传入，进口动物应选在媒介昆虫不活动的季节。

（2）加强国内疫情监测，非疫区一旦发生本病，要采取果断措施，扑杀、无害化处理发病羊和同群动物，被污染的环境应严格消毒。

（3）在流行地区可在每年发病季节前1个月接种疫苗；在新发病地区可用疫苗进行紧急接种。目前所用疫苗有弱毒疫苗、灭活疫苗和亚单位疫苗，以弱毒疫苗比较常用，二价或多价疫苗可产生相互干扰作用，因此二价或多价疫苗的免疫效果会受到一定影响。控制、消灭本病媒介昆虫——库蠓，防止其叮咬家畜，夏秋季节提倡在高燥地区放牧并驱赶畜群回圈舍过夜。

（4）对病畜要精心护理，严格避免烈日风雨，给以易消化的饲料，每天用温和的消毒液冲洗口腔和蹄部。预防继发感染可用磺胺药或抗生素，有条件时病畜或分离出病毒的阳性畜应予以扑杀；血清学阳性畜，要定期复检，限制其流动，就地饲养使用，不能留作种用。

六、山羊关节炎-脑炎

山羊关节炎-脑炎是由山羊关节炎-脑炎病毒引起的山羊的一种慢性病毒性传染病。其主要特征是成年山羊呈缓慢发展的关节炎，间或伴有间质性肺炎和间质性乳房炎；2~6 月龄羔羊表现为上行性麻痹的神经症状。

（一）诊断要点

1. 流行特点 山羊是本病的主要易感动物。自然条件下，本病只在山羊之间相互传染发病，绵羊不感染。病羊和隐性带毒羊为主要传染源。感染羊可通过粪便、唾液、呼吸道分泌物、阴道分泌物、乳汁等排出病毒，污染环境。病毒主要经吮乳而感染羔羊，被污染的牧草、饲料、饮水以及用具、器物可成为传播媒介，消化道是主要的感染途径。各种年龄的羊均有易感性，而以成年羊感染发病居多。感染母羊所产羔羊当年发病率为 16%~19%，病死率高达 100%，感染羊在良好的饲养管理条件下，多不出现临床症状或症状不明显，只有通过血清学检查，才被发现。饲养管理不良、长途运输或遭受到环境应激因素的刺激，则表现出临床症状。

2. 临床症状 依据临床表现，一般分为 3 种病型：脑脊髓炎型、关节炎型和肺炎型，多为独立发生。

（1）脑脊髓炎型。潜伏期 53~131 天。脑脊髓炎型主要发生于 2~6 月龄山羊羔，也可发生于较大年龄的山羊。病初羊精神沉郁、跛行，随即四肢僵硬，共济失调，一肢或数肢麻痹，横卧不起，四肢划动。有些病羊眼球震颤，角弓反张，头颈歪斜或转圈运动，有时面神经麻痹，吞咽困难或双目失明。少数病例兼有肺炎或关节炎症状。病程半月至数年，最终死亡。

（2）关节炎型。关节炎多发生于1岁以上的成年山羊，多见腕关节肿大、跛行，膝关节和跗关节也可发生炎症。一般症状缓慢出现，病情逐渐加重，也可突然发生。发炎关节周围的软组织水肿，起初发热、波动，疼痛敏感，进而关节肿大，活动不便，常见前肢跪地膝行。个别病羊肩前淋巴结和腘淋巴结肿大。发病羊多因长期卧地、衰竭或继发感染而死亡。病程较长，1~3年。

（3）肺炎型。肺炎型病例在临床上较为少见。患羊进行性消瘦，衰弱，咳嗽，呼吸困难，肺部叩诊有浊音，听诊有湿啰音。各种年龄的羊均有发生，病程3~6个月。

除上述3种病型外，哺乳母羊有时发生间质性乳房炎。

3. 病理变化 病变多见于神经系统、四肢关节、肺脏及乳房。

（1）脑脊髓炎型。小脑和脊髓的白质有5毫米大小的棕红色病灶。组织病理学观察，呈现中枢神经系统的非化脓性脑炎以及颈部脊髓的脱髓鞘现象。

（2）关节炎型。发病关节肿胀、波动，皮下浆液渗出。关节滑膜增厚并有出血点。滑膜常与关节软骨粘连。关节腔扩张，充满黄色或粉红色液体，内有纤维素絮状物。病理组织学检查呈慢性滑膜炎，淋巴细胞和单核细胞浸润，严重者发生纤维蛋白坏死。

（3）肺炎型。肺脏轻度肿大，质地变硬，表面有散在灰白色小点，切面呈斑块状实变区。支气管淋巴结和纵隔淋巴结肿大。病理组织学检查发现细支气管以及血管周围淋巴细胞、单核细胞浸润，肺泡上皮增生，小叶间结缔组织增生，邻近细胞萎缩或纤维化。

乳腺炎病例，病理组织学检查可见血管、乳导管周围以及腺叶间有大量淋巴细胞、单核细胞和噬细胞渗出，间质常发生局灶性坏死。少数病例肾脏表面有1~2毫米灰白色小点，组织学检查表现为广泛性肾小球肾炎。

4. 类症鉴别 山羊关节炎-脑炎通常须与梅迪-维斯纳病进行鉴别。自然情况下，山羊关节炎-脑炎只感染山羊，梅迪-维斯纳病主要感染绵羊，也可感染山羊。通过病毒基因组核酸序列分析，可对两种病毒进行区别。

（二）防制

本病目前尚无疫苗和有效治疗方法。防制本病主要以加强饲养管理和采取综合性防疫卫生措施为主。加强检疫，禁止从疫区（疫场）引进种羊；引进种羊前，应先做血清学检查，运回后隔离观察1年，其间再做两次血清学检查（间隔半年），均为阴性时才可混群。采取检疫、扑杀、隔离、消毒和培育健康羔羊群的方法对感染羊群实行净化。羊群严格分圈饲养，一般不予调群；羊圈除每天清扫外，每周还要消毒1次（包括饲管用具），羊奶一律消毒处理；怀孕母羊加强饲养管理，使胎儿发育良好，羔羊产后立刻与母羊分离，用消毒过的喂奶用具喂以消毒羊奶或消毒牛奶，至2月龄时开始进行血清学检查，阳性者一律淘汰。在全部羊只至少连续2次（间隔半年）呈血清学阴性时，方可认为该羊群已经净化。

七、绵羊肺腺瘤病

绵羊肺腺瘤病又名“绵羊肺癌”或“驱赶病”，是由绵羊肺腺瘤病病毒引起的一种慢性、接触传染性肺脏肿瘤病。病的特征为潜伏期长，肺泡和支气管上皮进行性肿瘤性增生，病羊消瘦，咳嗽，呼吸困难，最终死亡。

绵羊肺腺瘤病病毒抵抗力不强，56℃ 30分钟可灭活，对氯仿和酸性环境敏感。-20℃条件下病肺细胞里的病毒可存活数年。病毒组织培养较为困难，可于易感绵羊的支气管上皮细胞内增殖；气管内接种易感羔羊，10～22个月后，在其肺内可产生病变。

（一）诊断要点

1. 流行特点 各种品种和年龄的绵羊均能发病，以美利奴绵羊的易感性为高，几乎临床发病多为3~5岁的绵羊，2岁以内的羊较少出现症状。除绵羊外，山羊也可发生。病羊是主要传染来源，病羊通过咳嗽、喘气将病毒排出，经呼吸道使附近的易感羊感染。羊群拥挤，尤其在密闭的圈舍中，有利于本病的传播。气候寒冷，可使病情加重，也容易引起感染羊继发细菌性肺炎，致使病程缩短，死亡增多。

2. 临床症状 潜伏期很长，半年至2年不等。人工感染的潜伏期长达3~7个月。只有成年绵羊和较大的羊才见到临诊表现，病羊逐渐出现虚弱、消瘦、呼吸困难的症状。病初，病羊因剧烈运动而呼吸加快，随病的发展，呼吸快而浅表，吸气时常见头颈伸直、鼻孔扩张。病羊常有湿性咳嗽。当支气管分泌物积聚于鼻腔时，则出现鼻塞音，低头时，分泌物自鼻孔流出。分泌物检查，可见增生的上皮细胞。肺部叩诊、听诊，可听知湿啰音和肺实变区。疾病后期，病羊衰竭、消瘦、贫血，但仍可站立。体温一般正常。病羊常继发细菌性感染，引起化脓性肺炎，导致急性、有时可能呈发热性病程。病羊最终因虚脱而死亡，病死率高，可达100%。

3. 病理变化 病羊死后的病理变化主要局限于肺部及胸部。早期病羊肺尖叶、心叶、膈叶前缘等部位出现弥散性小结节，质地硬，稍突出于肺表面，切面可见颗粒状突起物，反光性强。随病的进展，肺脏出现大量肿瘤组织构成的结节（图5-1），粟粒至枣子大小。有时一个肺叶的结节增生、融合而形成较大的肿块。继发感染时则形成大小不一的脓肿。患区胸膜增厚，常与胸壁、心包膜粘连。支气管淋巴结、纵隔淋巴结增大，也形成肿块。体腔内常积聚有少量的渗出液。病理组织学检查，肿瘤是由支气管上皮细胞所组成，除见有简单的腺瘤状构造外，还可见到乳头状瘤构造。新增生的细胞呈立方形，胞浆丰富、洗染，核丰富，呈圆形或卵圆形，有的无绒毛结构。排列紧密的上皮细胞由于异常增生面向肺泡腔和细支气管内延伸，形如乳头状或手指状，逐渐取代正常的肺泡腔。在肺腺瘤病灶之间的肺泡内有大量的巨噬细胞浸润。这些细胞常被腺瘤上皮分泌的黏液连在一起，形成细胞团块。支气管淋巴结、纵膈淋巴结失去正常结构，代之以类似肺部的腺瘤状构造。

图 5-1　绵羊肺腺瘤病肺结节

4. 类症鉴别　绵羊肺腺瘤病应与巴氏杆菌病、梅迪-维斯纳病以及蠕虫性肺炎等肺部疾患进行区别诊断。绵羊肺腺瘤病的一个很重要的特点是，在疾病症状明显期可从病羊鼻腔采集到大量的水样分泌物。

（1）绵羊肺腺瘤病与巴氏杆菌病的鉴别。巴氏杆菌病是一种急性、热性传染病，病羊全身症状严重而明显，体温升高达41~42℃。有些病羊剧烈腹泻，粪便恶臭。病羊颈部、胸部发生水肿，肺脏淤血、点状出血或发生突变；肝脏常有坏死性病灶；胃肠道有出血性炎症。采集血液、病变组织，可分离出多杀性巴氏杆菌。

（2）绵羊肺腺瘤病与梅迪-维斯纳病的鉴别。绵羊脑腺瘤病与梅迪-维斯纳病在临床表现上类似，均可引起慢性、进行性的

肺炎症状，但病理组织学变化上不同，绵羊肺腺瘤病以增生性、肿瘤性肺炎为主要特征，病理切片观察，可发现肺泡上皮细胞和细支气管上皮细胞异型性增生，形成腺样构造；而梅迪-维斯纳病则以间质性肺炎为特征，间质增厚变宽，平滑肌增生，支气管和血管周围淋巴样细胞浸润。也可通过血清学试验进行区别。

（3）绵羊肺腺瘤病与蠕虫病的鉴别。蠕虫性肺炎在病理剖检或者组织切片中均可发现虫体，易与绵羊肺腺瘤病进行区别。

（二）防制

（1）严禁从有本病的国家、地区引进羊。进口绵羊时，加强口岸检疫工作，引进羊应严格隔离观察，证明无病后方可混入大群饲养。

（2）本病目前尚无有效的治疗方法，也无特异性的预防制剂可供使用。羊群一经传入本病，很难清除，故须全群淘汰，以消除病原。并通过建立无绵羊肺腺瘤病的健康羊群，逐步消灭本病。

八、梅迪-维斯纳病

梅迪-维斯纳病，是由梅迪-维斯纳病毒引起的绵羊的一种慢病毒病，其特征为病程缓慢、进行性消瘦和呼吸困难。梅迪和维斯病最初是用来命名在冰岛发现的两种绵羊疾病，其含义分别是呼吸困难和消瘦，目前已知这两种病症是由同一种病毒引起的。

（一）诊断要点

1. 流行特点 梅迪-维斯纳病主要是绵羊的一种疾病，山羊也可感染。本病发生于所有品种的绵羊，无性别的区别，发病者多为 2~4 岁的成年绵羊。病羊和潜伏期感染羊为主要传染源。自然感染是由于吸入了病羊排出的含有病毒的飞沫所致，也可能经胎盘或乳汁垂直传播。易感绵羊经肺内注射病羊肺细胞的分泌物或血液可发生感染。也可通过污染的饲料、饮水以及牧草经消化道感染。本病多散发，发病率因地域而异。饲养密度过大会助长本病的传播流行。

2. 临床症状 梅迪–维斯纳病潜伏期很长，易感动物在接触病毒1~3年后才出现临床症状，随后呈进行性病程。

（1）梅迪病（呼吸道型）。梅迪病患羊首先表现为放牧时掉群，出现干咳，随之呼吸困难日渐加重。病羊鼻孔扩张，头高仰，呼吸急促，听诊或叩诊可听到啰音或实音区。病羊体温一般正常，呈现慢性、进行性间质性肺炎，体重下降，逐渐消瘦、衰弱，最终死亡。病程一般为2~5个月甚至数年，病死率高。

（2）维斯纳病（神经型）。维斯纳病病羊最初表现为步态异常，运动失调和轻瘫，特别是后肢，易失足和发软。轻瘫逐渐加重最后发生全瘫。有些病例头部也有异常表现，口唇和眼睑震颤，头偏向一侧。病情缓慢进展并恶化，四肢陷入对称性麻痹而死亡。病程数月甚至数年。感染绵羊可终身带毒，但大多数羊并不出现临诊症状。

3. 病理变化

（1）梅迪病。梅迪病的病理变化主要见于肺脏及周围淋巴结。病脑体积和重量均增大2~4倍，呈浅灰黄色或暗红色，触之有橡皮样感觉。肺脏组织增生，质地如肌肉、以隐叶的变化最为严重，心叶、尖叶次之。仔细观察，在胸膜下有散在许多针尖大小、半透明、暗灰白色的小点。肺小叶间质明显增生，呈暗灰色细网状花纹，在网眼中显出针尖大小的暗灰色小点。病肺切面干燥，如滴加50%~98%醋酸，很快会出现针尖大小的小结节。支气管淋巴结肿大，平均重量可达40克（正常为10~15克），切面间质发白。病理组织学变化主要为慢性间质性肺炎。肺泡间隔增厚，淋巴样组织增生。在细支气管、血管和脑细胞周围出现弥漫性淋巴细胞、单核细胞以及巨噬细胞的浸润。微小的细支气管上皮、肺泡间隔平滑肌、血管平滑肌上皮增生。

（2）维斯纳病。维斯纳病眼视病变不显著。病理组织学变化

主要表现为弥漫性脑膜脑炎，脑膜及血管周围淋巴细胞和小胶质细胞增生、浸润并出现血管套现象。大脑、小脑、脑桥、延脑和脊髓白质内出现弥漫性脱髓鞘现象，在脑膜附近形成脱髓鞘腔。

4. 类症鉴别 梅迪–维斯纳病通常应与绵羊肺腺瘤病、痒病等疾病进行鉴别。

（1）梅迪–维斯纳病与绵羊肺腺瘤病的鉴别。梅迪–维斯纳病与绵羊肺腺瘤病在临诊上均表现为进行性病程，很难区别。主要通过病理组织学检查进行鉴别：绵羊肺腺瘤病以增生性、肿瘤性肺炎为主要特征，可发现肺泡上皮细胞和肺支气管上皮细胞异型性增生，形成腺样构造；而梅迪病则以间质性肺炎为特征，间质增厚变宽，平滑肌增生，支气管和血管周围淋巴样细胞浸润。也可通过血清学试验进行区别。

（2）梅迪–维斯纳病与痒病的鉴别。某些不呈瘙痒症状的痒病患羊，在临诊表现上可能与维斯纳病相似，可经病理组织学检查进行区别。痒病患羊的特异性变化是神经元空泡化，即海绵样变性；而维斯纳病病羊则呈现弥漫性脑膜脑炎变化，具有明显的细胞浸润和血管套现象，并发生弥漫性脱髓鞘变化。此外，痒病缺乏免疫学反应，而梅迪–维斯纳病可用免疫血清学方法检出血清中的抗体。

（二）防制

（1）应从未发生本病的国家或地区引进绵羊和山羊。动物在进口前30天进行梅迪–维斯纳病琼脂扩散试验检测，结果阴性者方可启运。口岸检疫中，如发现梅迪–维斯纳病阳性动物，则做退回或扑杀销毁处理，同群动物严格隔离观察。

（2）本病迄今尚无特异性疫苗供免疫接种，也无有效的治疗方法。应防止健康羊群与病羊接触，发病羊及时隔离、淘汰。病尸或污染物应销毁或作无害化处理。圈舍、饲管用具应用2%氢氧化钠或4%石炭酸消毒。定期用血清学试验检测羊群，淘汰有临诊症状的羊以及血清学反应阳性的羊及其后代，以清除本病，净化畜群。

九、小反刍兽疫

小反刍兽疫又称羊瘟、小反刍兽瘟，是由小反刍兽疫病毒引起的山羊、绵羊、野生小反刍兽的高度接触传染性疾病。小反刍兽疫病毒不感染人，不属于人畜共患病。

（一）流行特点

山羊和绵羊是该病的自然宿主，山羊比绵羊更易感，临床症状更严重。岩羊、野山羊、盘羊等野生小反刍动物和亚洲水牛、骆驼等可感染发病。可引起呼吸困难、腹泻、流产，甚至死亡。易感羊群发病率通常达60%以上，病死率可达50%以上。一年四季均可发生，但多雨季节和干燥寒冷季节多发。潜伏期一般为4~6天，短的1~2天，长者10天，世界动物卫生组织（OIE）《陆生动物卫生法典》规定最长潜伏期为21天。

OIE将其列为必须报告的动物疫病，我国将其列为一类动物疫病，是《国家动物疫病中长期防治规划（2012—2020年）》明确规定重点防范的外来动物疫病之一。

（二）临床症状和病理变化

小反刍兽疫主要通过呼吸道和消化道感染。传播方式主要是接触传播，可通过与病羊直接接触传播，病羊的唾液、鼻液、粪尿等分泌物和排泄物可含有大量的病毒，与被病毒污染的饲料、饮水、衣物、工具、垫料、圈舍和牧场等接触也可发生间接传播，在养殖密度较高的羊群也会发生近距离的气溶胶传播。潜伏期为4~5天，最长21天。山羊临床症状比较典型，绵羊一般较轻微。

自然发病仅见于山羊和绵羊。山羊发病严重，绵羊也偶有严重病例发生。一些康复山羊的唇部形成口疮样病变。感染动物临诊症状与牛瘟病牛相似。急性型体温可上升至41℃，并持续3~

5 天。感染羊只烦躁不安，背毛无光，口鼻干燥，食欲减退。流黏液脓性鼻漏，呼出恶臭气体。在发热的前 4 天，口腔黏膜充血、坏死（图 5-2），颊黏膜进行性广泛性损害，导致多涎，随后出现坏死性病灶（图 5-3），开始口腔黏膜出现小的粗糙的红色浅表坏死病灶，以后变成粉红色，感染部位包括下唇、下齿龈等处。严重病例可见坏死病灶波及齿垫、腭、颊部及其乳头、舌头等（图 5-4）处。后期出现带血水样腹泻（图 6-5），严重脱水，消瘦，随之体温下降。出现咳嗽、呼吸异常。发病率高达 100%，在严重暴发时，死亡率为 100%，在轻度发生时，死亡率不超过 50%。幼年动物发病严重，发病率和死亡率都很高，为我国划定的一类疾病。

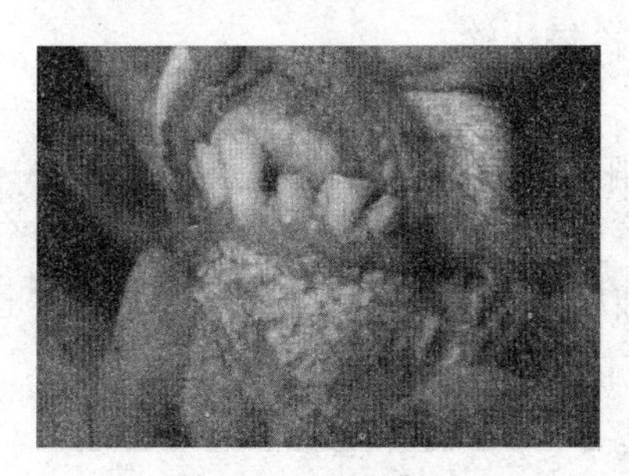

图 5-2　口腔黏膜坏死

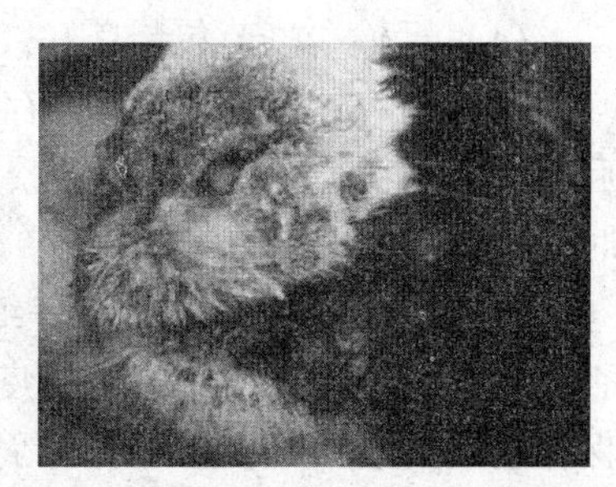

图 5-3　小反刍兽疫口、鼻分泌物及结节

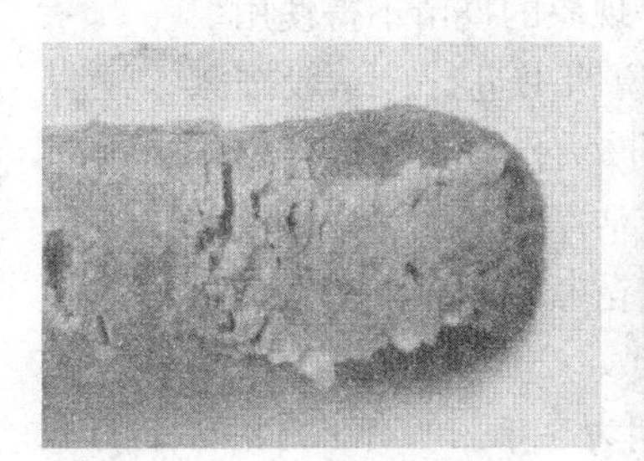

图 5-4　小反刍兽疫舌头结痂

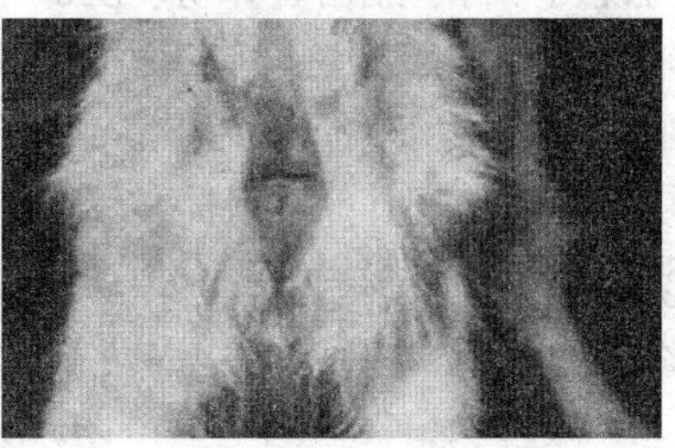

图 5-5　小反刍兽疫羊腹泻

小反刍兽疫常见的病理变化主要有：口腔和鼻腔黏膜糜烂坏死；支气管肺炎，继发细菌感染时会表现肺尖肺炎；可见坏死性或出血性肠炎，盲肠、结肠近端和直肠出现特征性条状充血、出血，呈斑马状条纹；可见淋巴结特别是肠系膜淋巴结水肿，脾脏肿大并可出现坏死病变；组织学上可见肺部组织出现多核巨细胞以及细胞内嗜酸性包涵体。

（三）防控措施

1. 免疫保护　我国目前使用小反刍兽疫弱毒疫苗。该疫苗安全有效，保护期长，一次免疫可保护 3 年。怀孕母羊、羔羊均可接种。但对健康状况不良的羊，应待康复后接种。疫苗的运输、贮存和使用须按如下要求进行：

（1）运输。疫苗包装良好，冷链运输。

（2）贮存。-15℃以下保存，有效期为 12 个月。开瓶稀释后的疫苗应半小时内用完，严禁阳光照射或接触高温，气温过高时使用过程中应冷水浴保存。

（3）免疫。疫苗使用前仔细核对疫苗型号，检查外包装是否完好，标签是否完整，包括疫苗名称、生产批号、批准文号、保存期或失效日期、生产厂家等。

（4）禁忌。出现瓶盖松动、包装破损、超过保存期、色泽与说明不符、瓶内有异物、发霉等现象的疫苗不得使用。

（5）使用方法。使用方法按说明书进行，一般按瓶签注明的头份，用生理盐水稀释至 1 毫升/头份，充分混合均匀，颈部皮下注射 1 毫升。注射器和针头应洁净无菌，尽量做到一羊一针头，或至少一圈一针头。用过的疫苗瓶、剩余疫苗及接种用注射器等应消毒处理。

（6）疫苗保护期。疫苗保护期为 3 年，所有 1 月龄以上的羊进行一次全面免疫后，每年春、秋两季对未免疫的新生羊进行补免，同时对免疫满 3 年的羊追加免疫一次。

2. 严格消毒　小反刍兽疫病毒对多数消毒剂敏感。发生疫情的时候，对疫区内不同的待消毒物品，可选用不同消毒剂。对建筑物、木质结构、水泥表面、车辆和相关设施设备消毒可选用碱类（碳酸钠、氢氧化钠）、氯化物和酚化合物。人员消毒可选用刺激性小的消毒剂，如柠檬酸、乙醇和碘化物（碘消灵）等。

（1）场地及设施消毒。消毒人员需穿戴防护用具，选择合适的消毒方式消毒。例如：金属设施设备可采取火焰、熏蒸和冲洗等方式消毒；羊舍、车辆、屠宰加工、贮藏等场所，可采用消毒液清洗、喷洒等方式消毒；饲料、垫料、粪便等，可采取堆积发酵或焚烧等方式消毒；疫区范围内办公、饲养人员宿舍、公共食堂等场所，可采用喷洒方式消毒。

（2）人员及物品消毒。饲养、管理等人员可采取淋浴消毒；衣服、帽、鞋等可采取消毒液浸泡、高压灭菌等方式消毒。

（3）山羊绒及羊毛消毒。以下程序均可杀灭病毒。在18℃贮存4周，4℃贮存4个月，或37℃贮存8天；在密封容器中用甲醛熏蒸消毒至少24小时；工业洗涤，包括浸入水、肥皂水、苏打水或碳酸钾等溶液中水浴；用熟石灰或硫酸钠进行化学脱毛；浸泡在60~70℃水溶性去污剂中，进行工业性去污。

（4）羊皮消毒。在含有2%碳酸钠的海盐中腌制至少28天，或者在密闭空间内用甲醛熏蒸消毒至少24小时。

（3）养殖场户的防疫措施。

1）把好"入场关"，确保引进羊只无疫。引进羊只时，要搞清楚羊只的来源和背景，不要购买没有检疫证明的羊只。羊只调入后，至少要隔离观察1个月，确认健康无病后，方可混群饲养。

2）把好"管理关"，提高养殖场所生物安全水平。要在当地畜牧兽医部门指导下，建立健全防疫制度，加强防疫管理。做好相关场所及设施设备的清洗消毒工作。人员和运输工具进场时，要进行彻底消毒。羊群转场、放牧时，要防止交叉感染。

3）把好“防疫关”，确保免疫密度和质量。在农业部批准实施免疫的地区，要在当地兽医部门的指导下做好免疫接种工作。

发现疑似小反刍兽疫患病羊后，养殖户应立即隔离疑似患病羊，限制其移动，加强消毒，并立即向当地兽医主管部门、动物卫生监督机构或动物疫病预防控制机构报告。小反刍兽疫是病毒性传染病，不允许治疗。按照国家现行法律法规要求，对感染羊只及同群羊必须采取扑杀和无害化处理等处置措施。需要特别强调的是，严禁私自出售或处理病死羊，否则将追究当事人法律责任。

十、羊口疮

羊传染性脓疱病又称羊口疮，是由病毒引起的绵羊和山羊的一种接触性传染病，以口唇、舌、鼻、乳房等部位形成丘疹、水疱、脓疱和结成疣状结痂为特征。不同地区分离的病毒抗原性不完全一致。

（一）流行特点与主要临床症状

本病多发于3~6月龄的羔羊，常呈群发性，疫区的成年羊多有一定的抵抗力。

病羊以口唇部感染为主要症状。首先在口角、上唇或鼻镜上发生散在的小红斑点，以后逐渐变为丘疹、结节，继而形成小疱或脓疱，蔓延至整个口唇周围及颜面、眼睑和耳郭等部，形成大面积龟裂、易出血的污秽痂垢，痂垢下肉芽组织增生，嘴唇肿大外翻呈桑葚状突起。口腔黏膜也常受损害，黏膜潮红，在口唇内面、齿龈、颊部、舌及软腭黏膜上发生水疱，继而发生脓疱和烂斑。若伴有坏死杆菌等继发感染，则恶化成大面积的溃疡，深部组织坏死，口腔恶臭。病羊由于疼痛而不愿采食，表现流涎、精

神不振、食欲减退或废绝、反刍减少、被毛粗乱无光、日渐消瘦。哺乳母羊的乳房也可能同样患病，主要是由于被小羊咬伤而感染。

（二）防制措施

1. 预防　本病主要通过受伤的皮肤和黏膜传染，因此，要保护皮肤和黏膜不使其发生损伤。尽量不喂干硬的饲草，挑出其中的芒刺。给羊加喂适量食盐，以减少羊啃土啃墙，保护皮肤、黏膜。

不要从疫区引进羊及其产品，对引进的羊只隔离观察半月以上，确认无病后再混群饲养。

在本病流行地区，用羊口疮弱毒疫苗进行免疫接种。接种时按每头份疫苗加生理盐水在阴暗处充分摇匀，每只羊在口腔黏膜内注射 0.2 毫升，以注射处出现一个透明发亮的小水疱为准。也可把病羊口唇部的痂皮取下，将疫苗研成粉末，用5%的甘油生理盐水稀释成1%的溶液，对未发病羊做皮肤划痕接种，经过 10 天左右即可以产生免疫力，对预防本病效果好。

2. 治疗　首先隔离病羊，对圈舍、运动场进行彻底消毒。给病羊柔软、易消化、适口性好的饲料，保证充足的清洁饮水。

治疗前，先将病羊口唇部的痂垢剥除干净，用淡盐水或0.1%高锰酸钾水充分清洗创面，然后在羊口疮患处多次涂 2%的龙胆紫溶液或5%的碘酊溶液。或用青霉素、氨基比林水合剂彻底清疮，再将冰硼散粉剂撒于患处，同时给病羊灌服少量 0.1%的高锰酸钾溶液，每天 1 次，连用 4 天。给病羊注射抗菌药物，可防止继发感染，每天 2 次，连用 3 天。

第二节　常见细菌病的防制技术

一、羊梭菌性疾病

羊梭菌性疾病是由梭状芽孢杆菌属中的细菌所引起的一类急性传染病，包括羊快疫、羊猝疽、羊肠毒血症、羊黑疫和羔羊痢疾等。这一类疾病的临诊症状有不少相似之处，易混淆。这类疾病都能造成急性死亡，对养羊业危害很大。

（一）羊快疫

羊快疫是由腐败梭菌经消化道感染引起的主要发生于绵羊的一种急性传染病。本病以突然发病，病程短促，真胃出血性炎性损害为特征。

1. 诊断要点

（1）流行特点。发病羊多为6~18月龄、营养较好的绵羊，山羊较少发病。主要经消化道感染。腐败梭杆菌通常以芽孢体形式散布于自然界，特别是潮湿、低洼或沼泽地带。羊只采食被污染的饲草或饮水，芽孢体随之进入消化道，但并不一定引起发病。当存在诱发因素时，特别是秋冬或早春季节气候骤变、阴雨连绵之际，羊寒冷饥饿或采食了冰冻带霜的草料时，机体抵抗力下降，腐败梭菌即大量繁殖，产生外毒素，使消化道黏膜发炎、坏死并引起中毒性休克，使患病羊迅速死亡。本病以散发性流行为主，发病率低而病死率高。

（2）临床症状。患羊往往来不及表现临床症状即突然死亡，常见在放牧时死于牧场或早晨发现死于圈舍内。病程稍缓者，表现为不愿行走，运动失调，腹痛、腹泻，磨牙抽搐，最后衰弱昏迷，口流带血泡沫，多于数分钟或几小时内死亡，病程极为短促。

（3）病理变化。病死羊尸体迅速腐败膨胀。剖检可见黏膜充血呈暗紫色。体腔多有积液。特征性表现为真胃出血性炎症，胃底部及幽门部黏膜可见大小不等的出血斑点及坏死区，黏膜下发生水肿。肠道内充满气体（图 5-6），常有充血、出血、坏死或溃疡。心内、外膜可见点状出血（图 5-7）。胆囊多肿胀。

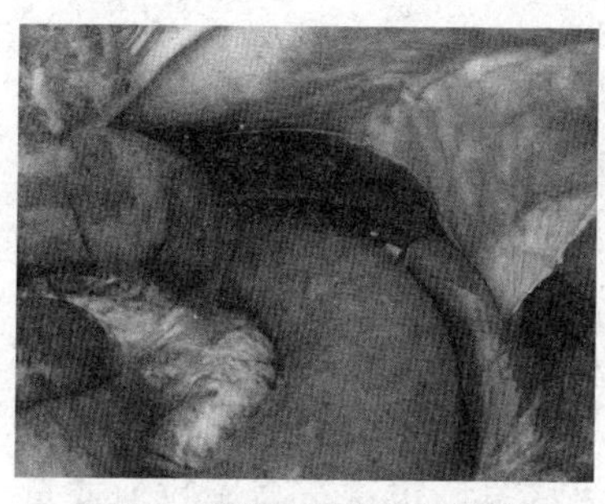

图 5-6　羊快疫肠道内充满气体

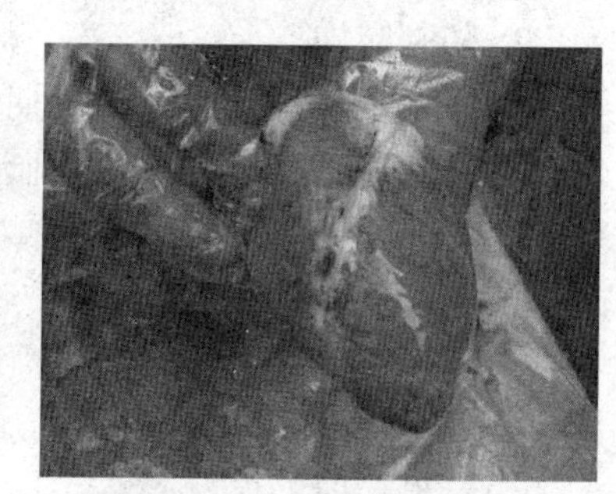

图 5-7　心外膜可见点状出血

（4）类症鉴别。羊快疫通常应与炭疽、羊肠毒血症和羊黑疫等类似疾病相鉴别。

1）羊快疫与羊炭疽的鉴别。羊快疫与羊炭疽的临床症状和病理变化较为相似，可通过病原学检查区别腐败梭菌和炭疽杆菌。此外，也可采集病料做炭疽沉淀试验进行区别诊断。

2）羊快疫与羊肠毒血症的鉴别。羊快疫与羊肠毒血症在临床表现上很相似，可通过以下几方面进行区别：羊快疫多发于秋冬和早春，多见于阴冷潮湿地区，诱因常为气候骤变，阴雨连绵，风雪交加，特别是在采食了冰冻带霜的草料时多发。羊肠毒血症在牧区多发于春夏之交和秋季，农区则多发于夏秋收割季节，羊采食过量谷类或青贮多汁及富含蛋白质的草料时。发生肠毒血症时病羊常有血糖和尿糖升高现象，羊快疫则无。

羊快疫有显著的真胃出血性炎症，肠毒血症则多见肾脏软化。羊快疫病例肝被膜触片可见无关节长丝状的腐败梭菌，肠毒血症病例肾脏等实质器官可检出D型魏氏梭菌。

3）羊快疫与羊黑疫的鉴别。羊黑疫的发生常与肝片吸虫病的流行有关。羊黑疫病真胃损害轻微，肝脏多见坏死灶。病原学检查，羊黑疫病例可检出诺维氏梭菌；羊快疫病例则可检出腐败梭菌，且可观察到腐败梭菌呈无关节长丝状的特征。

2. 防制措施

（1）常发病地区，每年定期接种“羊快疫、肠毒血症、猝死三联苗”或“羊快疫、肠毒血症、猝死、羔羊痢疾、黑疫五联苗”，羊不论大小，一律皮下或肌内注射5毫升，注苗后2周产生免疫力，保护期达半年。

（2）加强饲养管理，防止严寒袭击。有霜期早晨放牧不要过早，避免采食霜冻饲草。

（3）发病时及时隔离病羊，并将羊群转移至高燥牧地或草场，可收到减少或停止发病的效果。

（4）本病病程短促，往往来不及治疗。病程稍拖长者，可肌内注射青霉素，每次80万~100万单位，1日2次，连用2~3日；内服磺胺嘧啶，1次5~6克，连服3~4次；也可内服10%~20%石灰乳500~1 000毫升，连服1~2次。必要时可将10%安钠咖10毫升加于500~1 000毫升5%~10%葡萄糖溶液中，静脉滴注。

（二）羊猝疽

本病发生于成年绵羊，以1~2岁绵羊发病较多。常见于低洼、沼泽地区，多发生于冬、春季节，常呈地方流行性。以急性死亡、形成腹膜炎和溃疡性肠炎为特征。

1. 诊断要点

（1）流行特点。本病发生于成年羊，以1~2岁绵羊发病较多，特别是当饲料丰富时易感染，常见于低洼、沼泽地区，多发生于冬季，常呈地方性流行。本病经消化道感染，主要侵害绵

羊，也感染山羊。被 C 型荚膜梭菌污染的牧草、饲料和饮水都是传染源。病菌随着动物采食和饮水经口进入消化道，在肠道中生长繁殖并产生毒素，致使动物形成毒血症而死亡。不同年龄、品种、性别均可感染。但 6 个月至 2 岁的羊比其他年龄的羊发病率高。

（2）临床症状。感染发病的羊病程很短，一般为 3~6 小时，往往不见早期症状而死亡，有时可见突然无神，剧烈痉挛，侧身卧地，咬牙，眼球突出，惊厥而死。以腹膜炎、溃疡性肠炎和急性死亡为特征。

（3）病理变化。剖检可见十二指肠和空肠黏膜严重充血糜烂，个别区段可见大小不等的溃疡灶。体腔多有积液，暴露于空气中易形成纤维素絮块。浆膜上有小点出血。死后 8 小时，骨骼肌间积聚有血样液体，肌肉出血。

（4）实验室诊断。采集体腔渗出液、脾脏等病料进行细菌学检查；取小肠内容物进行毒素检验以确定菌型。

2. 防制　参照羊快疫的防制措施进行。

（三）羊肠毒血症

羊肠毒血症是魏氏梭菌（产气荚膜梭菌 D 型）在羊肠道内大量繁殖并产生毒素所引起的绵羊急性传染病。该病以发病急、死亡快、死后肾脏多见软化为特征，又称软肾病、类快疫。

1. 诊断要点

（1）流行病学。绵羊和山羊均可感染该病。D 型产气荚膜梭菌为土壤常在菌，也存在于污水中。羊只采食被病原菌芽孢污染的饲料或饮水后，芽孢便进入消化道，其中大部分被真胃里的酸杀死，一小部分进入肠道。本病发生有明显的季节性和条件性，多发于春末夏初青草萌发和秋季牧草结籽后的一段时期；羊吃了大量的菜叶菜根的时候发病，常见于 3~12 月龄膘情较好的羊。

（2）临床症状。本病的症状可见两种类型：一类以抽搐为特征，羊在倒毙前，四肢强烈划动，肌肉抽搐，眼球转动，磨牙，2~4 小时内死亡；另一类以昏迷和静静死亡为特征，可见病羊步态不稳，以后卧地，并有感觉过敏，流延，上下颌“咯咯”作响，继而昏迷，角膜反射消失，有的可见腹泻，3~4 小时内静静地死去。这两种类型在临诊症状上的差异是吸收毒素多少不一的结果。

(3) 病理变化。病变主要限于消化道、呼吸道和心血管系统。真胃内有未消化的饲料；肠道特别是小肠充血、出血（图 5-8），严重者整个肠段肠壁是血红色或有溃疡。肺脏出血、水肿。肾脏软化如泥样（图 5-9），一般认为是一种死后的变化。体腔积液，心脏扩张，心内、外膜有出血点。

图 5-8　羊肠毒血症小肠充血、出血

图 5-9　羊肠毒血症肾脏软化

2. 防制　参照羊快疫的防制措施进行。

(四) 羊黑疫

羊黑疫又名传染性坏死性肝炎，是由 B 型诺维氏梭菌引起的绵羊和山羊的一种急性高度致死性毒血症。本病的特征是肝实质的坏死病灶。

1. 诊断要点

(1) 流行病学。本菌能使 1 岁以上的绵羊感染，以 2~4 岁的绵羊发病最多。发病羊多为营养佳良的肥胖羊只，山羊也可感

染，牛偶可感染。实验动物中以豚鼠为最敏感，家兔、小鼠易感性较低。本病主要在春夏发生于肝片吸虫流行的低洼潮湿地区。

(2) 临床症状。本病在临床上与羊快疫、肠毒血症等极其类似。病程十分急促，绝大多数情况是未见有病而突然发生死亡。少数病例病程稍长，可拖延 1~2 天，但没有超过 3 天的。病畜掉群，不食，呼吸困难，体温 41.5℃左右，呈昏睡俯卧，并保持在这种状态下毫无痛苦地突然死去。

(3) 病理变化。病羊尸体皮下静脉显著充血，其皮肤呈暗黑色外观（黑疫之名即由此而来）。胸部皮下组织经常水肿。浆膜腔有液体渗出，暴露于空气易于凝固，液体常呈黄色，但腹腔液略带血色。左心室心内膜下常出血。真胃幽门部和小肠充血和出血。肝脏充血肿胀，从表面可看到或摸到有一个到多个凝固性坏死灶，坏死灶的界限清晰，灰黄色，半整圆形，周围常为一鲜红色的充血带围绕，坏死灶直径可达 2~3 厘米，切面成半圆形。羊黑疫肝脏的这种坏死变化是很有特征的，具有很大的诊断意义（图 5-10）。

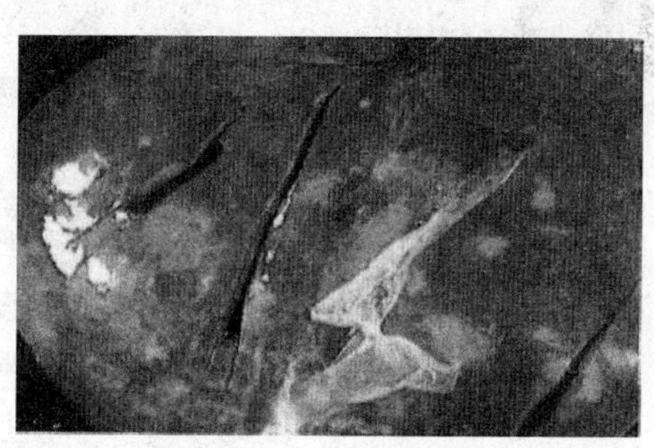

图 5-10 肝脏坏死羊黑疫

2. 防制 预防此病首先在于控制肝片吸虫的感染。特异性免疫可用黑疫、快疫二联苗或厌气菌七联干粉苗进行预防接种。

发生本病时，应将羊群移牧于高燥地区。对病羊可用血清抗体治疗。

(五) 羔羊痢疾

羔羊痢疾是由 B 型产气荚膜梭菌所引起的初生羊羔的一种急性毒血症。该病以剧烈腹泻、小肠发生溃疡和羔羊发生大批死亡为特征。

1. 诊断要点

(1) 流行病学。本病主要危害 7 日龄以内的羔羊，其中又以 2~3 日龄的发病最多，7 日龄以上的很少患病。促进羔羊痢疾发生的不良诱因主要有：母羊怀孕期营养不良，羔羊体质瘦弱；气候寒冷，特别是大风雪后，羔羊受冻；哺乳不当，羔羊饥饱不匀。因此，羔羊痢疾的发生和流行，就表现出一系列明显的规律性。草差而又没有搞好补饲的年份，羔羊痢疾常易发生；气候最冷和变化较大的月份，发病较严重；纯种细毛羊的适应性差，发病率和死亡率最高，杂种羊则介于纯种与土种羊之间，其中杂交代数越高者，发病率和病死率也越高。传染途径主要是通过消化道，也可通过脐带或创伤传染。

(2) 临床症状。自然感染的潜伏期为 1~2 天。病初精神委顿，低头拱背，不想吃奶。不久就发生腹泻，粪便恶臭，有的稠如面糊，有的稀薄如水。到了后期，有的还含有血液，直到成为血便。病羔逐渐虚弱，卧地不起，若不及时治疗，常在 1~2 天内死亡，只有少数较轻的，可能自愈。有的病羔，腹胀而不下痢，或只排少量稀粪（也可能带血或呈血便），其主要表现是神经临诊症状，四肢瘫软，卧地不起，呼吸急促，口吐白沫，最后昏迷，头向后仰，体温降至常温以下。病情严重，病程很短，若不加紧救治，常在数小时到十几个小时内死亡。

(3) 病理变化。尸体脱水现象严重。最显著的病例变化是在消化道。真胃内往往存在未消化的凝乳块。小肠（特别是回

肠）黏膜充血发红，常可见到多数直径为1～2毫米的溃疡，溃疡周围有一出血带环绕。有的肠内容物呈血色。肠系膜淋巴结肿胀、充血，间或出血。心包积液，心内膜有时有出血点。肠常有充血或淤血区域。

2. 防制 必须采取综合防治措施。首先须搞好怀孕母羊的饲养管理，特别要补饲营养较高的饲料，使羊在胎儿阶段发育良好，羔羊出生后要及时哺乳，注意饲料要合理搭配，营养全面，切实抓好圈舍清洁卫生，注意保暖防寒。于每年秋季给孕羊注射羔羊痢疾菌苗，在产前2～3周再给母羊接种1次。对于病羔和受威胁的病羔可用康复羊血清进行紧急治疗与预防，增强羔羊的免疫力，配合使用干扰素和头孢先锋效果更佳。

二、羊炭疽

炭疽病是由炭疽杆菌引起的一种急性、热性、败血性人畜共患传染病，常呈散发性或地方性流行，绵羊最易感染。病羊体内以及排泄物、分泌物中含有大量的炭疽杆菌。健康羊采食了被污染的饲料、饮水或通过皮肤损伤感染了炭疽杆菌，或吸入带有炭疽芽孢的灰尘，均可导致发病。

病原为炭疽杆菌。炭疽杆菌是一种粗而长的革兰氏阳性大杆菌，不运动。分类属芽孢杆菌科、芽孢杆菌属。本菌在形态上具有明显的双重性：在病料内，常单个散在，或几个菌体相连，呈短链条排列，菌体周围绕以肥厚的荚膜，整个菌体宛如竹节状，但不形成芽孢；在人工培养物内或自然界中，菌体呈长链状排列，两边接触端如刀切状，于适宜条件下可形成芽孢，位于菌体中央；芽孢具有很强的抵抗力，在干燥环境中能存活10年之久，煮沸需15～25分钟才能杀死，临床上常用20%漂白粉、0.5%过氧乙酸和10%氢氧化钠作为消毒剂。

（一）临床诊断

1. 流行特点 各种家畜及人对该病都有易感性，羊的易感性高。病羊是主要传染源，濒死病羊体内及其排泄物中常有大量菌体，若尸体处理不当，炭疽杆菌形成芽孢并污染土壤、水、牧地，则可成为长久的疫源地。羊吃了被污染的饲料或饮水而感染，也可经呼吸道和由吸血昆虫叮咬而感染。本病多发于夏季，呈散发或地方性流行。

2. 临床症状 多为最急性，突然发病，患羊昏迷，眩晕，摇摆，倒地，呼吸困难，结膜发绀，全身战栗，磨牙，口角流出血色泡沫，肛门流出血液，且不易凝固，数分钟即可死亡。羊病情缓和时，兴奋不安，行走摇摆，呼吸加快，心跳加速，黏膜发绀，后期全身痉挛，天然孔出血，数小时内即可死亡。

3. 病理变化 死后出现尸体迅速腐败而极度膨胀，天然孔流血，血液呈酱油色或煤焦油样，凝固不良，可视黏膜发绀或有点状出血，尸僵不全。对死于炭疽的羊，严禁解剖。

4. 类症鉴别 羊炭疽和羊快疫、羊肠毒血症、羊猝狙、羊黑疫在临床症状上相似，都是突然发病，病程短促，很快死亡，应注意鉴别诊断。其中羊快疫用病羊肝触片，亚甲蓝染色，镜检可发现竹节状链状的腐败梭菌。羊肠毒血症在病羊肾脏等实质器官内可见D型魏氏梭菌，在肠内容物中能检出魏氏梭菌。羊猝狙用病羊体内渗出液和脾脏抹片，可见C型魏氏梭菌，从小肠内容物中能检出魏氏梭菌β毒素。羊黑疫用病羊肝坏死灶涂片，可见两端钝圆、粗大的诺维氏梭菌。

（二）防制

发现病羊，立即将病羊和可疑肉羊进行隔离，迅速上报有关部门，尸体禁止解剖和食用，应就地掩埋；病死肉羊躺过的地面应除去表土15~20厘米，并于20%漂白粉混合深埋，环境严格消毒，污物用火焚烧，相关人员加强个人防护。

已确诊的患病肉羊，一般不予治疗，而应严格销毁。如果必须治疗时，应在严格隔离和防护条件下进行。可采用特异血清疗法结合药物治疗。病羊皮下或静脉注射抗炭疽血清 30~60 毫升，必要时于 12 小时后再注射 1 次，病初应用效果好。炭疽杆菌对青霉素、土霉素敏感。其中青霉素最为常用，剂量按每千克体重 15 万单位，每 8 小时肌内注射 1 次，直到体温下降后再继续注射 2~3 天。

有炭疽病例发生时，应及时隔离病羊，对污染的羊舍、用具及地面要彻底消毒，可用10%热氢氧化钠液或20%漂白粉连续消毒 3 次，间隔 1 小时。病羊群除去病羊后，全群应用抗菌药 3 天，有一定预防作用。

三、羊布鲁杆菌病

布鲁杆菌病是由布氏杆菌引起的人畜共患的慢性传染病。主要侵害生殖系统。羊感染后，以母羊发生流产和公羊发生睾丸炎为特征。本病分布很广，不仅感染各种家畜，而且易传染给人。

（一）诊断要点

由于发生流产的病因很多，而该病的流行特点、临床症状和病理变化均无明显的特征，同时隐性感染较多，因此，确诊要依靠实验室诊断。

1. 流行特点 母羊较公羊易感性高，性成熟后对本病极为易感。消化道是主要感染途径，也可经配种感染。羊群一旦感染此病，主要表现是孕羊流产，开始仅为少数，以后逐渐增多，严重时可达半数以上，多数病羊流产 1 次。

2. 临床症状 多数病例为隐性感染。怀孕羊发生流产是本病的主要症状，但不是必有的症状。流产多发生在怀孕后的 3~4 个月。有时患病羊发生关节炎和滑液囊炎而致跛行，公羊发生睾丸炎（图 5-11），少部分病羊发生角膜炎和支气管炎。

图 5-11 布鲁杆菌病公羊睾丸肿胀

3. 病理变化 病理变化剖检常见胎衣部分或全部呈黄色胶样浸润，其中有部分覆有纤维蛋白和脓液，胎衣增厚，并有出血点。流产胎儿主要为败血症病变，浆膜与黏膜有出血点与出血斑，皮下和肌肉间发生浆液性浸润，脾脏和淋巴结肿大，肝脏中出现坏死灶。公羊发生该病时，可发生化脓性坏死性睾丸炎和附睾炎，睾丸肿大，后期睾丸萎缩，失去配种能力，关节肿胀和不育。

（二）防制措施

1. 治疗 本病无治疗价值，一般不予治疗。但对价格昂贵的种羊，可在隔离条件下，用0.1%高锰酸钾溶液冲洗阴道和子宫，必要时用磺胺和抗生素治疗。

2. 预防措施

（1）最好进行自繁自养，不从疫区引进羊。引进羊时必须严格检疫。定期进行血清学检查，对阳性羊捕杀淘汰。

（2）疫区定期进行预防接种。

（3）发病后的防治措施。用试管凝集反应或平板凝集反应进行羊群检疫，发现呈阳性和可疑反应的羊均应及时隔离，以淘汰屠宰为宜，严禁与假定健康羊接触。

（4）必须对污染的用具和场所进行彻底消毒。流产胎儿、胎衣、羊水和产道分泌物应深埋。

（5）兽医、病畜管理人员、接羔员、屠宰加工人员要严守卫生防护制度，特别在产仔季节更要注意。最好在从事这些工作前1个月进行预防接种，且需年年进行。

四、羊破伤风

破伤风是一种急性中毒性传染病，多发生于新生羔羊，绵羊比山羊多见。其特征为全身或部分肌肉发生痉挛性收缩，表现出强硬状态。本病为散发，没有季节性，必须经创伤才能感染，特别是创面损伤复杂、创道深的创伤更易感染发病。

破伤风是由破伤风梭菌经伤口感染引起的急性、中毒性传染病。病菌侵入伤口以后，在局部大量繁殖，并产生毒素，危害神经系统。由于本菌为专性厌氧菌，故被土壤、粪便或腐败组织所封闭的伤口，最容易感染和发病。

破伤风梭菌产生破伤风痉挛毒素、溶血毒素及非痉挛性毒素，其中破伤风痉挛毒素引起该病特征性症状和刺激保护性抗体的产生。溶血毒素引起局部组织坏死，为该菌生长繁殖创造条件；静脉注射溶血毒素可引起实验动物溶血死亡。非痉挛毒素对神经末梢有麻痹作用。

（一）诊断

1. 流行特点　破伤风梭菌在自然界中广泛存在，肉羊经创伤感染破伤风梭菌后，如果创口内具备缺氧条件，病原在创口内生长繁殖产生毒素，作用于中枢神经系统而发病。常见于外伤、阉割和脐部感染。在临床上有不少病例往往找不出创伤，这种情况可能是在破伤风潜伏期中创伤已经愈合，也可能是经胃肠黏膜的损伤而感染。该病以散发形式出现。

2. 临床症状　病初症状不明显，以后表现为不能自由卧下或起立，四肢逐渐强直，运步困难，角弓反张，牙关紧闭，流涎，尾直，常发生轻度肠臌胀。突然的声响，可使骨骼肌发生痉挛，致使病羊倒地。发病后期，常因急性肠胃炎而引起腹泻。病死率很高。

3. 实验室诊断 有必要时，可从创伤感染部位取材，进行细菌分离和鉴定，结合动物实验进行诊断。

（二）防制

1. 治疗 可将病羊置于光线较暗的安静处，给予易消化的饲料和充足的饮水。彻底消除伤口内的坏死组织，用3%过氧化氢、1%高锰酸钾或5%~10%碘酊进行消毒处理。病初应用破伤风抗毒素5万~10万单位肌肉或静脉注射，以中和毒素；为了缓解肌肉痉挛，可用25%硫酸镁注射液10~20毫升肌内注射，并配合应用5%碳酸氢钠100毫升静脉注射。对长期不能采食的病羊，还应每天补糖、补液，当病羊牙关紧闭时，可用3%普鲁卡因5毫升和0.1%肾上腺素0.2~0.5毫升，混合注入咬肌。

2. 预防

（1）预防注射。破伤风类毒素是预防本病的有效生物制剂。羔羊的预防，以母羊妊娠后期注射破伤风类毒素较为适宜。

（2）创伤处理。羊身上任何部分发生创伤时，均应用碘酒或2%的红汞严格消毒，并应避免泥土及粪便侵入伤口。对一切手术伤口，包括剪毛伤、断尾伤及去角伤等，均应特别注意消毒。对感染创伤进行有效的防腐消毒处理。彻底排除脓汁、异物、坏死组织及痂皮等，并用消毒药物（3%过氧化氢、2%高锰酸钾或5%~10%碘酊）消毒创面，并结合青链霉素在创伤周围注射，以清除破伤风毒素来源。

（3）注射抗破伤风血清。早期应用抗破伤风血清（破伤风抗毒素）。可一次用足量（20万~80万单位），也可将总用量分2~3次注射，皮下、肌内或静脉注射均可；也可一半静脉注射，一半

肌内注射。抗破伤风血清在体内可保留2周。应注意在发生外伤时立即用碘酊消毒；阉割羊或处理羔羊脐带时，也要严格消毒。

五、羊放线菌病

放线菌病是牛羊和其他家畜及人的一种非接触传染的慢性病。其特征为局部组织增生与化脓，形成放线菌肿。皮下及皮下淋巴结呈现有脓性的结组织肿胀。本病为散发性，很少呈流行性。

（一）诊断

1. 流行病学诊断　放线菌病的病原不仅存在于污染的土壤、饲料和饮水中，还寄生于动物口腔、咽部黏膜、扁桃体和皮肤等部位，因此，黏膜或皮肤上只要有破损，便可以感染。该病一般为散发。

2. 临床症状　常见下颌骨肿大，肿胀发展缓慢，最初的症状是下唇和面部的其他部位增厚，经过几个月才在增厚的皮下组织中形成直径达5厘米左右、单个或多数的坚硬结节（图5-12），有时皮肤化脓破溃，形成瘘管。病羊不能采食，消瘦，衰弱。舌和咽部感染时，组织肿胀变硬，流涎，咀嚼困难。乳房患病时，是弥漫性肿大或有病灶性硬结。

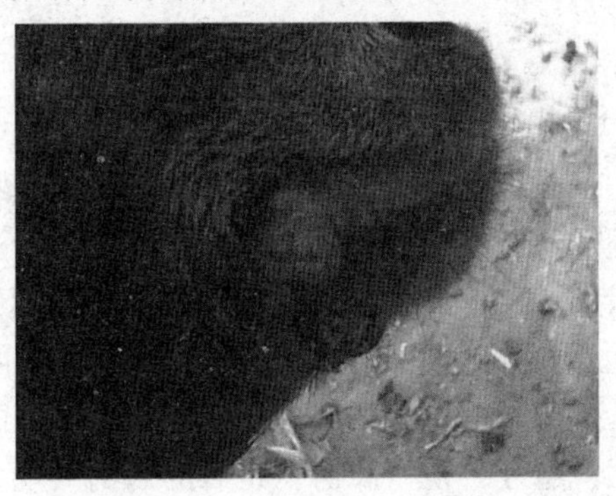

图5-12　羊放线菌口腔坚硬结节

（二）防制

羊放线菌病引起的硬结可用外科手术切除，若有瘘管形成，要连同漏管彻底切除。切除后的新创腔，用碘酊纱布填塞，1~2天更换1次；伤口周围注射10%碘化钠。内服碘化钾，每天1~3克，可连用2~4周；在用药过程中如出现肝中毒现象（脱毛、消瘦和食欲缺乏等），应暂停用药5~6天或减少剂量。抗生素治疗本病也有效，可同时用青霉素和链霉素注射于患部周围，青霉素每千克体重1万~1.5万单位，链霉素每千克体重10毫克，每天2次，连用5天为一疗程。

因为粗硬的饲料会损伤口腔黏膜，促进放线杆菌的侵入，所以为了预防羊放线菌病，必须将秸秆、谷糠或其他粗饲料浸软以后再喂。注意饲料及饮水卫生，避免到低湿地区放牧。

六、羔羊大肠杆菌病

羔羊大肠杆菌病是由致病性大肠杆菌所引起的一种幼羔急性、致死性传染病。临床上表现为腹泻和败血症。

（一）诊断

依据临床症状、病理变化和流行情况，可做出初步诊断，确诊须进行实验室诊断。

1. 流行特点　多发生于数日至6周龄的羔羊，有些地方3~8月龄的羊也有发生，呈地方性流行，也有散发的。该病的发生与气候不良、营养不足、场地潮湿污秽等有关。放牧季节很少发生，冬春舍饲期间常发。经消化道感染。

2. 临床症状　潜伏期1~2天。分为败血型和下痢型两型。

（1）败血型。多发生于2~6周龄羔羊。病羊体温41~42℃，精神沉郁，迅速虚脱，有轻微的腹泻或下腹疼，有的带有神经症状，运动失调、磨牙、视力障碍，也有的病例出现关节炎，多在病后4~12小时死亡。

(2) 下痢型。多发生于2~8日龄新生羔。病初体温略高，出现腹泻后体温下降，粪便呈半液状，带有气泡，有时混有血液。羔羊表现腹痛，虚弱，严重脱水，不能起立，如不及时治疗，可于24~36小时死亡，病死率15%~17%。

3. 病理变化 败血型者剖检胸、腹腔和心包见大量积液，内有纤维素样物；关节肿大，内含混浊液体或脓性絮片；脑膜充血，有许多小出血点。下痢型者为急性胃肠炎变化，胃内乳凝块发酵，肠黏膜充血、水肿和出血，肠内混有血液和气泡，肠系膜淋巴结肿胀，切面多汁或充血。

4. 实验室诊断 采取内脏组织、血液或肠内容物用麦糠或其他鉴别培养基划线分离，挑取可疑菌落转种三糖铁培养基培养后，反应符合大肠杆菌者，纯培养后进行生化鉴定和血清学鉴定，以确定血清型。有条件时可进行黏着素抗原检查和肠毒素检查。

5. 类症鉴别 B型魏氏梭菌也可引起初生羔下痢，应注意区别。在病羔濒死或刚死时，采取内脏和肠内容物作细菌分离培养，如分离出纯的B型魏氏梭菌时，具有鉴别诊断意义。

(二) 防制

对妊娠母羊加强饲养管理，保证新生羔羊健壮。注意对新生羔羊的护理。对病羔立即隔离，及早治疗。对环境用3%~5%来苏儿液消毒。

治疗可用土霉素按每日每千克体重20~50毫克，分2~3次口服；20%磺胺嘧啶钠，5~10毫升，肌内注射，每日2次，对新生羔羊可同时加胃蛋白酶200~300毫克内服；微生态制剂如促菌生等，使用此类制剂时，不可同时用抗菌药物。对脱水严重的病羊，静脉注射5%葡萄糖盐水20~100毫升。

七、羊钩端螺旋体病

钩端螺旋体病是由钩端螺旋体引起的人畜共患的一种自然疫

源性传染病。临床特征为黄疸、血色素尿、黏膜和皮肤坏死、短期发热和迅速衰竭。羊感染后多呈隐性经过。全年均可发病，以夏、秋放牧期间更为多见。

（一）诊断

1. 流行病学诊断 该病的易感动物范围广，包括各种家畜和野生动物，其中鼠类最易感。病畜和带菌动物是传染源，特别是带菌鼠在钩端螺旋体病的传播上起着重要的作用。病原从尿排出后，污染周围的水源和土壤，经皮肤、黏膜和消化道而感染。该病多发于夏、秋季节，气候温暖、潮湿和多雨地区尤为多发。

2. 临床症状 绵羊和山羊钩端螺旋体病的潜伏期为 4～15 天。依照病程不同，可将该病分为最急性、急性、亚急性、慢性和非典型性五种。通常均为急性或亚急性，很少呈慢性者。

（1）最急性病例体温升高到 40～41.5℃，脉搏增加达 90～100 次/分钟。呼吸加快，黏膜发黄色。尿呈红色，有下痢。经 12～14 小时而死亡。

（2）急性病例体温高达 40.5～41℃，由于胃肠道弛缓而发生便秘，尿呈暗红色。眼发生结膜炎，流泪。鼻腔流出黏液脓性或脓性分泌物，鼻孔周围的皮肤破裂。病期持续 5～10 天，死亡率达 50%～70%。

（3）亚急性病例症状与急性者大体相同，但病情发展比较缓慢。体温升高后，可迅速降到常温，也可能下降后又重复升高。黄疸及血色素尿很显著。耳部、躯干及乳头部的皮肤发生坏死。胃肠道显著弛缓，因而发生严重的便秘。虽然可能痊愈，但极为缓慢。死亡率为 24%～25%。

（4）慢性患病羊临床症状不显著，只是呈现发热及血尿。病羊食欲减退，精神委顿，由于肠胃弛缓而发生便秘。时间经久，表现十分消瘦。某些病羊可能获得痊愈，病期长达 3～5 个月。

（5）非典型性病例急性型所特有的症状不明显，甚至缺乏，疫群内往往有些羊仅仅表现短暂的体温升高。

3. 病理变化　尸体消瘦，可见黏膜湿润，呈深浅不同的黄色。皮下组织水肿而黄染。骨骼软弱而多汁，呈柠檬黄色。胸、腹腔内有黄色液体。肝脏增大，呈黄褐色，质脆弱或柔软。肾脏的病变具有诊断意义；肾剧烈增大，被膜很容易剥离，切面通常湿润，髓质与皮质的界限消失，组织柔软而脆。病期长久时，则肾脏变为坚硬。肺脏黄染，有时水肿，心脏淡红，大多数情况下带有淡黄色。膀胱黏膜出血。脑室中聚积有大量液体。血液稀薄如水，红细胞溶解，在空气中长时间不能凝固。

（二）防制

1. 治疗　一般认为链霉素和四环素族抗生素对本病有一定疗效。链霉素按每千克体重15~25毫克，肌内注射，1天2次，连用3~5天；土霉素按每千克体重10~20毫克，肌内注射，每天1次，连用3~5天。如使用青霉素，必须大剂量才有疗效。

2. 预防　经常注意环境卫生，做好灭鼠、排水工作。不许将病畜或可疑病羊（钩端螺旋体携带者）运入安全牧场、队。对新进入场的羊只，应隔离检疫30天，必要时进行血清学检查。

饮水为本病传播的主要方式，因此在隔离病羊以后，应将其他假定健康的羊转移到具有新饮水处的安全放牧地区。

彻底清除病羊舍的粪便及污物，用10%~20%生石灰水或2%苛性钠严格消毒。对于饲槽、水桶及其他日常用具，应用开水或热草木灰水处理，将粪便堆集起来，进行生物热消毒。

当羊群或牧场发生本病时，应当宣布为疫群或疫场，采取一定的限制措施。在最后一只病羊痊愈后30天，并进行预防消毒的情况下，才可解除限制措施。

在常发病地区，应该有计划地进行死菌苗或鸡胚化菌苗或多价浓缩菌苗注射。免疫期可达一年。

八、绵羊巴氏杆菌病

巴氏杆菌病主要是由多杀性巴氏杆菌所引起的各种家畜、家禽和野生动物的一种传染病，绵羊主要表现为败血症和肺炎。本病分布广泛。主要发生于断奶羔羊，也发生于1岁左右的绵羊，山羊较少见。本病在冬末春初呈散发或地方性流行，应激因素对其发生影响很大。

多杀性巴氏杆菌抵抗力不强，对干燥、热和阳光敏感，用一般消毒剂在数分钟内可将其杀死。本菌对链霉素、青霉素、四环素以及磺胺类药物敏感。

（一）诊断

1. 流行病学诊断 多种动物对多杀性巴氏杆菌都有易感性。绵羊多发于幼龄羊和羔羊；山羊不易感染。病羊和健康带菌羊是传染源。病原随分泌物和排泄物排出体外，经呼吸道、消化道及损伤的皮肤而感染。带菌羊在受寒、长途运输、饲养管理不当抵抗力下降时，可发生自体内源性感染。

2. 临床症状 按病程长短可分为最急性、急性和慢性3种。

（1）最急性。多见于哺乳羔羊，突然发病，出现寒战、虚弱、呼吸困难等症状，于数分钟至数小时内死亡。

（2）急性。精神沉郁，体温升高到41~42℃，咳嗽，鼻孔常有出血，有的混于黏性分泌物中。初期便秘，后期腹泻，有时粪便全部变为血水。病羊常在严重腹泻后虚脱而死，病期2~5天。

（3）慢性。病程可达3周。病羊消瘦，不思饮食，流黏脓性体液，咳嗽，呼吸困难。有时颈部和胸下部发生水肿。有角膜炎，腹泻；临死前极度衰弱，体温下降。

3. 病理变化 剖检一般在皮下有液体浸润和小点状出血，胸腔内有黄色渗出物，肺有淤血、小点状出血和肝样变，偶见有黄豆至胡桃大的化脓灶，胃肠道出血性炎症，其他脏器呈水肿和

淤血，且有小点状出血，但脾脏不肿大。病期较长者机体消瘦，皮下胶样浸润，常见纤维性胸膜肺炎，肝有坏死灶。

（二）防制

发现病羊和可疑病羊立即隔离治疗。庆大霉素、四环素以及磺胺类药物都有良好的治疗效果。庆大霉素按每千克体重 1 000~1 500 单位，四环素每千克体重 5~10 毫克，20%磺胺嘧啶 5~10 毫升，均肌内注射，每天 2 次。或使用复方新诺明或复方磺胺嘧啶，口服，每次每千克体重 25~30 毫克，每天 2 次。直到体温下降，食欲恢复为止。预防本病平时应注意饲养管理，避免羊受寒。发生本病后，羊舍用 5%漂白粉或 10%石灰乳彻底消毒；必要时用高免血清或疫苗给羊作紧急免疫接种。

九、羊链球菌病

羊链球菌病是严重危害山羊、绵羊的疫病，它是由溶血性链球菌引起的一种急性热性传染病，多发于冬春寒冷季节（每年 11 月至翌年 4 月）。本病主要通过消化道和呼吸道传染，其临床特征主要是下颌淋巴结与咽喉肿胀。链球菌最易侵害是绵羊，山羊也很容易感染，多在羊只体况比较弱的冬春季节呈现地方性流行，老疫区一般为散发，临床上表现的特征为发热，下颌和咽喉部肿胀，胆囊肿大和纤维素性肺炎。

（一）诊断

1. 流行病学诊断　本病主要发生于绵羊，绵羊易感性高，山羊次之；实验动物以家兔最为敏感，小鼠和鸽也具有易感性。病羊和带菌羊是本病的主要传染源，通常经呼吸道排出病原体。自然感染主要通过呼吸道途径，也可通过损伤的皮肤、黏膜以及羊虱蝇等吸血昆虫叮咬传播。病死羊的肉、骨、皮、毛等可散播病原，在本病传播中具有重要作用。新发病区常是流行性发生，老疫区则呈地方性流行或散发性流行。本病一般于冬、春季节气候寒冷、草质不良时多发。

2. 临床症状 人工感染的潜伏期为3~10天。病羊体温升高至41℃，呼吸困难，精神不振，食欲低下，反刍停止。眼结膜充血，流泪，常见流出脓性分泌物；口流涎水，并混有泡沫；鼻孔流出浆液性、脓性分泌物。咽喉肿胀，颌下淋巴结肿大，部分病例舌体肿大。粪便松软，带有黏液或血液。有些病例可见眼睑、口唇、面颊以及乳房部位肿胀。怀孕羊可发生流产。病羊死前常有磨牙、呻吟和抽搐现象。病程一般2~5天。急性病例呼吸困难，24小时内死亡。一般情况下2~3天死亡。

3. 病理变化 病理变化主要以败血性变化为主。尸僵不显著或者不明显。淋巴结出血、肿大。鼻、咽喉、气管黏膜出血。肺脏水肿、气肿，肺实质出血、肝变，呈大叶性肺炎，有时可见有坏死灶；肺脏常与胸腔壁粘连。肝脏肿大，表面有少量出血点；胆囊肿大2~4倍，胆汁外渗。肾脏质地变脆、变软，肿胀、梗死，被膜不易剥离。各脏器浆膜面常覆盖有黏稠、丝状的纤维素样物质。

4. 类症鉴别 羊链球菌病应与炭疽、巴氏杆菌病以及羊快疫类疾病进行区别。

（1）羊链球菌病与羊炭疽的鉴别。炭疽患病羊无咽喉炎、肺炎症状，唇、舌、面颊、眼睑及乳房等部位无肿胀，眼角不流浆性、脓性分泌物；各脏器特别是肺浆膜面无丝状黏稠的纤维素样物质。此外，羊链球菌病病原为链球菌，羊炭疽病病原为炭疽杆菌，病原形态有差别；炭疽沉淀试验，羊链球菌病应为阴性，而炭疽则为阳性。

（2）羊链球菌病与羊快疫类疾病的鉴别。羊快疫类疾病患病羊无高热以及全身广泛出血变化。羊快疫类疾病由病原梭菌引起，羊链球菌病病原为链球菌，病料染色镜检病原大小、形态有区别。

（3）羊链球菌病与羊巴氏杆菌病的鉴别。羊链球菌病与巴氏杆菌病在临床症状和病理变化上很相似，常通过细菌学检查做出鉴别诊断。羊巴氏杆菌病由多杀性巴氏杆菌引起，巴氏杆菌为革兰氏阴性、具有两极染色特性的细小杆菌；快疫链球菌为革兰氏阳性的球菌。

（二）防制

（1）改善放牧管理条件，保暖防风，防冻，防拥挤，防病原传入。

（2）定期消灭羊体内外寄生虫。

（3）做好羊圈及场地、用具的消毒工作。入冬前，用链球菌氢氧化铝甲醛菌苗进行预防注射，羊不分大小，一律皮下注射3毫升，3月龄内羔羊14~21天后再免疫注射1次。

（4）发病后，对病羊和可疑羊要分别隔离治疗，场地、器具等用10%的石灰乳或3%的来苏儿严格消毒，羊粪及污物等堆积发酵，病死羊进行无害化处理。

（5）每只病羊用青霉素30万~60万单位肌内注射，每天1次，连用3天。肌内注射10毫升10%的磺胺噻唑，每天1次，连用3天。也可用磺胺嘧啶或氯苯磺胺4~8克灌服，每天2次，连用3天。

（6）高热者每只用30%安乃近3毫升肌内注射，病情严重食欲废绝的给予强心补液，5%葡萄糖盐水500毫升，安钠咖5毫升，维生素C 5毫升，地塞米松10毫升静脉滴注，每天2次，连用3天。

（7）加强饲养管理，做好抓膘、保膘及保暖防风、防冻、防拥挤。做好羊圈及场地、用具的消毒工作。在流行地区给每只健康羊注射抗羊链球菌血清或青霉素等抗生素有一定的效果。

（8）未发病地区勿从疫区引入种羊、购进羊肉或皮毛产品，加强防疫检疫工作。

十、羊传染性胸膜肺炎

羊传染性胸膜肺炎又称羊支原体性肺炎，是由支原体引起的羊的一种高度接触性传染病。本病以发热，咳嗽，浆液性和纤维蛋白性肺炎以及胸膜炎为特征。

（一）诊断

1. 流行特点 病羊是主要的传染源，其病肺组织和胸腔渗出液中含有大量病原体，主要经呼吸道分泌物排菌。耐过病羊肺组织内的病原体在相当时期内具有生活力，这种羊也有散播病原的危险性。

本病常呈地方流行性，接触传染性很强，主要通过空气中飞沫经呼吸道传染。寒冷潮湿、羊群密集、拥挤等因素，有利于空气、飞沫发生。冬季和早春枯草季节多发。发病后病死率也较高。新疫情的爆发，几乎都是由于引进或迁入病羊或带菌羊而引起的。

2. 临床症状 潜伏期短者5~6天，长者3~4周，平均18~20天。根据病程和临床症状，可分为最急性、急性和慢性三型。

（1）最急性。病初体温增高，可达41~42℃，极度委顿，食欲废绝，呼吸急促而有痛苦的鸣叫。数小时后出现肺炎症状，呼吸困难，咳嗽，并流浆液带血鼻液，12~36小时渗出液充满病肺并进入胸腔，病羊卧地不起，四肢直伸，呼吸极度困难，每次呼吸则全身颤动；黏膜高度充血，发绀；目光呆滞，呻吟哀鸣，不久窒息而亡。病程一般不超过4~5天，有的仅12~24小时。

（2）急性。最常见。病初体温升高，继之出现短而湿的咳嗽，伴有浆性鼻漏。4~5天后，咳嗽变干而痛苦，鼻液转为黏液-脓性并呈铁锈色，高热稽留不退，食欲锐减，呼吸困难并痛苦呻吟，眼睑肿胀，流泪，眼有黏液-脓性分泌物。口半开张，流泡沫状唾液。头颈伸直，腰背拱起，腹肋紧缩，最后病羊倒卧，极度衰弱委顿，有的发生臌胀和腹泻，甚至口腔中发生溃

疡，唇、乳房等部皮肤发疹，濒死前体温降至常温以下，病期多为7~15天，有的可达1个月。幸而不死的转为慢性。孕羊大批（70%~80%）发生流产。

（3）慢性。多见于夏季。全身症状轻微，体温降至40℃左右。病羊间有咳嗽和腹泻，鼻涕时有时无，身体衰弱，被毛粗乱无光。在此期间，如饲养管理不良，与急性病例接触或机体抵抗力由于种种原因而降低时，很容易复发或出现并发症而迅速死亡。

3. 病理变化　病变多局限于胸部和胸腔常有淡黄色积液，暴露于空气后其中的纤维蛋白易于凝固。病理损害多发生于一侧，常呈纤维蛋白性肺炎，或为两侧性肺炎；肺实质肝变，切面呈大理石样变化；肺小叶间质变宽，界线明显；血管内常有血栓形成。胸膜增厚而粗糙，常与胸膜、心包膜发生粘连。支气管淋巴结、纵隔淋巴结肿大，切面多汁并有出血点。心包积液，心肌松弛、变软。肝脏、脾脏肿大，胆囊肿胀。肾脏肿大，被膜下可见有小点出血。病程久者，肺肝样病变，结构组织增生，甚至有包囊化的坏死灶（图5-13、图5-14）。

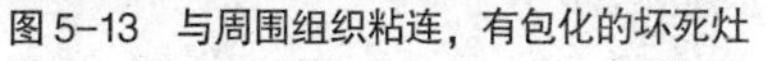

图5-13　与周围组织粘连，有包化的坏死灶

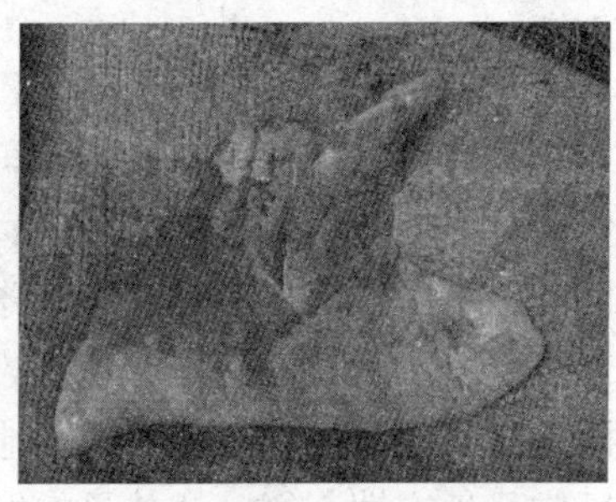

图5-14　肺部分实质肝变

4. 类症鉴别　本病应与巴氏杆菌病进行区别。在临床症状和病理变化上，羊支原体性肺炎和羊巴氏杆菌病很相似，但病料染色镜检，羊支原体性肺炎通常观察到较为细小的多形性菌体，

而羊巴氏杆菌病则可检出两极着色的卵圆状杆菌；病料接种家兔和小鼠进行动物感染试验，羊支原体性肺炎的病料不引起发病，而巴氏杆菌病的病料则引起动物死亡。

（二）防制

（1）坚持自繁自养，勿从疫区引进羊只；加强饲养管理，增强羊的体质；对从外地引进的羊，严格隔离，检疫无病后方可混群饲养。

（2）本病流行区坚持免疫接种。山羊传染性胸膜肺炎氢氧化铝灭活疫苗，半岁以下羊只皮下或肌内接种 3 毫升，半岁以上羊接种 5 毫升；如当地羊群疾病系由于羊肺炎支原体所引起，可使用新近研制成的绵羊肺炎支原体灭活疫苗。

（3）羊群发病，及时进行封锁、隔离和治疗。对被污染的场地、圈舍、饲管用具以及粪便、病死羊的尸体等进行彻底消毒或无害处理。

（4）治疗可选用土霉素，每日每千克体重 20~50 毫克，分 2~3次服完。也可使用磺胺类药物如复方新诺明等进行治疗。

十一、羊腐蹄病

腐蹄病也叫蹄间腐烂或趾间腐烂，秋季易发病，是羊、牛、猪、马都能够发生的一种传染病，羊腐蹄病有传染性和非传染性两类，是由坏死杆菌侵入羊蹄缝内，造成蹄质变软、烂伤流出脓性分泌物。其特征是局部组织发炎、坏死。因为病常侵害蹄部，因而称腐蹄病。此病在我国各地都有发生，尤其在西北的广大牧区常呈地方性流行，对羊只的发展危害很大。

（一）临床症状

患腐蹄病的牛羊食欲降低，精神不振，喜卧，走路跛。初期轻度跛行，趾间皮肤充血、发炎、轻微肿胀，触诊病蹄敏感。病蹄有恶臭分泌物和坏死组织，蹄底部有小孔或大洞。用刀切削扩

创，蹄底的小孔或大洞中有污黑臭水迅速流出。趾间也常能找到溃疡面，上面覆盖着恶臭物，蹄壳腐烂变形，牛羊卧地不起，病情严重的体温上升，甚至蹄匣脱落，还可能引起全身性败血症。

病初轻度跛行，多为一肢患病。随着疾病的发展，跛行变为严重。如果两前肢患病，病羊往往爬行；后肢患病时，常见病肢伸到腹下。进行蹄部检查时，初期见蹄间隙、蹄匣和蹄冠红肿、发热，有疼痛反应，以后溃烂（图 5-15），挤压时有恶臭的脓液流出。更严重的病例，引起蹄部深层组织坏死，蹄匣脱落，病羊常跪下采食。

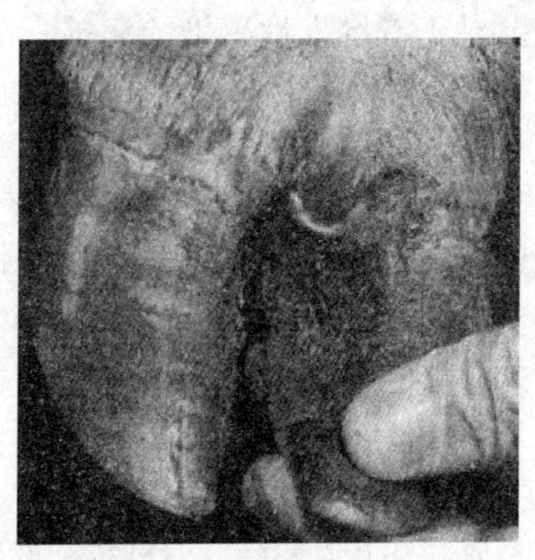

图 5-15　羊腐蹄病蹄间溃烂

有时在绵羊羔引起坏死性口炎，可见鼻、唇、舌、口腔甚至眼部发生结节、水疱，以后变成棕色痂块。有时由于脐带消毒不严，可以发生坏死性脐炎。在极少数情况下，可以引起肝炎或阴唇炎。

病程比较缓慢，多数病羊跛行达数十天甚至数月。由于影响采食，病羊逐渐消瘦。如不及时治疗，可能因为继发感染而造成死亡。

（二）防制

1. 治疗　首先进行隔离，保持环境干燥。然后根据疾病发展情况，采取适当治疗措施。

（1）除去患部坏死组织，到出现干净创面时，用食醋、4%醋酸、1%高锰酸钾、3%来苏儿或双氧水冲洗，再用10%硫酸铜或6%福尔马林进行浴蹄。如为大批发生，可每日用10%龙胆紫或松馏油涂抹患部。

（2）若脓肿部分未破，应先切开排脓，然后用1%高锰酸钾冲洗。冲洗干净后，用青霉素粉剂塞蹄叉内，用纱布包扎24小时后，解除包扎。对于有继发性感染的病羊，在局部用药的同时，应全身用磺胺类药物或抗生素，其中以注射磺胺嘧啶效果最好。

2. 预防

（1）消除致病因素。加强羊蹄护理，经常修蹄，避免用尖硬多荆棘的饲料，及时处理蹄部外伤；注意圈舍卫生，保持清洁干燥，羊群不可过度拥挤；尽量避免或减少在低洼、潮湿的地区放牧。

（2）隔离预防。当羊群中发现本病时，应及时进行全群检查，将病羊全部隔离开并及时治疗。对健羊全部用30%硫酸铜或10%福尔马林进行预防性浴蹄。对圈舍要彻底清扫消毒，铲除表层土壤，换成新土。对粪便、坏死组织及被污染垫草进行彻底焚烧处理。

十二、羊传染性结膜角膜炎

羊传染性角膜结膜炎又称红眼病，是由多种病原引起的羊眼角膜、结膜发炎的一种传染病。其特征是传染快，眼明显发炎，大量流泪，严重时发生角膜混浊甚至溃疡、失明。本病常发于温度较高、蚊蝇较多的夏秋高温季节和空气流通不畅、氨气浓度较

高的环境。

本病广泛分布于世界各地，属常见多发病，虽不会致死性传染，但大量病羊视觉障碍，对养羊业造成一定经济损失。

（1）流行特点。牛、羊、骆驼等均能感染发病。不同年龄和性别的羊易感性均较强，甚至出生数日的羔羊也能出现典型症状。因为本病的病原可能有宿主专一性，牛和羊之间一般不能交互感染。

患病羊和带菌羊是主要传染源，病原体存在于眼结膜以及分泌物中，在被感染动物的眼、鼻分泌物、呼吸道黏膜中可存在数月。

本病的传播途径还不十分清楚。主要是直接或密切接触传染，蝇类和一些飞蛾也能机械地传播本病。

本病的季节性不强，一年四季都有流行，但春、秋发病较多，一旦发病，1 周之内可迅速波及全群，甚至呈流行性或地方流行性。刮风、尘土、厩舍狭小和空气污浊等因素有利于本病的发生和传播。

2. 临床症状　本病潜伏期 3 ~ 7 天。患羊一般无全身症状，少见发热。病初羊患眼羞明、流泪，眼睑肿胀、疼痛，稍后角膜凸起，血管充血，结膜和瞬膜红肿，或在角膜上生成白色或灰色小点。严重者角膜增厚，形成角膜瘢痕及角膜翳（图 5–16），甚至发生溃疡。有时发生眼前房积脓或角膜破裂、晶体脱落。多数病例病初为一侧眼发病，后双眼发病。本病病程一般为 20 ~ 30 天。当眼球化脓时，患羊体温可能升高，其食欲减退，精神沉郁，产乳量下降。多数病例可痊愈，但往往发生角膜云翳、角膜白斑甚至失明。放牧时病羊由于双目失明而觅食困难，其行动不便，并有滚坡摔伤、摔死情况出现。合并有衣原体感染的，有时可见关节炎、跛行等症状，患羊瞬膜和结膜上形成直径 1 ~ 10 毫米的淋巴样滤疱。

图 5-16　角膜炎形成角膜翳

3. 病理变化　可见结膜水肿、充血、出血。角膜增厚，或凹陷或隆起，呈白斑状或白色混浊。有时可见角膜瘢痕、角膜翳或溃疡。有的眼球组织受到侵害，眼前房积脓或角膜破裂、晶体脱落，形成永久性失明。结膜固有层纤维组织明显充血、水肿和有炎性细胞浸润，纤维组织疏松，呈海绵状，上皮变性、坏死或不同程度脱落。角膜有明显炎症和组织变性。结膜组织含多量淋巴细胞，上皮样细胞之间有中性白细胞。角膜的组织变化表现为上皮增生，固有层弥漫性变性，有些病例的固有层胶原纤维增生和纤维化。应注意羊传染性角膜结膜炎与维生素 A 缺乏症的区别。维生素 A 缺乏症主要发生于冬、春季节或舍饲羊，患羊多出现夜盲症及消化不良等症状。

（二）防制

首先应隔离病羊，以防扩大传染。其次应将病羊放在黑暗处，避免光线刺激，使羊得到足够的休息，以加速其恢复。此病在羊群中的流行是偶发现象，常常是经过一次大流行之后，多少年并不发生，因此菌苗接种的时间很难掌握。而且一旦羊群中发现此病，其传染非常迅速，当时亦无法依靠菌苗接种来预防扩大

传染。

用2%~5%的硼酸水或淡盐水或0.01%呋喃西林洗眼，擦干后可选用红霉素、四环素或2%可的松等眼膏点眼。也可用青霉素加地塞米松2毫升、0.1%肾上腺素1毫升混合点眼2~3次/天。出现角膜混浊或白内障的，可滴入拨云散；或青霉素50万单位加病羊全血10毫升，眼睑皮下注射；或用50万单位链霉素溶液5毫升于眶上孔注射，2天1次。

无论使用哪种方法治疗，都要连续使用，直到角膜透亮为止。只要治疗及时，绝大多数病羊可以在1~2周内康复。如果不及时治疗，有可能引起角膜溃疡，甚至造成永久失明。

第三节　常见普通病的防制技术

一、口炎

羊口炎是羊的口腔黏膜表层和深层组织的炎症。原发性口炎多由外伤引起；继发性口炎则多发生于羊患口疮、口蹄疫、羊痘、霉菌性口炎、过敏反应和羔羊营养不良时。

病羊表现食欲减退，口内流涎，咀嚼缓慢，欲吃而不敢吃，当继发细菌时有口臭。卡他性口炎，病羊表现口黏膜发红、充血、肿胀、疼痛，特别在唇内、齿龈、颊部明显；水疱性口炎，病羊的上下唇内有很多大小不等的充满透明或黄色液体的水疱；溃疡性口炎，在黏膜上出现有溃疡性病灶，口内恶臭，体温升高。上述各类型口炎可以单独出现，也可相继或交错发生。在临床上以卡他性（黏膜的表层）口炎较为多见。继发性口炎常伴有关疾病的其他症状。

预防羊口炎，要加强管理，防止外伤性原发口炎，传染病并

发口炎，应隔离消毒。饲槽、饲草可用2%的碱水刷洗消毒。

羊得了口炎，应喂给柔软富含营养易消化的草料，并补喂牛奶、羊奶；轻度口炎的病羊可选用0.1%高锰酸钾、0.1%雷夫奴尔水溶液、3%硼酸水、10%浓盐水、2%明矾水等反复冲洗口腔，洗毕后涂碘甘油，每天1~2次，直至痊愈为止；口腔黏膜溃疡时，可用5%碘酊、碘甘油、龙胆紫溶液、磺胺软膏、四环素软膏等涂拭患部；病羊体温升高，继发细菌感染时，可用青霉素40万~80万单位，链霉素100万单位，肌内注射，每天2次，连用2~3天；或服用或注射磺胺类药物。

二、羊谷物酸中毒

谷物酸中毒是因羊采食或偷食谷物饲料过多，从而引起瘤胃内产生乳酸的异常发酵，使瘤胃内微生物增多和纤毛虫生理活性降低的一种消化不良疾病。

多因管理不当，羊偷吃或过食了大量的富含碳水化合物的谷物如大麦、小麦、玉米、高粱、水稻或谷皮和豆粕等精料饲料而引起。

通常在过食谷物饲料后4~6小时内发病，呈急性消化不良，表现精神沉郁、腹胀、喜卧，亦见有腹泻，很快死亡。

一般症状为食欲减退、反刍减少，很快废绝，瘤胃蠕动变弱，很快停止。触诊瘤胃胀软，内容物为液体。体温正常或升高，心律和呼吸增数，眼球下陷，血液黏稠，皮肤丧失弹性，尽量减少，常伴有瘤胃炎和蹄叶炎。

防制羊谷物酸中毒，首先要加强饲养管理，严防羊偷食谷物饲料及突然增加浓厚精饲料的喂量，应控制喂量，做到逐步增加，使之适应。

其次要中和胃液酸度，用5%碳酸氢钠1 500毫升胃管洗胃，或用石灰水洗胃。石灰水制作：生石灰1千克，加水5升，搅拌

均匀，沉淀后用上清液。

对病羊进行强心补液，可用5%葡萄糖盐水500~1 000毫升，10%樟脑磺酸钠5毫升，混合静脉注射。

健胃轻泻用大黄苏打片15片、陈皮酊10毫升、豆蔻酊5毫升、液状石蜡100毫升，混合加水，1次内服。

三、羊食管阻塞

食管阻塞又称食管梗阻，指食物或异物突然阻塞在食管内，发生吞咽障碍。本病按发病的程度和部位分完全阻塞和不完全阻塞以及咽部、颈部、胸部阻塞。

本病主要是由于羊抢食、贪食一大口食物或异物，又未经咀嚼便囫囵吞下所致，或在垃圾堆附近放牧，羊采食了菜根、萝卜、塑料袋、地膜等阻塞性食物或异物而引起。继发性阻塞见于异嗜癖（营养缺乏症）、食管狭窄、扩张、憩室、麻痹、痉挛及炎症等病程中。

本病发病急速，采食顿然停止，仰头缩颈，极度不安，口和鼻流出白沫，用胃导管探诊，胃管不能通过阻塞部。因反刍、嗳气受阻，常继发瘤胃臌气。诊断依据胃管探诊和X射线检查可以确诊。若阻塞物部位在颈部，可用手外部触诊摸到。

应采取紧急措施，排除阻塞物。治疗过程中应滑润食管的管腔，解除痉挛，消除阻塞物。治疗中若继发臌气，可施行瘤胃放气术，以防窒息。可采用：①吸取法。若阻塞物属草料团，可将羊保定好，送入胃管，用橡皮球吸水，注入胃管中，再吸出，反复冲洗阻塞食团，直至食管通畅。②送入法。若阻塞物体积不大、阻塞在贲门部，应先用胃管投入10毫升液状石蜡及2%普鲁卡因10毫升，滑润解痉，再用胃管送入瘤胃中。③砸碎法。若阻塞部位在颈部，阻塞物易碎，可将羊放倒于地，贴地面部垫上布鞋底，用拳头或木棰打击，击碎阻塞物。

四、羊前胃弛缓

羊前胃弛缓是前胃兴奋性和收缩力降低的疾病。主要是羊体质衰弱，再加上长期饲喂粗硬难以消化的饲草；突然更换饲养方法，供给精料过多，运动不足等；饲料品质不良，霉败，冰冻，虫蛀，染毒；长期饲喂单调、缺乏纤维素的饲料。此外，瘤胃膨气、瘤胃积食、肠炎以及其他内、外、产科疾病等，亦可继发此病。

1. 分类 该病常见有急性和慢性两种。

（1）急性。病羊食欲废绝，反刍停止，瘤胃蠕动力量减弱或停止；瘤胃内容物腐败发酵，产生多量气体，左腹增大，触诊不坚实。

（2）慢性。病羊精神沉郁、倦怠无力，喜欢卧地，被毛粗乱，体温、呼吸、脉搏无变化，食欲减退，反刍缓慢，瘤胃蠕动力量减弱，次数减少。若因采食有毒植物或刺激性饲料而引起发病的，则瘤胃和皱胃敏感性增高，触诊有疼痛反应，有的羊体温升高。如伴有胃肠炎时，肠蠕动显著增加，下痢，或便秘与下痢交替发生。若为继发性前胃弛缓，常伴有原发性疾病的特征症状。因此，诊疗中要加以鉴别。

2. 防制

（1）消除病因。加强饲养管理，因过食引起者，可采用饥饿疗法，禁食 2~3 次，然后供给易消化的饲料，使之恢复正常。

（2）药物疗法。应先投给泻剂，清理胃肠，再投给兴奋瘤胃蠕动和防腐止酵剂。成年羊可用硫酸镁或人工盐 20~30 克、液状石蜡 100~200 毫升、番木鳖酊 2 毫升、大黄酊 10 毫升，加水 500 毫升，1 次内服。10%氯化钠 20 毫升、10%氯化钙 10 毫升、10%安钠咖 2 毫升，混合后，1 次静脉注射。也可用酵母粉 10 克、红糖 10 克、乙醇 10 毫升、陈皮酊 5 毫升，混合加水适

量，1次内服。瘤胃兴奋剂可用2%毛果芸香碱1毫升，皮下注射。防止酸中毒，可内服碳酸氢钠10~15克。另外可用大蒜酊20毫升、龙胆末10克，加水适量，1次内服。

五、羊瘤胃积食

瘤胃积食是瘤胃充满多量食物，使正常胃的容积增大，胃壁急性扩张，食糜滞留在瘤胃引起严重消化不良的疾病。

该病主要是吃了过多的喜爱采食的饲料，如苜蓿、青饲、豆科牧草；或养分不足的粗饲料，如干玉米秸秆等；采食干料，饮水不足，也可引起该病的发生。

该病还可继发于前胃弛缓、瓣胃阻塞、创伤性网胃炎、腹膜炎、皱胃炎及皱胃阻塞等疾病过程。

发病较快，采食、反刍停止，病初不断嗳气，随后嗳气停止，腹痛摇尾，或后蹄踏地，拱背，咩叫。后期病羊精神萎靡。左侧腹部轻度膨大，腰窝略平或稍凸出，触诊硬实。瘤胃蠕动初期增强，以后减弱或停止，呼吸促迫，脉搏增速，黏膜发绀。严重者可见脱水，发生自体酸中毒和胃肠炎。

处置羊的瘤胃积食，要严格饲养管理制度，加强对羊群检查，建立合理的饲喂和放牧操作程序。治疗应遵循消导下泻，止酵防腐，纠正酸中毒，健胃，补充液体的治疗原则。

（1）消导下泻。可用液状石蜡100毫升、人工盐或硫酸镁50克，芳香氨酯10毫升，加水500毫升，1次内服。

（2）止酵防腐。可用鱼石脂1~3克、陈皮酊20毫升，加水250毫升，1次内服。

（3）纠正酸中毒。可用5%碳酸氢钠100毫升，5%葡萄糖溶液200毫升，1次静脉注射。

（4）心脏衰弱时，可用10%安钠咖注射液5毫升，或10%樟脑磺酸钠注射液4毫升，肌内注射。呼吸系统和血液循环系统衰竭时，可用尼可刹米注射液 2 毫升，肌内注射。

种羊发生急性瘤胃积食，若应用药物治疗不能达到目的时，宜迅速进行瘤胃切开手术，进行急救。

六、羊瓣胃阻塞

瓣胃阻塞是由于羊瓣胃的收缩力量减弱，食物排出作用不充分，通过瓣胃的食糜积聚，不能后移，充满瓣叶之间，水分被吸收，内容物变干而致病。

该病主要由于饮水不足和饲喂秕糠、粗纤维饲料而引起；或饲料和饮水中混有过多的泥沙，使泥沙混入食糜，沉积于瓣胃瓣叶之间而发病。

本病可继发于前胃弛缓、瘤胃积食、皱胃阻塞、瓣胃和皱胃与腹膜粘连等疾病。

病羊初期症状与前胃弛缓相似，瘤胃蠕动力量减弱，瓣胃蠕动消失，并可继发瘤胃臌气和瘤胃积食。触压病羊右侧第 7~9 肋间，肩胛关节水平线上下时，羊表现疼痛不安。粪便干少，色泽暗黑，后期停止排粪。随着病程延长，瓣胃小叶发炎或坏死，常可继发败血症，此时可见体温升高、呼吸和脉搏加快，全身表现衰弱，病羊卧地不能站立，最后死亡。

处置羊的瓣胃阻塞，应以软化瓣胃内容物为主，辅以兴奋前胃运动功能，促进胃肠内容物排出。

瓣胃注射疗法对顽固性瓣胃阻塞疗效显著。具体方法是：准备 25%硫酸镁溶液 30~40 毫升，液状石蜡 100 毫升，在右侧第 9 肋间隙和肩胛关节线交界下方，选用 12 号 7 厘米长针头，向对侧肩关节方向刺入 4 厘米深，刺入后可先注入 20 毫升生理盐水，试其有较大压力时，表明针已刺入瓣胃，再将上述准备好的药液用注射器交替注入瓣胃，于第二天再重复注射 1 次。

瓣胃注射后，可用 10%氯化钙 10 毫升、10%氯化钠 50~100

毫升、5%葡萄糖生理盐水150~300毫升，混合1次静脉注射。待瓣胃松软后，皮下注射0.1%氨甲酰胆碱0.2~0.3毫升，兴奋胃肠运动功能，促进积聚物下排。

七、羊皱胃阻塞

皱胃阻塞是皱胃内积满过多的食糜，使胃壁扩张，体积增大，胃黏膜及胃壁发炎，食物不能排入肠道所致。

（一）病因

本病主要由于饲养管理、饲料改变不当所致。有的是由于饲料中混入过多的羊毛等杂物，时间一长就会形成毛团，堵塞皱胃（图5-17）；有的是由于消化功能和代谢功能紊乱，食糜积蓄过多（图5-18），发生异嗜的结果；也见于迷走神经调节机能紊乱，继发前胃弛缓、皱胃炎、小肠秘结、创伤性网胃炎等疾病。

图5-17　堵塞皱胃的毛团

图5-18　堵塞皱胃的食糜

（二）诊断要点

该病发展较缓慢，初期似前胃弛缓症状，病羊食欲减退，排粪量少，以至停止排粪，粪便干燥，其上附有多量黏液或血丝。右腹皱胃区扩大，瘤胃充满液体，叩击皱胃区可感觉到坚硬的皱胃胃体。

（三）防制措施

应先给病羊输液（见瓣胃阻塞治疗），可试用25%硫酸镁溶液50毫升、甘油30毫升、生理盐水100毫升，混合做皱胃注射。操作方法应按如下步骤进行：首先在右腹下肋骨弓处触摸皱胃胃体，在胃体突起的腹壁部剪毛，碘酊消毒，用12号针头刺入腹壁入皱胃胃壁，再用注射器吸取胃内容物，当见有胃内容物残渣时，可以将要注射的药液注入。待10小时后，再用胃肠通注射液1毫升（体格小的羊用0.5毫升），1次皮下注射，每天2次；或用比赛可灵注射液2毫升，皮下注射，亦可重复使用。

中药治疗可用大黄9克、油炒当归12克、芒硝10克、生地黄3克、桃仁2.5克、三棱2.5克、莪术2.5克、郁李仁3克，煎成水剂内服。

对于发病的种羊，用药物治疗无效时，可考虑进行皱胃切开术，以排除阻塞物。

羔羊哺乳期，常因过食羊奶使凝乳块聚结，充盈皱胃腔内，或因毛球移至幽门部不能下行，形成阻塞物，继发皱胃阻塞。病羔临床表现食欲废绝，腹胀疼痛，口流清涎，眼结膜发绀，严重脱水，腹泻触诊瘤胃、皱胃松软。治疗可用液状石蜡20克，加温水2毫升，1次内服。此外，病羔可诱发胃肠炎和机体抵抗力降低，应进行全身保护性治疗。

平时要加强饲养管理，除去致病因素，尤其对饲料的品质、加工调配等要特别注意。做到定时定量喂料，供给足量的清洁饮水。冬季注意圈舍保暖和环境卫生。

八、羊急性瘤胃臌气

急性瘤胃臌气，是羊采食了大量易发酵的饲料，或秋季放牧羊群在草场采食了多量的豆科牧草后，迅速产生大量气体而引起的前胃疾病。冬春两季给怀孕母羊补饲精料，群羊抢食，其中抢食过量的羊也易发病，并可继发瘤胃积食。

初期病羊表现不安，回顾腹部，拱背伸腰，腰窝突起，有时左旁腰向外突出，高于髋节或脊背水平线；反刍和嗳气停止，触诊腹部紧张性增加，叩诊是鼓音，听诊瘤胃蠕动力量减弱，次数减少，死后剖解可见瘤胃臌胀（图 5-19、图 5-20）。

图 5-19　臌气的瘤胃

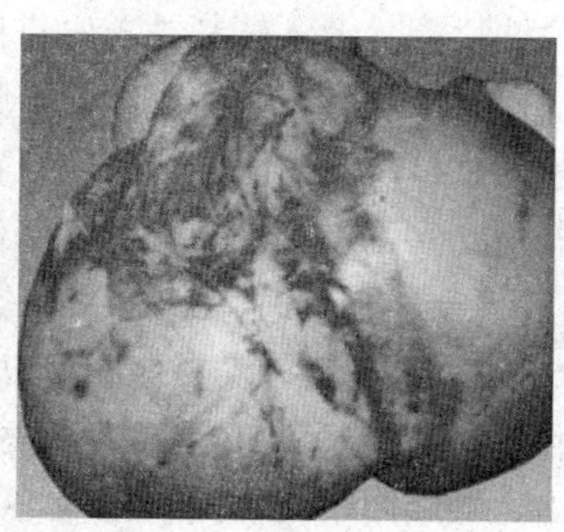
图 5-20　羊瘤胃臌气臌胀

本病的治疗原则是胃管放气，防腐止酵，清理胃肠。可插入胃导管放气，缓解腹部压力。或用 5%的碳酸氢钠溶液 1 500 毫升洗胃，以排出气体及中和酸液胃内容物，必要时可进行瘤胃穿刺放气。具体操作如下：先在左腹部剪毛、消毒，然后以术者的拇指压迫左腹部的中心点，使腹壁紧贴瘤胃壁，用兽用套管针或 16 号针头垂直刺入腹壁并穿透瘤胃胃壁缓慢放气，在放气中紧紧按压住腹壁，勿使腹壁与瘤胃胃壁脱离，边放气边下压，防止胃液漏入腹腔，引起腹膜炎。也可用液状石蜡 100 毫升、鱼石脂 2 克、乙醇 10～15 毫升，加水适量，1 次内服；或用氧化镁 30 克，加水 300 毫升；或用 8%氢氧化镁混悬液 100 毫升，1 次内服。

加强饲养管理，严禁在苜蓿地放牧；注意饲草饲料的贮藏，防止霉败变质；防止羊偷食精饲料。

九、羊创伤性网胃腹膜炎及心包炎

创伤性网胃腹膜炎及心包炎是由于异物刺伤网胃壁而发生的一种疾病。

该病主要由于尖锐金属异物（如钢丝、铁丝、缝针、发卡、锐铁片等）混入饲料被羊吃进网胃，因网胃收缩，异物刺破或损伤胃壁所致。如果异物经横隔膜刺入心包，则发生创伤性网胃心包炎。异物穿透网胃胃壁或瘤胃胃壁时，可损伤脾、肝、肺等脏器，此时可引起腹膜炎及各部位的化脓性炎症。

（一）临床症状

1. 创伤性网胃炎症状　病羊精神沉郁，食欲减退，反刍缓慢或停止，行动谨慎，表现疼痛，拱背，不愿急转弯或走下坡路。触诊用手叩击网胃区及心区，或用拳头顶压剑突软骨区时，病畜表现疼痛、呻吟、躲闪。肘头外展，肘肌颤动。前胃弛缓，慢性瘤胃臌气。血液检查，白细胞总数每立方毫米高达 14 000~20 000，白细胞分类初期核左移。嗜中性白细胞高达 70%，淋巴细胞则降至 30%左右。

2. 创伤性网胃心包炎症状　心动过速，每分钟 80~120 次，颈静脉努张，粗如手指。颌下及胸前水肿。听诊心音区扩大，出现心包摩擦音及拍水音。病的后期，常发生腹膜粘连、心包积脓和脓毒败血症。

根据临床症状和病史，结合进行金属探测仪及 X 光透视拍片检查，即可确诊。

（二）防制

治疗羊创伤性网胃腹膜炎及心包炎可行瘤胃切开术，清理排除异物。如病程发展到心包积脓阶段，病羊应予淘汰。

对症治疗，消除炎症，可用青霉素 40 万~80 万单位、链霉素 50 万单位，1 次肌内注射。亦可用磺胺嘧啶钠 5~8 克、碳酸

氢钠 5 克，加水内服，每天 1 次，连用 1 周以上。亦可用健胃剂、镇痛剂。

平时要注意检查饲料中是否有异物，特别是金属异物。在饲料加工设备中安装磁铁，以排除铁器，并严禁在牧场或羊舍内堆放铁器。饲喂人员勿带尖细的铁器用具进入羊舍，以防止混落在饲料中被羊食入。

十、羊胃肠炎

胃肠炎是胃肠黏膜及其深层组织的出血性或坏死性炎症。该病多因前胃疾病引起。饲养管理上的不当占重要因素。

初期病羊多呈现急性消化不良的症状，其后逐渐或迅速转为胃肠炎。病羊表现食欲减退或废绝，口腔干燥发臭，舌有黄厚苔或薄白苔，伴有腹痛。肠音初期增强，其后减弱或消失，排稀粪或水样便，排泄物腥臭或恶臭，粪中混有血液、黏脓、坏死脱落的组织片。脱水严重，少尿，眼球下陷，皮肤弹性降低，消瘦，腹围紧缩。当虚脱时，病羊卧地，脉搏微细，心力衰竭。体温在整个病程中升高。病至后期，因循环和微循环障碍，病羊四肢冷凉，昏睡，抽搐而死。

慢性胃肠炎病程较长，病势缓慢，主要症状同于急性胃肠炎，也可引起恶病质。消炎可用磺胺脒 4~8 克、碳酸氢钠 3~5 克，加水适量，1 次内服。亦可用药用炭 7 克、萨罗尔 2~4 克、碳酸氢钠 3 克，加水适量，1 次内服；或用黄连素片 15 片、红根草粉 15 克，加水适量，1 次内服；或用青霉素 40 万~80 万单位，链霉素 50 万~100 万单位，蒸馏水 10 毫升溶解，1 次肌内注射，连用 5 天；或用土霉素或四环素 0.5 克，溶解于生理盐水 100 毫升中，1 次静脉注射。

脱水严重的病羊宜补液，可用 5%葡萄糖溶液 300 毫升、生理盐水 200 毫升、5%碳酸氢钠溶液 100 毫升，混合后 1 次静脉注射，必要时可以重复应用。下泻严重者可用1%硫酸阿托品注射液2毫升，皮下注射。

心力衰竭时，可用10%樟脑磺酸钠3毫升，1次肌内注射；或用尼可刹米注射液2毫升，皮下注射。

十一、羊小叶性肺炎及化脓性肺炎

小叶性肺炎是支气管与肺小叶或肺小叶群同时发生炎症。小叶性肺炎多因羊受寒感冒，物理化学因素的刺激，条件性病原菌的侵害，如巴氏杆菌、链球菌、化脓放线菌、坏死杆菌、绿脓杆菌、葡萄球菌等的感染；羊肺线虫也可引起发病。此外，本病可继发于口蹄疫、放线菌病、子宫炎、乳房炎。还可见于羊耳蜗、外伤所致的肋骨骨折、创伤性心包炎、胸膜炎的病理过程中。

小叶性肺炎初期呈急性支气管炎的症状，即咳嗽，体温升高，呈张弛热型，高达40℃以上；呼吸浅表、增数，呈混合性呼吸困难。呼吸困难的程度，随肺脏发炎的面积大小而不同，发炎面积越大，呼吸越困难，呈现低弱的痛咳。胸部叩诊，出现不规则的半浊音区。浊音则多见于肺下区的边缘，其周围健康部的肺脏，叩诊音高朗。听诊肺区肺泡音减弱或消失，初期出现啰音，中期出现湿啰音、捻发音。

化脓性肺炎病灶常呈现散在性的特点，是小叶性肺炎没有治愈、化脓菌感染的结果。病羊呈现间歇热，体温升高至41.5℃；咳嗽，呼吸困难。肺区叩诊，常出现固定的似局灶性浊音区，病区呼吸音消失。其他基本同小叶性肺炎。血液检查白细胞总数增加，其中嗜中性白细胞占70%，核分叶增多。

根据病羊的临床表现即可确诊。但应注意与大叶性肺炎、咽炎、副鼻窦疾病加以区别。

治疗本病的原则是消炎止咳、解热强心。消炎止咳可应用10%磺胺嘧啶钠20毫升，或用抗生素（青霉素、链霉素）肌内

注射；氯化铵 1~5 克、酒石酸锑钾 0.4 克、杏仁水 2 毫升，加水混合灌服。亦可应用青霉素 40 万~80 万单位、0.5%普鲁卡因 2~3 毫升，气管注入。或用卡那霉素 0.5 克，肌内注射，每天 2 次，连用 5 天。解热强心可用 10%樟脑水注射液 4 毫升或复方氨基比林 10 毫升，肌内注射。

平时要加强饲养管理，保持圈舍卫生，防止吸入灰尘。勿使羊受寒感冒，杜绝传染病感染。在插胃管时，防止误插入气管中。

十二、羔羊白肌病

羔羊白肌病又叫肌营养不良症，是伴有骨骼肌和心肌变性，并发生运动障碍和急性心肌坏死的一种微量元素缺乏症。

有的研究资料表明，该病是由于缺硒所致。随着生命科学及食物链研究的深化，多数学者认为与母乳中缺乏维生素 E，或缺硒、钴、铜和锰等微量元素有关。

病羔精神不振，运动无力，站立困难，卧地不愿起立；有时呈现强直性痉挛状态，随即出现麻痹、血尿；死亡前昏迷，呼吸困难。有的羔羊病初不见异常，往往于放牧受到惊动后剧烈运动或过度兴奋而突然死亡。该病常呈地方性同群发病，应用其他药物治疗不能控制病情。

治疗本病应用硒制剂，如 0.2%亚硒酸钠溶液 2 毫升，每月肌内注射 1 次，连用 2 次。与此同时，应用氯化钴 3 毫克、硫酸铜 8 毫克、氯化锰 4 毫克、碘盐 3 克，加水适量内服。如辅以维生素 E 注射液 300 毫克肌内注射，则效果更佳。

平时要加强母羊饲养管理，供给豆科牧草，母羊产羔前补硒，可收到良好效果。

十三、绵羊酮尿病

绵羊酮尿病常发生在绵羊和山羊妊娠后期，以酮尿为主要症状。绵羊多发生于冬末春初；山羊发病没有严格的季节性。

该病发生的主要原因是营养不足，怀孕后期胎儿发育相对较快，母体代谢丧失平衡，引起脂肪代谢障碍，脂肪代谢氧化不完全，形成中间产物。从自然分布分析，多见于缺乏豆科牧草的荒漠和半荒漠地带，尤其是前一年干旱，第二年更易发病。此外，亦见于种羊精料饲喂供给量较大时。

发病初期，病羊掉群，不能跟群放牧，视力减退，呆立不动，驱赶强迫运动时，步态摇晃。后期，意识紊乱，不听主人呼唤，视力消失。神经症状常表现为头部肌肉痉挛，并可出现耳、唇震颤，空嚼，口流泡沫状唾液。由于颈部肌肉痉挛，抬头后仰，或偏向一侧，亦可见到转圈运动。若全身痉挛，可突然倒地死亡。在发病过程中病羊食欲减退，前胃蠕动减弱，黏膜苍白或黄疸；体温正常或略低；呼出气及尿中有丙酮气味。采用亚硝基铁氰化钠法检验酮尿液，呈阳性反应。

平时要加强饲养管理，冬季设置防寒棚舍，春季补饲干草，适当补饲精料（豆类）、骨粉、食盐等；冬季补饲甜菜根、胡萝卜。

药物治疗，可用25%葡萄糖注射液50～100毫升，静脉注射，以防肝脂肪变性。调理体内氧化还原过程，可每日饲喂醋酸钠15克，连用5日。

十四、绵羊脱毛症

绵羊脱毛症系指在非寄生虫性、皮肤无病变的情况下，被毛发生脱落，或是被毛发育不全的总称。该病与缺乏锌和铜元素有关。长期饲喂块根类饲料的羊群也见有发病者。

成年羊被毛无光泽，色灰暗，营养不良，有不同程度的贫血。有异嗜癖，表现为相互啃食被毛，喜吃塑料袋、地膜等异物。病羊被毛脱落，严重时腹泻，偶见视力模糊。体温、脉搏正常。有时整片脱毛，以背、项、胸、臀部最易发生（图 5-21）。

图 5-21　背部明显脱毛

羔羊病初啃食母羊被毛，有异嗜癖，喜食污粪或舔土。以后食入的被毛在胃内形成毛球，当毛球横径大于幽门或嵌入肠道使皱胃和肠道阻塞时，羔羊呈现消化不良、便秘、腹痛及胃肠膨气，严重者表现消瘦、贫血。

预防本病，饲料中要注意增加维生素和微量元素供给；加强饲养管理，改换放牧地；饲料中补加 0.02%碳酸锌，每周绵羊口服硫酸铜 1.5 克。

在病程中，应注意清理胃肠，维持心脏机能，防止病情恶化。

十五、羊尿结石

尿结石（石淋）是在肾盂、输尿管、膀胱、尿道内生成或存留以碳酸钙、磷酸盐为主的盐类结晶，使羊排尿困难，并由结石引起泌尿器官发生炎症的疾病。该病以尿道结石多见，而肾盂

结石、膀胱结石较少见。其临床特征为，排尿障碍，肾区疼痛。

根据临床见到的病例分析，该病常与以下因素有关：一是溶解于尿液中的草酸盐、碳酸盐、尿酸盐、磷酸盐等，在凝结物周围沉积形成大小不等的结石。结石的核心可能发现上皮细胞、尿圆柱、凝血块、脓汁等有机物。二是由尿路炎症引起尿潴留或尿闭，可促进结石形成。三是饲料和饮水中含钙、锌盐类较多，饲喂大量的甜菜块根及精料，饲料中麸皮比例较高等，常可促使该病的发生。四是肾炎、膀胱炎、尿道炎在引起该病的发生上不可忽视。

尿结石常因发生的部位不同则症状也有差异。尿道结石，常因结石完全或不完全阻塞尿道，引起尿闭、尿痛、尿频时，才为人们发现。病羊排尿努责，痛苦咩叫，尿中混有血液。尿道结石可致膀胱破裂。膀胱结石在不影响排尿时，不显临床症状，常在死后才被发现。肾盂结石有的生前不显临床症状，而在死后剖检时，才被发现有大量的结石。肾盂内多量较小的结石进入输尿管，使之扩张，可使羊发生可见病症状。尿液显微镜检查，可见有脓细胞、肾盂上皮、砂粒或血液。当尿闭时，常可发生尿毒症。

该病可借助尿液镜检加以确诊。对尿液减少或尿闭，或有肾炎、膀胱炎、尿道炎病史的羊，不应忽视可能发生尿结石。

预防本病，要注意对病羊尿道、膀胱、肾脏炎症的治疗。控制谷物、次数、甜菜块根的饲喂量。饮水要清洁。

药物治疗一般无效果。种羊患尿道结石时可施行尿道切开术，摘出结石。由于肾盂和膀胱结石可因小块结石随尿液落入尿道而形成尿道阻塞，因此，在施行肾盂及膀胱结石摘出术时，对预后要慎重。

十六、羊氢氰酸中毒

氢氰酸中毒是羊吃了富有氰苷的青饲料，在胃内由于酶的水

解和胃液中盐酸的作用，产生游离的氢氰酸而致病。其临床特征为：发病急促，呼吸困难，伴有肌肉震颤等综合征的组织中毒性缺氧症。

该病常因羊采食过量的胡麻苗、高粱苗、玉米苗等而突然发作。饲喂机榨胡麻饼，因含氰苷量多，也易发生中毒。当用于治疗的中药中杏仁、桃仁用量过大时，亦可致病。

该病发病迅速，多于采食含有氰苷的饲料后 15~20 分钟出现症状。首先表现腹痛不安，瘤胃臌气，呼吸加快，可视黏膜鲜红，口流白色泡沫状唾液；先呈现兴奋状态，很快转入沉郁状态，随之出现极度衰弱，行步不稳或倒地；严重者体温下降，后肢麻痹，肌肉痉挛，瞳孔散大；全身反射减少乃至消失，心搏动徐缓，脉细弱，呼吸浅微，直至昏迷而死亡。

禁止在含有氰苷作物的地方放牧，是预防羊氢氰酸中毒的关键。应用含有氰苷的饲料喂羊时，宜先加工调制。发病后速用亚硝酸钠 0.2 克，配成 5%溶液，静脉注射，然后再用 10%硫代硫酸钠溶液 10~20 毫升，静脉注射。

十七、羊有机磷中毒

有机磷中毒是由于接触、吸入或采食某种有机磷制剂所致。本病以神经过度兴奋为其特征。

引起中毒事故多见于对农药保管和使用违反操作规程，使羊直接接触或误食农药而发病；或间接食入农药污染的牧草、饮水而致病。亦见于驱除外寄生虫时，应用有机磷过量而发生中毒。

常规毒蕈碱中毒样症状，如食欲减退，流涎呕吐，疝痛腹泻，多汗，尿失禁，瞳孔缩小，黏膜苍白，呼吸困难，肺水肿等；有的表现为烟碱中毒样症状，如肌纤维性震颤、麻痹，血压上升，脉频微，致使中枢神经系统机能紊乱，表现兴奋不安，全身抽搐，以至昏睡等。除上述症状外，还可有体温升高，水样下泻，便血也较多见。在发生呼吸困难的同时，病羊表现痛苦，眼球震颤，四肢厥冷，出汗。当呼吸肌麻痹时，可导致窒息而死亡。实验室检查，胆碱酯酶活性降低。

依据症状、毒物接触史和毒物分析，并测定胆碱酯酶活性，可以确诊。

要严格农药管理制度，勿在喷洒有机磷农药的地点放牧，拌过有机磷农药的种子不得再喂羊。治疗可用解磷定，剂量按每千克体重 15~30 毫克，溶于 5% 葡萄糖溶液 100 毫升中，静脉注射；或用硫酸阿托品 10~30 毫克，肌内注射。症状未见减轻时，仍可重复应用解磷定和硫酸阿托品。

十八、母羊流产

流产是指母羊妊娠中断，或胎儿不足月就排出子宫而死亡。母羊流产的原因极为复杂。传染性流产者，多见于布鲁杆菌病、弯杆菌病、毛滴虫病；非传染性者，可见于子宫畸形、胎盘坏死、胎膜炎和羊水增多症等；内科病，如肺炎、肾炎、有毒植物中毒、食盐中毒等；外科病，如外伤、蜂窝组织炎、败血症等。长途运输过于拥挤，水草供应不均，饲喂冰凉和发霉饲料，也可导致流产。

母羊突然发生流产者，产前一般无特征性表现。发病缓慢者，表现精神不佳，腹痛起卧，努责咩叫，阴户流出羊水，待胎儿排出后稍为安静。若在同一群中病因相同，则陆续出现流产，直至受害母羊流产完毕，方能稳定下来。外伤性致病，可使羊发生隐性流产，即胎儿不排出体外，溶解物排出子宫外，或形成胎骨在子宫内残留，由于受外伤程度的不同，受伤的胎儿常因胎膜出血、剥离，于数小时或数天排出。

预防母羊流产，以加强饲养管理为主，重视传染病的防制，根据流产发生的原因，采取有效的保健措施。对于已排出了不足

月胎儿或死亡胎儿的母羊，一般不需要进行特殊处理，但需加强饲养。

对有流产先兆的母羊，可用黄体酮注射液 2 支（每支含 15 毫克），1 次肌内注射。

死胎滞留时，应采用引产或助产措施。胎儿死亡，子宫颈未开时，应先肌内注射雌激素（如已烯雌酚或苯甲酸雌二醇）2~3 毫克，使子宫颈开张，然后从产道拉出胎儿。母羊出现全身症状时，应对症治疗。

十九、母羊难产

分娩过程中，有些母羊因骨盆狭窄，阴道过小，胎儿过大或母羊身体虚弱，子宫收缩无力或胎位不正（图 5-22）等原因会造成胎儿排出困难，不能将胎儿顺利地送出产道，叫难产。

母羊难产时要及时进行人工助产或剖宫产。

（一）人工助产

人工助产的具体方法是在母羊体躯后侧，用膝盖轻轻压其肋部，等羔羊的嘴端露出后，用一手向前推动母羊会阴部，羔羊头部露出后，再用一手托住头部，一手握住前肢，随着母羊的努责向下方拉出胎儿。

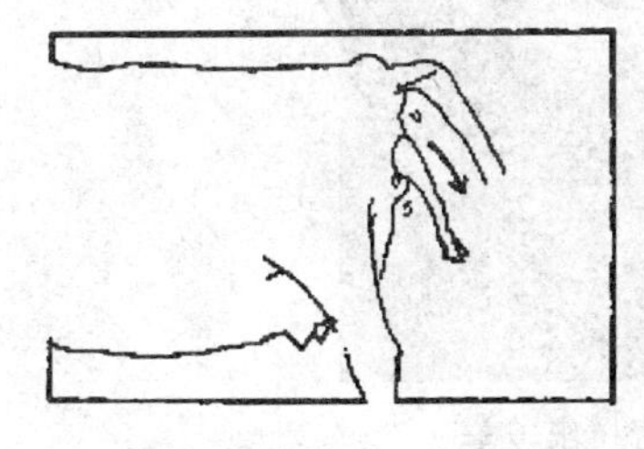

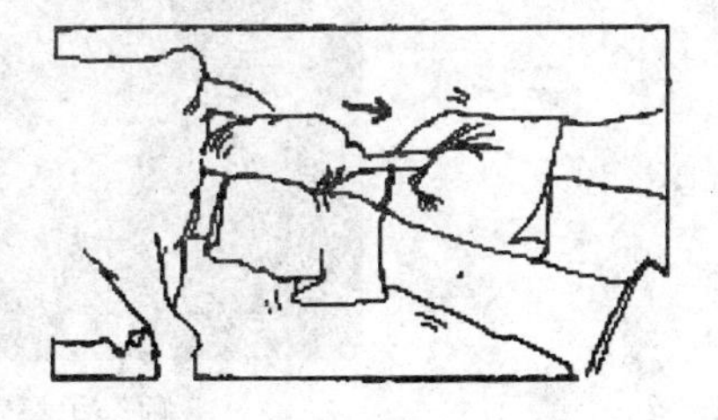

图 5-22　胎位不正时的助产

羊膜破水30分钟，如母羊努责无力，羔羊仍未产出时，应立即助产。助产人员应将手指甲剪短，磨光，消毒手臂，涂上润滑油，根据难产情况采取相应的处理方法。如胎位不正，先将胎儿露出部分送回阴道，将母羊后躯抬高，手入产道矫正胎位，然后才能随母羊有节奏的努责，将胎儿拉出；如胎儿过大，可将羔羊两前肢后复数次拉出和送入，然后一手拉前肢，一手扶头，随母羊努责缓慢向下方拉出。切忌用力过猛，或不根据努责节奏硬拉，以免拉伤阴道（图5-23）。

a. 送回露出的胎儿

b. 用手撑大产道

c. 顺母羊努责拉出羔羊

图5-23　为母羊助产

（二）剖宫产

当临产母羊子宫颈扩张不全或子宫颈闭锁，胎儿不能产出，或骨骼变形，致使骨盆腔狭窄，胎儿不能正常通过产道而造成难产时，可进行剖宫产。

（三）处置母羊难产时应注意的问题

（1）在助产前，要先进行母羊和胎儿的仔细检查，确定难产的原因及发生的部位，再着手进行异常姿势的矫正，待完全符合顺产的姿势时，再进行拉出。

（2）在进行产道检查和矫正异常胎势之前，必须向产道内灌注润滑油剂，以润滑产道。

（3）使用产科器械，特别是尖锐器械（如刀、钩、剪等）时，必须注意不要损伤产道，以免引起感染。

（4）在强行拉出胎儿时，必须在母羊努责时随努责牵拉，切忌粗暴，以免损伤母子，或将子宫一起拉出而造成不良后果。

（5）在矫正时，必须使母羊处于前低后高的姿势，并将胎儿推回子宫内，腾出较大的空间，以利矫正的操作。

（6）在检查和矫正过程中，操作应尽量做到迅速准确，否则操作时间过久，手臂在产道内出入次数太多，常造成产道水肿或损伤，妨碍矫正工作的顺利进行。

二十、羔羊假死

羔羊产出后，如不呼吸，但发育正常，心脏仍跳动，称为假死。原因是羔羊吸入羊水，或分娩时间较长、子宫内缺氧等，要实施急救措施。

急救方法是：先把羔羊呼吸道内的黏液和胎水清除掉，擦净鼻孔（图 5-24），向鼻孔吹气或进行人工呼吸。将羔羊放在前低后高地方仰卧，手握前肢，反复前后屈伸。或倒提起羔羊，用手轻拍胸部两侧（图 5-25）。还可向羔羊鼻内喷烟，可刺激羔羊喘

气。对冻僵的羔羊，应立即移入暖室进行温水浴，水温由38℃逐渐升至40℃，洗浴时将羔羊头露出水面，切忌呛水，水浴时间为20~30分钟，如冻僵时间短，可使其复苏。

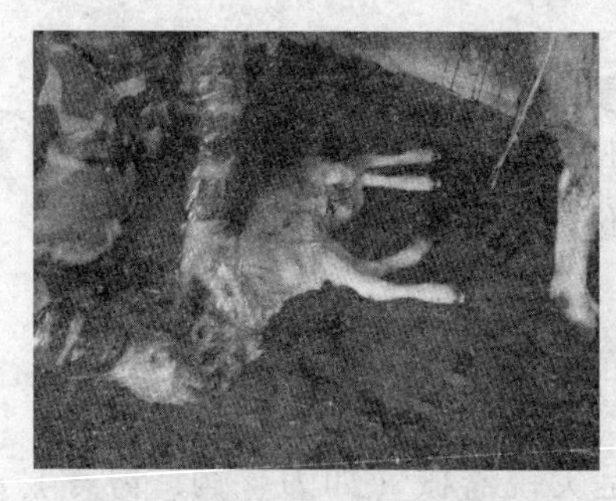

图5-24　清除羔羊口鼻中的黏液

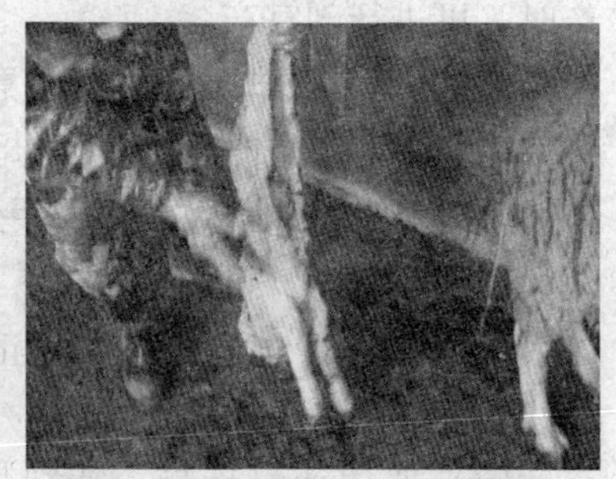

图5-25　倒提羔羊并拍打胸部两侧

二十一、阴道脱

阴道脱是阴道部分或全部外翻脱出于阴户之外，阴道黏膜暴露在外面，引起阴道黏膜充血、发炎，甚至形成溃疡或坏死的疾病。

饲养管理不佳、羊体弱年老，致使阴道周围的组织和韧带弛缓；怀孕羊到后期腹压增大；分娩或胎衣不下而努责过强；助产时强行拉出胎儿，常常是发生阴道脱的间接或直接原因。

阴道脱有完全脱出和部分脱出两种情况。当完全脱出时，脱出的阴道如拳头大，子宫颈仍闭锁；部分脱出时，仅见阴道入口部脱出，大小如桃。外翻的阴道黏膜发红，甚至青紫，局部水肿。因摩擦可损伤黏膜，形成溃疡，局部出血或结痂。

阴道脱病羊常在卧地后，被地面的污物、垫草、粪便黏附于脱出的阴道局部（图5-26），导致细菌感染而化脓或坏死。严重者，全身症状明显，体温可高达40℃以上。

图 5-26 阴道脱出

体温升高者，用磺胺二甲基嘧啶 5～8 克，每天 1 次内服，连用 3 天；或用青霉素和链霉素肌内注射。用 0.1%高锰酸钾溶液或新洁尔灭溶液清洗局部，涂擦金霉素软膏或碘甘油溶液。整复脱出的阴道，用消毒纱布捧住脱出的阴道，由脱出基部向骨盆腔内缓慢地推入，至快送完时，用拳头顶进阴道；然后用阴门固定器压迫阴门，固定牢靠为止，对形成习惯性脱出者，可用粗线对阴门四周做减张缝合，待数日后，阴道脱症状减轻或不再脱出时，拆除缝线。

二十二、胎衣不下

胎衣不下是指孕羊产后 4~6 小时，胎衣仍排不下来的疾病。该病多因孕羊缺乏运动，饲料中缺乏钙盐、维生素，饮饲失调，体质虚弱所致。此外，子宫炎、布鲁杆菌等也可致病。有报道，羊缺硒也可致胎衣不下。

病羊常表现拱腰努责，食欲减退或废绝，精神较差，喜卧地，体温升高，呼吸脉搏增快。胎衣久久滞留不下，可发生腐败，从阴户中流出污红色腐败恶臭的恶露，其中带有灰白色未腐

败的胎衣碎片或脉管。当全部胎衣不下时，部分胎衣从阴户垂露于后肢跗关节部。

可用以下几种方法处置：

（1）药物治疗。病羊分娩后不超过24小时的，可应用马来酸麦角新碱0.5毫克，1次肌内注射；垂体后叶素注射液或催产素注射液0.8~1.0毫升，1次肌内注射。

（2）手术剥离。应用药物方法已达48~72小时而不奏效者，应立即采用此法。宜先保定好病羊，按常规准备及消毒后，进行手术。术者一手握住阴门外的胎衣，稍向外牵拉；另一手沿胎衣表面伸入子宫，可用食指和中指夹住胎盘周围绒毛成一束，以拇指剥离开母子胎盘相互结合的周边，剥离半周后，手向手背侧翻转以扭转绒毛膜，使其从小窦中拔出，与母体胎盘分离。子宫角尖端难以剥离，常借子宫角的反射收缩而上升，再行剥离。最后用抗生素或防腐消毒药，如土霉素2克，溶于100毫升生理盐水中，注入子宫腔内；或注入0.2%普鲁卡因溶液30~50毫升。

（3）自然剥离。不借助手术剥离，而辅以防腐消毒药或抗生素，让胎膜自行排出，达到自行剥离的目的。可于子宫内投放土霉素（0.5克）胶囊，效果较好。

为了预防本病，可用亚硒酸钠维生素E注射液，在妊娠期肌内注射3次，每次0.5毫升。

二十三、子宫炎

子宫炎是由于分娩、助产、子宫脱、阴道脱、胎衣不下、腹膜炎、胎儿死于腹中等导致细菌感染而引起的子宫黏膜炎症。

该病临床可见急性和慢性两种，按其病程中发炎的性质可分为卡他性、出血性和化脓性子宫炎。

急性病羊患病初期，食欲减退，精神欠佳，体温升高。因有疼痛反应而磨牙、呻吟。前胃弛缓，拱背、努责。时时做排尿姿

势，阴户内流出污红色内容物。

慢性病羊病情较急性轻微，病程长，子宫分泌物量少。如不及时治疗可发展为子宫坏死，继而全身状况恶化，发生败血症或脓毒败血症。有时可继发腹膜炎、肺炎、膀胱炎、乳房炎等。

治疗时，净化清洗子宫，可用0.1%高锰酸钾溶液或雷夫诺尔（含2%氧氟沙星）溶液300毫升，灌入子宫腔内，然后用虹吸法排出灌入子宫内的消毒溶液，每天1次，可连用3~4次。消炎，可在冲洗后给羊子宫内注入碘甘油3毫升，或投放土霉素（0.5克）胶囊；或用青霉素80万单位、链霉素50万单位，肌内注射，每天早晚各1次。治疗自体中毒，应用10%葡萄糖液100毫升、林格氏液100毫升、5%碳酸氢钠溶液30~50毫升，1次静脉注射；肌内注射维生素C 200毫克。

二十四、乳房炎

乳房炎是乳腺、乳池、乳头局部的炎症；多见于泌乳期的绵羊、山羊。多因挤乳人员技术不熟练，损伤了乳头、乳腺体；或因挤乳人员手臂不卫生，使乳房受到细菌感染；或羔羊吮乳咬伤乳头。亦见于结核病、口蹄疫、子宫炎、羊痘、脓毒败血症等过程中。

（一）诊断要点

轻者不显临床症状，病羊全身无反应，仅乳汁有变化。一般多为急性乳房炎，乳房局部肿胀、硬结（图5-27），乳量减少，乳汁变性，其中混有血液、脓汁等，乳汁有絮状物，褐色或淡红色。炎症延续，病羊体温升高，可达41℃。挤乳或羔羊吃乳时，母羊抗拒、躲闪。若炎症转为慢性，则病程延长。由于乳房硬结，常丧失泌乳机能。脓性乳房炎可形成脓腔，使脓体与乳腺相通，若穿透皮肤可形成瘘管。山羊可患坏疽性乳房炎，为地方流行性急性炎症，多发生于产羔后4~6周。剖检，可见乳腺肿大，

较硬（图 5-28）。

图 5-27　乳房肿胀

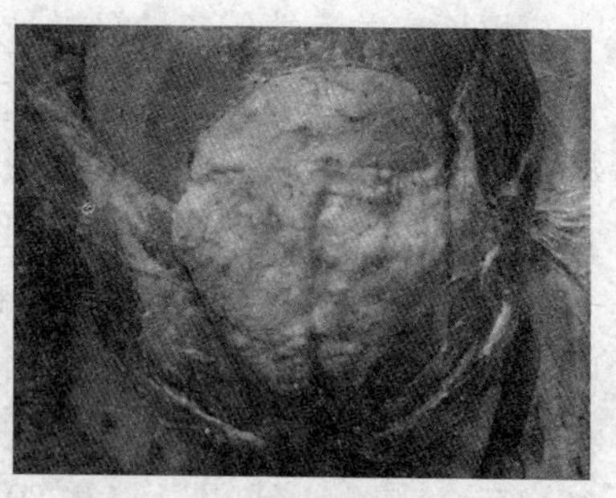
图 5-28　乳腺肿大，硬结

（二）防制措施

（1）注意挤乳卫生，扫除圈舍污物，在绵羊产羔季节应经常注意检查母羊乳房。为使乳房保持清洁，可用 0.1%新洁尔灭溶液经常擦洗乳头及其周围。

（2）病初可用青霉素 40 万单位、0.5%普鲁卡因 5 毫升，溶解后用乳房导管注入乳孔内，然后轻揉乳房腺体部，使药液分布于乳房腺中。也可应用青霉素、普鲁卡因溶液在乳房基部封闭，或应用磺胺类药物抗菌消炎。为了促进炎性渗出物吸收和消散，除在炎症初期冷敷外，2~3 天后可施热敷，用 10%硫酸镁水溶液 1 000 毫升，加热至 45℃，每日外洗热敷 1~2 次，连用 4 次。

（3）对脓性乳房炎及开口于乳池深部的脓肿，直接向乳房脓腔内注入 0.02%呋喃西林溶液，或用 0.1%~0.25%雷佛奴尔液，或用 3%过氧化氢溶液，或用 0.1%高锰酸钾溶液冲洗消毒脓腔，引流排脓。必要时应用四环素族药物静脉注射，以消炎和增强机体抗病能力。

二十五、创伤

羊体一旦局部受到外力作用，就有可能引起软组织开放性损

伤，如擦伤、刺伤、切伤、裂伤、咬伤以及因手术而造成的创伤等。创伤过程中如有大量细菌侵入，则可发生感染，出现化脓性炎症。不同性质的创伤，处理方法不一样。

（一）新鲜创的治疗

1. 创伤止血　根据创伤发生部位、种类和出血情况，应按止血方法先进行止血。

2. 清洁创围　用灭菌纱布块放在创腔内，然后从创缘开始向外周剪毛5~10厘米，剪毛时防止被毛或泥土落入创内，剪毛后用肥皂水，洗净创围，注意勿使刷拭液流入创内，而后用酒精棉球彻底清拭创围皮肤，最后用5%碘酊消毒。

3. 清理创腔　先除去纱布块，用镊子除去可见的被毛、异物、凝血块及挫灭组织碎块。另外，根据创伤性质和损坏程度，在局部麻醉下，进行修整创缘，切除创缘挫灭的皮肤和皮下组织、扩大创口、消除创囊，除去深部挫灭组织等。最后选用生理盐水，0.1%雷佛奴尔溶液、0.1%高锰酸钾溶液、0.25%盐酸普鲁卡因溶液加入青霉素每毫升含500~1 000单位，或新洁尔灭（1：2 000）或高渗硫酸镁（钠）溶液，反复冲洗，清除创内异物。最后用灭菌纱布轻轻吸干创内积液。

4. 创伤用药　清创以后，创面可撒布氨苯磺胺粉或青霉素粉或碘仿磺胺粉等。

5. 创面整理　有可能第一期愈合的，可进行缝合。对污染严重，创缘不清楚，而达不到第一期愈合时，除撒布上述粉剂外，也可撒布三合粉（高锰酸钾、氯化锌、卤碱粉等各粉），或用高锰酸钾粉研磨，也可撒布中药生肌散等，行开放疗法。

6. 包扎　应根据创伤的具体情况，合理应用绷带包扎。

（二）化脓创的治疗

1. 清洁创围　同新鲜创。

2. 冲洗创腔　用药液反复冲洗创腔，彻底洗去脓汁。当有尘土严重污染创伤时，以及有厌氧菌、绿脓杆菌、大肠杆菌感染可能时，宜选用酸性药物，如0.1%~0.2%高锰酸钾溶液，2%~4%硼酸溶液或2%乳酸溶液等。其次也要注意脓汁的色泽或涂片检查，决定细菌感染的种类，以便选择药物，控制细菌的发育繁殖。此外使用高渗硫酸镁（钠）、高渗盐水冲洗也可，并能加速创伤净化。

3. 防腐药物的使用 防腐剂的选用，要根据创伤炎性净化阶段、脓汁性质的不同，而选用药物。创伤酸性反应时，宜选用碱性药物，如生理盐水、高渗盐水、2%碳酸氢钠溶液、1：(2 000~10 000) 新洁尔灭溶液及0.01%~0.02%呋喃西林溶液等，其次0.1%雷佛奴尔溶液也经常使用。

4. 处理创腔 冲洗排脓后，清除创内异物、坏死组织及创囊，为创内脓汁顺利地向外排出创造有利条件。如排脓不畅，可在低位做辅助切口排脓，最后再次用防腐剂冲洗创腔。

5. 引流 冲洗干净后，根据创腔情况，而用适合创腔大小的纱布浸透药液［如硫呋液、20%硫酸镁（钠）溶液、10%食盐水、硫甘碘合剂、0.1%雷佛奴尔溶液等］，纱布一头用大镊子夹起，另一头用针将纱布条导入创腔内，使其平整全面地塞在创腔内，注意不要塞得过紧，一头留在创口下边。

6. 固定引流物 为防止引流物掉落，可用缝线将两侧创缘临时缝上1~2针，固定引流物。一般不包扎，行开放疗法。

（三）肉芽创的治疗

1. 清洁创围 同前。

2. 清洁创面 由于化脓性炎症逐渐停止，创内生长新鲜红色肉芽组织，因此清洁创面时要保护肉芽组织不受损伤。使用无刺激性的或弱防腐液浸湿棉球轻轻清拭，除去肉芽面上多量的脓性分泌物，不能粗暴冲洗。常用药物有：生理盐水、0.1%雷佛奴尔溶液，0.1%高锰酸钾溶液、0.01%~0.02%呋南西林溶液，

硫甘碘合剂等。

3. 应用药物　应选择刺激性小，促进肉芽组织生长的药物调制成流膏、油性乳、乳剂或软膏使用。也可应用松碘油膏、磺胺鱼肝油、2%~3%鱼肝油红汞或甘油红汞、青霉素鱼肝油、5%~10%敌百虫软膏等涂布，以后可应用磺胺软膏、青霉素软膏、金霉素软膏等。

当肉芽组织充满腔内并接近创缘时，为了促进创缘上皮新生，可应用氧化锌水杨酸软膏、氢氟酸软膏、氧化锌软膏或自家血液灌注与血液湿性绷带等，也可于创面上涂布龙胆紫液、撒撒布剂等。

对赘生肉芽组织小的，可用硝酸银或硫酸铜腐蚀；赘生组织较大的，可用高锰酸钾粉末研磨，使之形成痂皮。

（四）创伤检查和治疗注意事项

（1）创伤治疗中所提到防腐剂，尽可备齐。

（2）引流的纱布条，应根据创腔的情况来制作，一般纱布条越长，则其条幅应越宽，而用狭而长的纱布条作引流，不易达到目的。

（3）关于用药时期对创伤愈合很重要。一般在化脓未停止前，每天用药1次；当化脓停止，生长肉芽时，应加强保护肉芽组织，并减少用药次数。

二十六、脓肿

羊体局部受到外力刺伤（铁丝、铁钉的锐物）或打针受污染后，容易造成皮下化脓性炎症而变成脓肿（图5-29）。

脓肿的临床症状和一般的炎症类似，都具有红、肿、热、痛等表现。一般地，脓肿特别是浅在性热性脓肿表现红、肿、热、痛的症状比较明显，而寒性脓肿局部温度并不高。无论是哪种脓肿，都表现局部肿胀、疼痛、有波动感，这对脓肿的诊断具有决

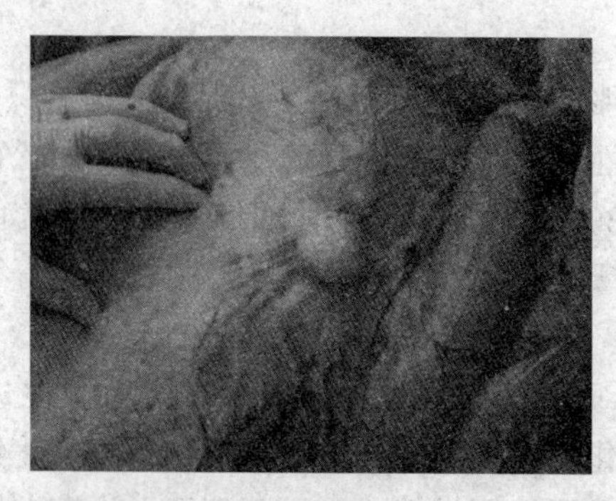

图 5-29　脓肿

定性的意义。深部脓肿都会表现皮肤与皮下组织水肿的病理现象。

为了避免诊断上的错误，进行疑似脓肿穿刺，抽取内容物判定，最为可靠。方法是：局部剪毛消毒后，用大号注射针头，选择波动明显的低部位，垂直刺入脓肿腔，内容物可自动流出，或安上注射器吸出内容物，如流出脓汁，即可确定为脓肿；否则就不是脓肿。

脓肿的处置方法是：

（一）切开

切开时要注意切口的位置，长度和方向，即要求便于彻底排出脓汁，又不要损伤主要的血管、神经，也不宜超过脓肿的界限，以免损伤健康组织和感染扩散。由于解剖条件的限制，不能切开的脓肿，可用穿刺抽出脓汁。若脓肿过大，或其底部尚有多量脓汁，一个切口不能彻底排出脓汁时，可做一对孔切口排脓，切开时先将术部常规处理。切开时为了防止脓汁向外喷射，可先用针头穿刺排出一部分脓汁，最后选择柔软部位，先以刀尖刺入皮肤慢慢切开，下刀不宜过深，以防误伤对侧脓肿膜，而使脓汁扩散。

（二）排脓

切开脓肿后，力求彻底排出脓汁，但要注意不要破坏脓肿膜，以免损伤肉芽组织和感染扩散。其次检查脓腔，应注意有无残留的坏死组织和孔腔蓄脓，对于通过脓肿腔的血管和神经应加以保护。

（三）脓腔的处置

首先进行脓肿腔内检查，对腔内异物或坏死组织应小心除去，然后对浅在性脓肿可用防腐液反复清洗，以便除去脓腔内的残余脓汁与坏死组织。对于深在性脓肿可用挥发性防腐剂，如碘仿醚灌注，排除脓汁后，用浸有松碘油膏或磺胺碘甘油或 0.1% 雷佛奴尔液的纱布块放入脓肿腔内引流，以保证脓汁通畅排出和防止切口过早愈合，以后根据脓汁多少，及时更换引流物。

（四）全身疗法

根据脓肿的大小、感染程度，除局部处理外，要注意全身疗法，可用抗生素与磺胺疗法、碳酸氢钠疗法以及普鲁卡因封闭疗法等。

二十七、急性系关节扭伤

羊在不平的地面上急走、急转、急停、跌倒、失足登空或跳跃等各种原因的外力作用，容易造成羊的急性系关节扭伤。

如果发现羊站立时呈系关节站立状态，以蹄尖负重，患肢弯曲，系关节屈曲不敢下沉，系部直立；运动时系关节屈伸不充分，不敢下沉，蹄负重面不全着地，常以蹄尖触地前进，行走沉重；触诊关节内侧或外侧韧带，明显热、痛、肿胀，被动运动时，疼痛剧烈，病羊反抗，基本即可断定是急性系关节扭伤。

系关节扭伤多在运动过程中突然发生跛行，而病情逐渐加重，跛行程度越走越重。因此，在诊断时还要注意了解患病羊是否有失步蹬空、滑走、急跑突然停止或急转弯、跌倒、跳跃等情况。

羊急性系关节扭伤的治疗原则是制止出血和炎症，促进吸收，镇痛消炎，舒筋活血，预防组织增生，恢复关节机能。

在伤后1~2天内，要用冷水浴或冷敷（冷醋酸铅溶液，冷醋泥贴敷）进行冷疗和包扎压迫绷带，严重时可注射加速凝血剂（10%氯化钙溶液，维生素K_3）使病羊安静，以制止出血和渗出。急性炎性渗出减轻后，应及时用温热疗法，促进吸收。如关节内的出血不能吸收时，可做关节穿刺排出，同时通过穿刺针向关节腔内注射0.25%普鲁卡因青霉素溶液。

为减轻患部疼痛，可注射安痛定等镇痛药物，也可向疼痛较重的患部注射盐酸普鲁卡因乙醇溶液10~15毫升，同时配合涂擦碘酊樟脑乙醇合剂。对于转为慢性或较轻的病例，可在患部涂擦碘樟脑醚合剂，连用3~5天。

第四节　常见寄生虫病的防制技术

一、羊肝片形吸虫病

片形吸虫病是羊的主要寄生虫病之一，是由肝片吸虫和大片吸虫寄生于羊的肝脏胆管所致。本病能引起急性或慢性肝炎和胆管炎，并伴发全身性中毒现象和营养障碍。

（一）病原及生活史

肝片吸虫虫体外观呈扁平叶状，体长20~35毫米，宽5~13毫米。自胆管内取出的鲜活虫体为棕红色，固定后呈灰白色。大片吸虫成虫呈长叶状，长33~76毫米，宽5~12毫米。大片吸虫与肝片吸虫的区别在于，虫体前端无显著的头雄突起，肩部不明显。

肝片吸虫的成虫寄生于羊及其他宿主的胆管内。产出的虫卵

随胆汁进入消化道，并与粪便一同排出体外。虫卵在适宜的温度（15~30℃）和充足的氧气、水分及光照条件下，经10~25天孵化出毛蚴，毛蚴在水中游动，通常只能生存1~2昼夜，其生活期间如遇中间宿主各种椎实螺，则侵入畜体内，经过胞蚴、母雷蚴、子雷蚴各阶段发育，最后形成大量的尾蚴自螺体逸出。尾蚴附着于水生植物上或在水面上形成囊蚴，羊等终末宿主在吃草或饮水时吞食囊蚴即遭受感染，并移行到胆管寄生。

大片吸虫的生活史与肝片吸虫相似（图5-30）。

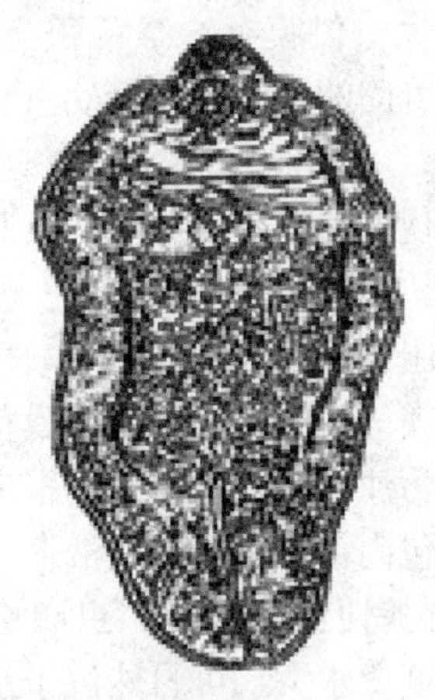

图5-30　肝片吸虫成虫

（二）诊断

1. 临床症状　该病的症状表现因感染强度（有约50条虫会出现明显症状）、病程长短、家畜的抵抗力、年龄及饲养条件不同而异，幼畜轻度感染即可表现症状。

急性型症状多发生于夏末秋初，是因短时间内遭受严重感染所致。慢性型症状较多见于患羊耐过急性期或轻度感染后，在冬春转为慢性。急性型病羊，初期发热，衰弱，易疲劳，离群落后；叩诊肝区半浊音区扩大，发病明显；很快出现贫血、黏膜苍白，红细胞及血红素显著降低，严重者多在几天内死亡。慢性型病羊，主要表现消瘦，贫血，黏膜苍白，食欲减退，异嗜，被毛粗乱无光泽，极易脱落，步行缓慢；眼睑、颌下、胸前及腹下出现水肿，尤以颌下水肿明显，俗称“水布袋”。便秘与下痢交替，发生病情逐渐恶化，最终可因极度衰竭而死亡。

2. 剖检变化 剖检时，病理变化主要呈现在肝脏，其变化程度与感染虫体的数量及病程长短有关。

在大量感染、急性死亡的病例中，可见到急性肝炎和大出血后的贫血现象，肝肿大，包膜有纤维沉积，有 2~5 毫米长的暗红色虫道，虫道内有凝固的血液和少量幼虫。腹腔中有血红色的液体，有腹膜炎病变。

慢性病例主要呈现慢性增生性肝炎，在肝组织被破坏的部位出现淡白色索状瘢痕，肝实质萎缩，褪色，变硬，边缘钝圆，小叶间结缔组织增生。胆管肥厚、扩张呈绳索样突出于肝表面；胆管内有磷酸钙和磷酸镁等盐类的沉积使内膜粗糙，刀切时有沙沙声；胆管内有虫体和污浊稠厚的液体。病畜出现消瘦、贫血和水肿现象；胸腹腔及心包内蓄积有透明的液体。

3. 确诊需要进行粪便虫卵检查 虫卵检查以水洗沉淀法较好。寄生虫虫卵的密度比水大，可自然沉于水底。因此可利用自然沉淀的方法，将虫卵集中于水底以便于检查。

检查步骤（图 5-31）：取样（10~50 克）→置于容器内→先加少量的清水→搅拌成糊状→再加水（20~30 倍）→搅拌均匀→过滤（40~60 目）→将制备好的粪液置于容器内→加满水→静置（20~30 分钟）→倒去上清液（约 2/3）→再加水→搅拌→静置（随着粪液逐渐变稀，静置的时间可以相对缩短，但不能少于 5 分钟）→反复操作至液体透明为止→倒去上清液，留下少量的水→吸取沉淀物镜检（所取的沉渣不能太浓，否则在镜检时视野模糊）。

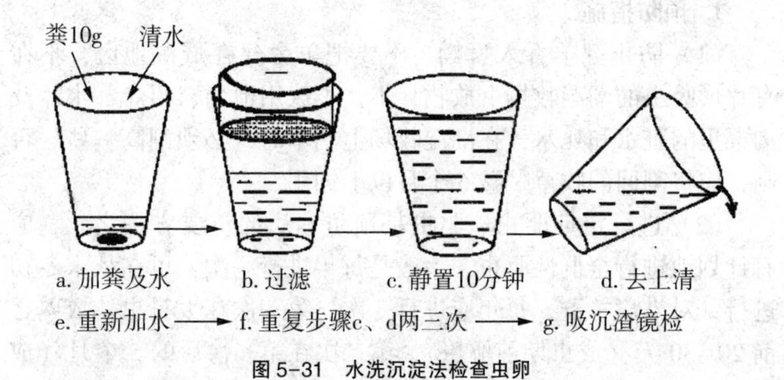

图 5-31　水洗沉淀法检查虫卵

镜检时可发现羊肝片吸虫虫卵（图 5-32）。羊肝片吸虫虫卵呈长椭圆形，金黄色，致密且充满卵黄细胞，一端有卵盖，可区别于其他吸虫虫卵。

图 5-32　羊肝片吸虫虫卵

（三）防制

防制该病，必须采取综合措施，才能取得较好的效果。

1. 预防措施

(1) 防止健羊吞入囊蚴。不要把羊舍建在低湿地区，不在有片形吸虫的潮湿牧场上放牧，不让羊饮用池塘、沼泽、水潭及沟渠里的脏水和死水，在潮湿牧场上割草时，必须割高一些。否则，应将割回的牧草贮藏6个月以上饲用。

(2) 进行定期驱虫。驱虫是预防本病的重要方法之一，应有计划地进行全群性驱虫，一般是每年进行一次，可在秋末冬初进行；对染病羊群，每年应进行3次；第一次在大量虫体成熟之前20~30天（成虫期前驱虫），第二次在第一次后的5个月（成虫期驱虫），第三次在第二次以后2~2.5个月。不论在什么时候发现羊患本病，都要及时进行驱虫。

(3) 避免粪便散布虫卵。对病羊的粪便应经常用堆肥发酵的方法进行处理，杀死其中的虫卵。对实行驱虫的羊只，必须圈留5~7天，不让其乱跑，对这一时期所排的粪便，更应严格进行消毒。对于被屠宰羊的肠内容物也要认真进行处理。

(4) 防止羊的肝脏散布病原体。对检查出严重感染的肝脏，应全部废弃；对感染轻微的肝脏，应该废弃被感染的部分。将废弃的肝脏进行高温处理，禁止用作其他动物的饲料。

(5) 消灭中间宿主（螺蛳）。灭螺时要特别注意小水沟、小水洼及小河的岸边等处。对于沼泽地和低洼的牧地进行排水，利用阳光暴晒杀死螺蛳。对于较小而不能排水的死水地，可用1∶50 000的硫酸铜溶液定期喷洒，以杀死螺蛳，至少用5 000毫升溶液/米^2，每年喷洒1~2次。也可用2.5∶1 000 000的氯硝柳胺（血防67、灭绦灵）浸杀或喷杀椎实螺。

2. 药物治疗 驱除片形吸虫的药物，常用的有下列几种：

(1) 丙硫咪唑（抗蠕敏）。为广谱驱虫药，对驱除片形吸虫的成虫有疗效，剂量按每千克体重5~15毫克，口服。

(2) 硝氯酚（拜耳9015）。驱成虫有高效，剂量按每千克体

重 4~5 毫克，口服。

（3）五氯柳胺（氯羟柳苯胺）。驱成虫有高效，剂量按每千克体重 7.5 毫克，口服。

（4）碘醚柳胺。驱成虫和 6~12 周的未成熟童虫都有效，剂量按每千克体重 15 毫克，口服。

（5）双酰胺氧醚。对 1~6 周龄肝片吸虫幼虫有高效，但随虫龄的增长，药效也随之降低。用于治疗急性期的病例，剂量按每千克体重 7.5 毫克，口服。

（6）硫双二氯酚（别丁）。驱成虫有效，但使用后有较强的下泻作用。剂量按每千克体重 80~100 毫克，口服。

（7）四氯化碳。驱成虫效果显著，但有一定副作用。剂量按成年羊每只 2 毫升，6~12 月龄羊 1 毫升，与液状石蜡以 1∶4 的比例混合灌服；也可与等量的液状石蜡或已灭菌的植物油混合后，肌内注射。

二、羊双腔吸虫病

双腔吸虫病是由矛形双腔吸虫和中华双腔吸虫等寄生于羊肝脏的胆管和胆囊内所引起的疾病。

（一）病原及生活史

1. 病原

（1）矛形双腔吸虫。虫体扁平、透明，呈棕红色，肉眼可见到内部器官；表面光滑，前端尖细，后端较钝，呈矛状；体长 5~15 毫米、宽 1.5~2.5 毫米。腹吸盘大于口吸盘。虫卵呈卵圆形或椭圆形，暗褐色，卵壳厚，两侧稍不对称；大小为（38~45）微米×（22~30）微米。虫卵一端有明显的卵盖；卵内含毛蚴。

（2）中华双腔吸虫。虫体扁平、透明，腹吸盘前方体部呈头锥样，其后两侧较宽似肩样突起；体长 3.5~9.0 毫米，宽 2.0~

3.0 毫米。虫卵与矛形双腔吸虫卵相似。

2. 生活史 双腔吸虫在发育过程中，需要两个中间宿主，第一中间宿主为多种陆地蜗牛，第二中间宿主为蚂蚁。成虫在终末宿主的胆管或胆囊内产出的虫卵随胆汁进入肠内，并随粪便排出到外界。含有毛蚴的虫卵被陆地蜗牛吞食后，在其肠内孵出，穿过肠壁到肝脏中发育，经母胞蚴、子胞蚴发育成尾蚴。尾蚴从子胞蚴的大静脉移行到蜗牛的肺部，再移行到蜗牛的呼吸腔，在此每 100~400 个尾蚴集中在一起形成尾蚴囊群，外被黏性物质成为黏球，黏球通过蜗牛呼吸孔排出。尾蚴黏球如被蚂蚁吞食后，在其体内形成囊蚴。羊或其他终末宿主在放牧时如吞食了含有囊蚴的蚂蚁则遭受感染，囊蚴在家畜肠道中脱囊，由十二指肠经胆道到达胆管或胆囊，需 72~85 天发育为成虫（图 5-33）。

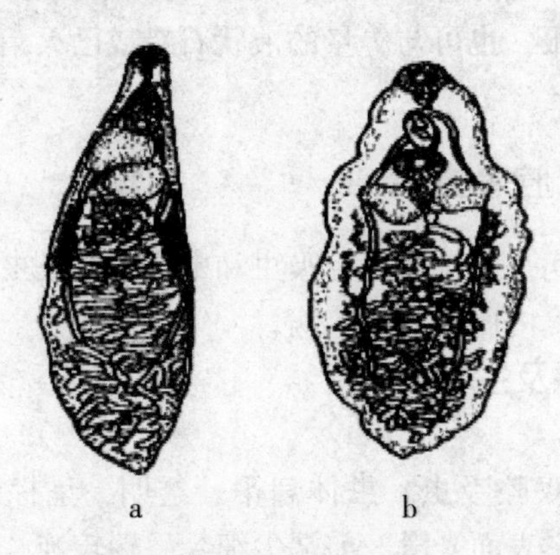

图 5-33 双腔吸虫

a. 矛性双腔吸；b. 中华双腔吸虫

（二）诊断

病羊的症状表现因感染强度不同而有所差异。轻度感染的羊通常无明显症状；严重感染时，则表现为可视黏膜增生，颌下水肿，消化紊乱，下痢并逐渐消瘦，甚至可因极度衰竭而死亡。

剖检的主要病变为胆管出现卡他性炎症变化和胆管壁肥厚；胆管周围结缔组织增生；肝脏发生硬变、肿大，肝表面形成瘢痕，胆管扩张。

粪便检查时根据虫卵的形态和特征进行诊断；死后剖检时，可将肝脏撕碎，用连续洗涤法检查虫体。

（三）防制

1. 治疗　对病羊用下列药物治疗：

（1）海涛林（三氯苯丙酚嗪）。该药是治疗双腔吸虫病最有效的药物，安全幅度大，对怀孕母羊及产羔均无不良影响；剂量按每千克体重40~50毫克，配成2%悬浮液，经口灌服。

（2）丙硫咪唑。剂量按每千克体重30~40毫克，口服。

（3）六氯对二甲苯（血防846）。剂量按每千克体重200~300毫克，口服。

（4）噻苯唑。剂量按每千克体重150~200毫克，口服。

（5）吡喹酮。剂量按每千克体重65~80毫克，口服。

2. 预防　与肝片吸虫病相同，应以定期驱虫为主；同时加强羊群的饲养管理，以提高其抵抗力；注意消灭中间宿主，阻断病原的传播途径及感染来源；粪便亦应进行堆肥发酵处理，以杀灭虫卵。

三、阔盘吸虫病

阔盘吸虫病是由阔盘属的数种吸虫寄生于宿主的胰管中所引起的疾病，亦称胰吸虫病。此外，病原偶可寄生于胆管和十二指肠。

（一）病原

1. 病原　寄生于牛、羊等反刍动物的阔盘吸虫主要有胰阔盘吸虫、腔阔盘吸虫和枝睾阔盘吸虫，其中以胰阔盘吸虫最为常见。

（1）胰阔盘吸虫。虫体扁平、较厚，呈棕红色。虫体长 8～16 毫米，宽 5.0～5.8 毫米，呈长卵圆形。口吸盘大于腹吸盘。咽小，食道短。虫卵呈黄棕色或深褐色，椭圆形，两侧稍不对称，一端有卵盖，大小为（42～53）微米×（23～38）微米。卵壳厚，内含毛蚴。

（2）腔阔盘吸虫。虫体较为短小，呈短椭圆形，体后端有一明显的尾突，虫体长 7.48～8.05 毫米，宽 2.73～4.76 毫米。虫卵大小为（34～47）微米×（26～36）微米。

（3）枝睾阔盘吸虫。虫体是前尖后钝的瓜子形，长 4.49～7.90 毫米，宽 2.17～3.07 毫米。口吸盘略小于腹吸盘，睾丸大而分枝，卵巢分叶 5～6 瓣。虫卵大小为（45～52）微米×（30～34）微米（图 5-34）。

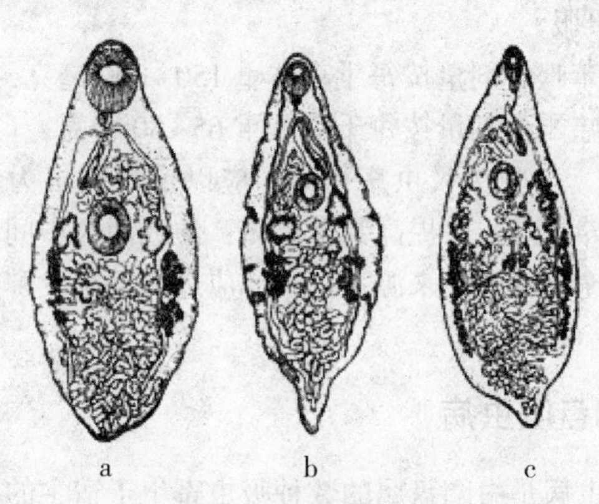

图 5-34　阔盘吸虫

a. 胰阔盘吸虫　b. 腔阔盘吸虫　c. 枝睾阔盘吸虫

2. 生活史　阔盘吸虫的发育须经虫卵、毛蚴、母胞蚴、子胞蚴、尾蚴、囊蚴及成虫各个阶段。寄生在胰管中的成虫产出的虫卵随胰液进入消化道，再随粪排出。虫卵在外界被第一中间宿主陆地蜗牛吞食后，在羊体内孵出毛蚴并依序发育为母胞蚴、子

胞蚴和尾蚴，包裹着尾蚴的成熟子胞蚴经呼吸孔排出到外界。从蜗牛吞食虫卵到排出成熟的子胞蚴，在温暖季节需 5~6 个月，夏季以后感染蜗牛的则大约经过 1 年才能发育成熟。成熟的子胞蚴被第二个中间宿主草螽或针蟀吞食后，经 23~30 天尾蚴发育为囊蚴。羊等终末宿主吃草时吞食了含有囊蚴的草螽或针蟀而感染，经 80~100 天发育为成虫。从虫卵到成虫，全部发育过程需要 10~16 个月才能完成。

（二）诊断要点

1. 临床症状　阔盘吸虫大量寄生时，由于虫体刺激和毒素作用，使胰管发生慢性增生性炎症，使胰管管腔窄小甚至闭塞，使消化酶的产生和分泌及糖代谢机能失调，引起消化及营养障碍。病羊表现消化不良，消瘦，贫血，颌下及胸前水肿，衰弱，经常下痢，粪中常有黏液，严重时可引起死亡。

2. 剖检变化　尸体消瘦，胰腺肿大，胰管因高度扩张呈黑色蚯蚓状突出于胰脏表面。胰管发炎肥厚，管腔黏膜不平，呈乳头状小结节突起，并有点状出血，内含大量虫体。慢性感染则使结缔组织增生而导致整个胰脏硬化、萎缩，胰管内仍有数量不等的虫体寄生。

（三）防治措施

治疗可选用六氯对二甲苯，按每千克体重 400 毫克，口服 3 次，每次间隔两天；吡喹酮口服时，剂量按每千克体重 65~80 毫克；肌内注射或腹腔注射时，剂量按每千克体重 50 毫克，并以液状石蜡或植物油（灭菌）制成 20% 油剂。腹腔注射时应防止注入肝脏或肾脂肪囊内。

本病流行地区应在每年初冬和早春各进行 1 次预防性驱虫；有条件的地区可实行划区放牧，以避免感染；应注意消灭其第一中间宿主蜗牛（其第二中间宿主草螽在牧场广泛存在，扑灭甚为困难）；同时加强饲养管理，以增加畜体的抗病能力。

四、前后盘吸虫病

前后盘吸虫病是由前后盘科的各属吸虫寄生所引起的疾病。成虫寄生在羊、牛等反刍动物的瘤胃和网胃壁上，危害不大。幼虫因在发育过程中移行于真胃、小肠、胆管和胆囊，可造成较严重的病害，甚至导致死亡。

（一）病原及生活史

前后盘吸虫种属很多，虫体大小互有差异，有的仅长数毫米，有的则长达20余毫米；颜色可呈深红色、褐红色或乳白色；虫体在形态结构上亦有不同程度的差异。其主要的共同特征为：虫体形状呈长椭圆形、梨形或圆锥形；两个吸盘中，腹吸盘位于虫体后端，并显著大于口吸盘，因口、腹吸盘位于虫体两端，好似两个口，所以又称为双口吸虫（图5-35）。

图5-35　前后盘吸虫成虫

前后盘吸虫的发育与肝片吸虫很相似，只需1个中间宿主，其中间宿主为淡水螺。前后盘吸虫的成虫在反刍动物瘤胃产卵，卵随粪一起排出体外，在适宜的温度（26~30℃）条件下，经12~

13天孵出毛蚴，进入水中，找到适宜的中间宿主即钻入其体内，发育形成胞蚴、雷蚴、子雷蚴及尾蚴，尾蚴成熟后离开中间宿主，附着在水草上形成囊蚴。羊等终末宿主吞食了附有囊蚴的水草而感染。童虫在小肠、真胃及其黏膜下组织、胆管、胆囊、大肠、腹腔液甚至肾盂中移行寄生3~8周，最终到达瘤胃内发育为成虫。

（二）诊断要点

1. 临床症状　患羊主要症状是顽固性腹泻，粪便常有腥臭味；体温有时升高；消瘦，贫血，颌下水肿，黏膜苍白。后期可因极度衰竭而死亡。

2. 剖检变化　剖检可见童虫移行造成的小肠、真胃黏膜水肿，形成出血点及发生出血性肠炎，严重时肠黏膜出现坏死和纤维素性炎症；肠内充满腥臭的稀粪；盲肠、结肠淋巴滤泡肿胀、坏死，有的形成溃疡；胆管、胆囊膨胀；在小肠、真胃及胆管和胆囊内可见数量不等的童虫。当成虫寄生时，其造成的损害轻微。

（三）防治措施

治疗可选用氯硝柳胺（灭绦灵），对驱除童虫疗效良好，剂量按每千克体重75~80毫克，口服；硫双二氯酚，驱成虫疗效显著，驱童虫亦有较好的效果，剂量按每千克体重80~100毫克，口服；溴羟替苯胺（羟溴柳胺），驱成虫、童虫均有较好的疗效，剂量按每千克体重65毫克，制成悬浮液，灌服。

预防可参照片形吸虫病，并根据当地的具体情况和条件，制定以定期驱虫为主的预防措施。

五、血吸虫病

羊的血吸虫病是由分体科，分体属和鸟毕属的吸虫寄生在门静脉、肠系膜静脉和盆腔静脉内，引起贫血、消瘦与营养障碍等

疾患的一种蠕虫病。

(一) 病原及生活史

1. 病原

(1) 分体属。该属在我国仅有日本分体吸虫一种。虫体呈细长线状。雄虫乳白色，体长 10~20 毫米，宽 0. 50~0. 97 毫米。口吸盘在体前端；腹吸盘较大，具有粗而短的柄，位于口吸盘后方不远处（图 5-36）。

(2) 鸟毕属。鸟毕属中较重要的虫种有土耳其斯坦鸟毕吸虫、彭氏鸟毕吸虫、程氏鸟毕吸虫和土耳其斯坦结节变种。

土耳其斯坦鸟毕吸虫虫体呈线状（图 5-37）。雄虫乳白色，体表平滑无结节；体长 42~80 毫米，宽 0. 36~0. 42 毫米；口、腹吸盘均不发达；腹吸盘后体壁向腹面卷曲形成抱雌沟（雌雄虫体通常也呈合抱状态）；雌虫呈暗褐色，体长 3. 4~8. 0 毫米，宽 0. 07~0. 12 毫米，虫卵无卵盖，长 72~77 微米，宽 18~26 微米。卵的两端各有 1 个附属物，一端的比较尖，另一端的钝圆。

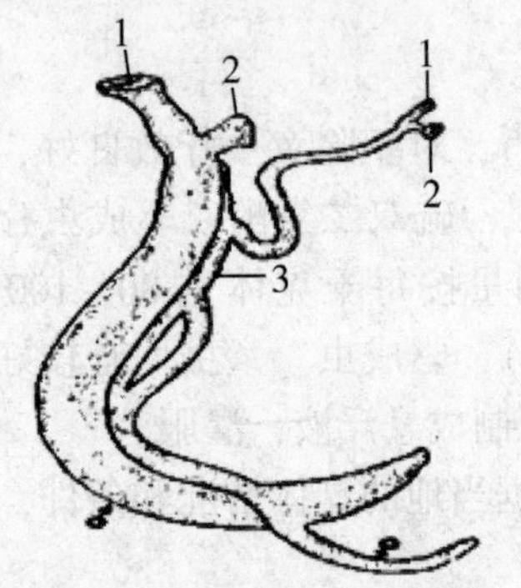

图 5-36 日本分体吸虫雌雄合抱

1. 口吸盘 2. 腹吸盘 3. 抱雌沟

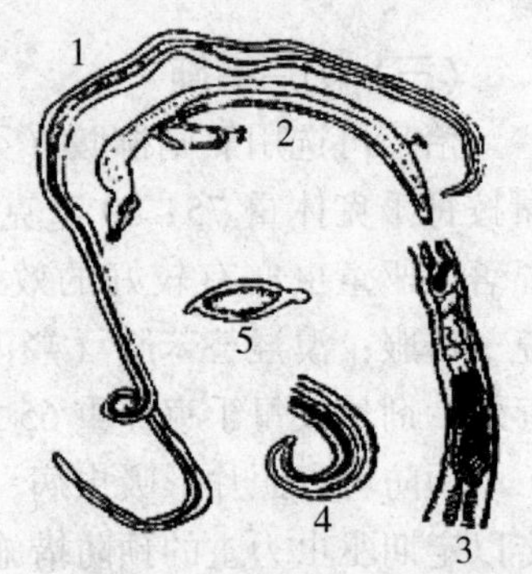

图 5-37 土耳其斯坦鸟毕吸虫

1. 雌虫 2. 雌雄合抱 3. 卵巢部 4. 雌虫尾部 5. 虫卵

2. 生活史 日本分体吸虫与鸟毕吸虫的发育过程大体相似，包括虫卵、毛蚴、母胞蚴、子胞蚴、尾蚴、童虫及成虫等阶段。其不同之处是：日本分体吸虫的中间宿主为钉螺，而鸟毕吸虫为多种椎实螺；此外，它们在宿主范围、各个幼虫阶段的形态及发育所需时间等方面也有所区别。其发育过程如下：

雌虫在寄生的静脉末梢产卵，产出的虫卵一部分随血流到达肝脏，一部分沉积在肠黏膜下层的静脉末梢。肠壁上的虫卵在血管内成熟后，虫卵内毛蚴分泌的溶细胞物质使虫卵周围肠组织发炎、坏死、破溃，虫卵进入肠道随粪便排出体外，并在外界水中孵出毛蚴。毛蚴遇中间宿主钉螺或椎实螺即迅速钻入螺体内，经母胞蚴、子胞蚴和尾蚴阶段的发育后，尾蚴离开螺体入水中。羊等终末宿主饮水或放牧时，尾蚴即钻入羊皮肤或通过口腔黏膜进入体内，体内的虫体亦可通过胎盘感染胎儿。在终末宿主体内的童虫又侵入小血管或淋巴管，随血流到达其寄生部位发育为成虫。

（二）诊断要点

1. 临床症状 日本分体吸虫大量感染时，病羊表现为腹泻和下痢，粪中带有黏液、血液，体温升高，黏膜苍白，日渐消瘦，生长发育受阻；可导致不孕或流产。通常绵羊和山羊感染日本分体吸虫时症状表现较轻。感染鸟毕吸虫的羊多呈慢性过程，主要表现为颌下、腹下水肿，贫血，黄疸，消瘦，发育障碍及影响受胎，发生流产等，如饲养管理不善，最终可导致死亡。

2. 剖检变化 剖检可见尸体明显消瘦、贫血和出现大量腹水；肠系膜、大网膜，甚至胃肠壁浆膜层出现显著的胶样浸润；肠黏膜有出血点、坏死灶、溃疡、肥厚或瘢痕组织；肠系膜淋巴结及脾变性、坏死；肠系膜静脉内有成虫寄生；肝脏病初肿大，后则萎缩、硬化；在肝脏和肠道处有数量不等的灰白色虫卵结节；心、肾、胰、脾、胃等器官有时也可发现虫卵结节的存在。

（三）防治措施

1. 治疗 治疗可选用硝硫氰胺，按每千克体重4毫克，配成2%~3%水悬液，颈静脉注射；吡喹酮，按每千克体重30~50毫克，1次口服；敌百虫，绵羊按每千克体重70~100毫克，山羊按每千克体重50~70毫克，灌服；六氯对二甲苯，按每千克体重200~300毫克，灌服。

2. 预防 在4、5月和10、11月定期驱虫，病羊要淘汰。结合水土改造工程或用灭螺药物杀灭中间宿主，阻断血吸虫的发育途径。疫区内粪便进行堆肥发酵和制造沼气，既可增加肥效，又可杀灭虫卵。选择无螺水源，实行专塘用水，以杜绝尾蚴的感染。

六、脑多头蚴病

脑多头蚴病（脑包虫病）是由于多头绦虫的幼虫——多头蚴寄生在绵羊、山羊的脑、脊髓内，引起脑炎、脑膜炎及一系列神经症状，甚至死亡的严重寄生虫病。

（一）病原及生活史

1. 病原

（1）多头蚴。呈囊泡状，囊体可由豌豆大至鸡蛋大，囊内充满透明液体，在囊的内壁上有100~250个原头蚴，原头蚴直径2~3毫米。

（2）多头蚴虫。虫体长40~100厘米，由200~500个节片组成。头节有4个吸盘，顶突上有22~32个小钩，分为两圈排列。卵为圆形，直径一般为20~37微米。

2. 生活史 成虫多头蚴虫寄生于犬、狼、狐、豺等肉食兽的小肠内，发育成熟后，其孕节片脱落，随粪便排出体外，释放出大量虫卵，污染草场、饲料或饮水，当这些虫卵被中间宿主羊、牛等吞食后，误食的虫卵在其消化道中孵出六钩蚴，六钩蚴钻入肠黏膜血管内随血流到达脑和脊髓，经2~3个月发育为脑

多头蚴。如六钩蚴被血流带到身体其他部位则不能继续发育，并迅速死亡。多头蚴在羔羊脑内发育较快，一般在感染 2 周时能发育至粟粒大，6 周后囊体直径可达 2~3 厘米，经 8~13 周发育到 35 厘米，并具有发育成熟的原头蚴。囊体经 7~8 个月后停止发育，其直径可达 5 厘米左右。

终末宿主犬、狼、狐等肉食兽吞食了含有多头蚴的动物脑、脊髓，多头蚴在其消化液的作用下，囊壁溶解，原头蚴附着在小肠壁上开始发育，经 41~73 天发育为成虫（图 5-38）。

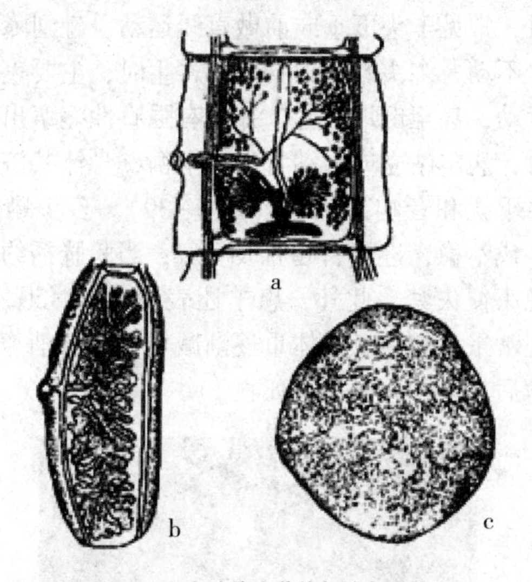

图 5-38　多头绦虫节片与脑多头蚴

a. 成熟节片　b. 孕卵节片　c. 脑多头蚴

（二）诊断要点

1. 临床症状　该病呈急性型或慢性型，症状表现取决于寄生部位和病原体的大小。

（1）急性型。以羔羊表现最为明显。感染之初，由于六钩蚴进入脑组织，虫体在脑膜和脑组织中移行，刺激和损伤造成脑部炎症，使体温升高，脉搏、呼吸加快，甚至有强烈的兴奋，患病羊做回旋运动，前冲或后退，有痉挛性抽搐等。有时沉郁，长时间躺卧，脱离畜群。部分病羊在 5~7 天内因急性脑膜炎死亡，不死者则转为慢性型。

（2）慢性型。患羊耐过急性期后，症状表现逐渐消失，经 2~6 个月的和缓期。由于多头蚴不断发育长大，再次出现明显症状。当多头蚴寄生在羊大脑半球时，除向被虫体压迫的同侧做转圈运动外，还常造成对侧的视力障碍，甚至失明。虫体寄生在大脑正前部时，常见羊头下垂向前做直线运动，碰到障碍物时则头抵物体呆立不动。多头蚴在大脑后部寄生时，主要表现为头高举或做后退运动，甚至倒地不起，并常有强直性痉挛出现。虫体寄生在小脑时，病羊站立或运动常失去平衡，身体共济失调，易跌倒，对外界干扰和音响易惊恐（图 5-39）。多头蚴寄生在脊髓时，表现步伐不稳，进而引起后肢麻痹；当膀胱括约肌发生麻痹时，则出现小便失禁。此外，患羊还表现食欲减退，甚至消失；由于不能正常采食和休息，体重逐渐减轻，显著消瘦、衰弱，常在数次发作后或陷于恶病质时死亡。

图 5-39　患病羊做回旋运动，前冲或后退

2. 剖检变化　急性死亡的羊见有脑膜炎和脑炎病变，还可

见到六钩蚴在脑膜中移行时留下的弯曲伤痕。慢性期的病例则可在脑或脊髓的不同部位发现一个或数个大小不等的囊状多头蚴（图5-40）；在病变或虫体相接的颅骨处，骨质松软、变薄，甚至穿孔，致使皮肤向表面隆起；病灶周围脑组织或较远部位发炎，有时可见萎缩变性或钙化的多头蚴。

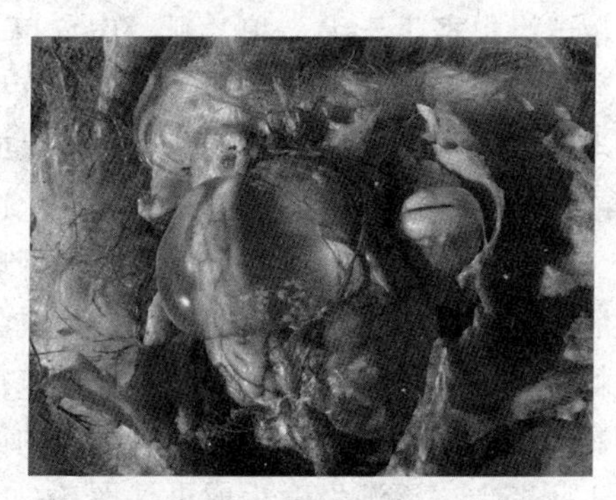

图5-40 羊脑内绦虫（脑包虫）

（三）防治措施

1. 治疗 该病可实施手术摘除寄生在脑髓表层的虫体，即在多头蚴充分发育后，根据囊体所在的部位，手术开口后先用注射器吸去囊中液体，使虫体缩小，然后完整地摘除虫体。药物治疗可用吡喹酮，病羊按每千克体重每天50毫克，连用5天；或按每千克体重每天70毫克，连用3天。

2. 预防 防止犬等肉食兽吃到带有多头蚴的脑和脊髓；对患畜的脑和脊髓应烧毁或深埋；对护羊犬应进行定期驱虫；注意消灭野犬、狼、狐、豺等终末宿主，以防病原进一步的散布。

七、棘球蚴病

棘球蚴病亦称包虫病，是由数种棘球蚴虫的幼虫——棘球蚴寄生于绵羊、山羊、牛、马、猪、骆驼及人的肝、肺等脏器组织中所引起的一种严重的人畜共患寄生虫病。成虫以肉食兽为终末宿主，寄生于犬、狼、豺、狐和狮、虎、豹等动物的小肠内。

（一）病原

羊的棘球蚴病主要由细粒棘球蚴虫的幼虫——细粒棘球蚴所致。

成虫细粒棘球蚴虫寄生于犬、狼、狐等肉食兽小肠内，1只犬感染虫体的数量甚至可达数千条之多，其孕卵节片或虫卵随粪便排出体外。当羊、牛等中间宿主食入被孕卵节片或虫卵所污染的饲草、饲料或饮水后，虫卵内的六钩蚴在其消化道内孵出并钻入肠壁血管内，随血流到达肝脏停留下来发育为棘球蚴；六钩蚴亦可继续随血液到达肺脏或身体的其他部位发育成为棘球蚴，在中间宿主体内棘球蚴的生长可持续数年之久。终末宿主肉食兽吞食了含有棘球蚴包囊的内脏及组织后，其包囊内的原头蚴在小肠内逸出，固着于肠壁上，逐渐发育为成虫（图5-41）。

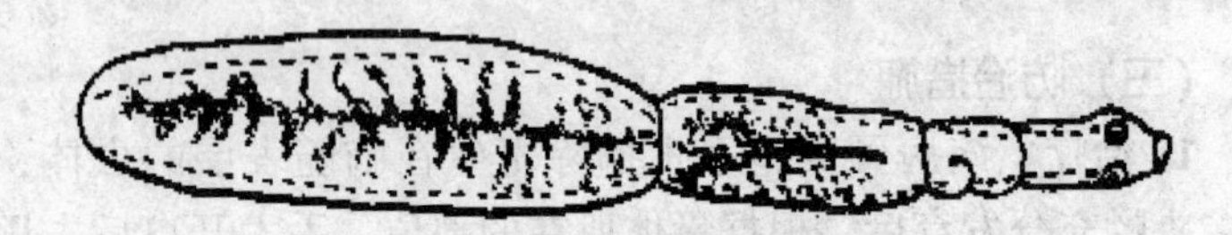

图5-41　细粒棘球蚴虫

（二）诊断要点

1. 临床症状　轻度感染和感染初期通常无明显症状；严重感染的羊被毛逆立，时常脱毛，营养不良，消瘦。肺部感染时有明显的咳嗽，咳后往往卧地，不愿起立。

2. 剖检变化　剖检病变主要见于虫体经常寄生的肝脏和肺脏。可见肝、肺表面凹凸不平，重量增大，有数量不等的棘球蚴囊泡突起，肝、肺实质中存在有数量不等、大小不一的棘球蚴包囊，囊内含有大量液体，除不育囊外，囊液沉淀后，即可见大量的包囊液。有的棘球蚴发生钙化和化脓。此外，在脾、肾、脑、

脊椎管、肌肉及皮下偶可见有棘球蚴寄生。

（三）防制措施

进行综合性防制是杜绝该病传播和发生的主要途径。目前尚无有效药物治疗。

由于犬类动物是本病的末端宿主和主要传染源，因此对患棘球蚴病畜的脏器一律进行深埋或烧毁，以防被犬类吃入成为传染源；做好饲料、饮水及圈舍的清洁卫生工作，防止被犬粪污染。应用氢溴酸槟榔碱给犬驱虫时，剂量按每千克体重1~4毫克，停食12~18小时后，口服。也可选用吡喹酮，剂量按每千克体重5~10毫克，口服。服药后，犬应拴留一昼夜，收集所排出的粪便并与垫草等一同烧毁或深埋处理，以防病原扩散传播。

八、细颈囊尾蚴病

细颈囊尾蚴病是由泡状带绦虫的幼虫——细颈囊尾蚴寄生于绵羊、山羊、黄牛、猪等多种家畜的肝脏浆膜、网膜及肠系膜所引起的一种绦虫疾病。

（一）病原

细颈囊尾蚴俗称“水铃铛”（图5-42），多悬垂于腹腔脏器上。虫体呈泡囊状，内含透明液体。囊体大小不一，最大可至小儿头大。泡状带绦虫虫体长75~500厘米，链体由250~300个节片组成。虫卵近似圆形，长36~39微米，宽31~35微米，内含六钩蚴（图5-43）。

成虫泡状带绦虫寄生于犬、狼、狐等肉食兽的小肠内，发育成熟后孕节或虫卵随粪便排出体外，污染草场、饲料或饮水。当中间宿主羊、牛等误食了孕节或虫卵后，在消化道内孵化出六钩蚴，钻入肠壁血管，随血流到达肝脏，并由肝实质内逐渐移行到肝脏表面寄生，或进入腹腔内寄生于大网膜、肠系膜及腹腔的其他部位，甚至可进入胸腔寄生于肺脏。幼虫生长发育3个月左右

图 5-42　细颈囊尾蚴的“水铃铛”

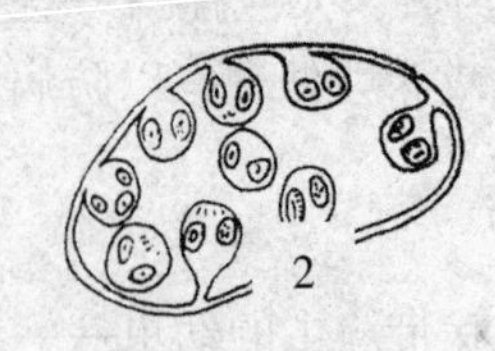

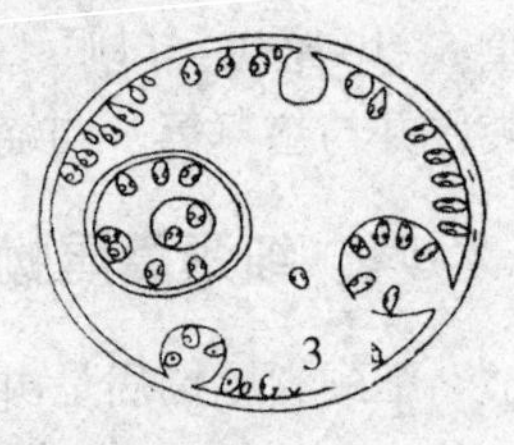

图 5-43　细颈囊尾蚴

1. 囊尾蚴；2. 多头蚴；3. 棘球蚴

具有感染能力。终末宿主肉食动物如吞食了含有细颈囊尾蚴的脏器后，在小肠内经过 52~78 天发育为成虫。

（二）诊断要点

细颈囊尾蚴病生前诊断非常困难，诊断时须参照其症状表现，并在尸体剖检时发现虫体（即“水铃铛”）及相应病变才能确诊。

1. 临床症状　通常成年羊症状表现不显著，羔羊则症状表现明显。当肝脏及腹膜在六钩蚴的作用下发生炎症时，可出现体温升高，精神沉郁，腹水增加，腹壁有压痛，甚至发生死亡。经过上述急性发作后则转为慢性病程，一般表现为消瘦、衰弱和黄疸等症状。

2. 剖检变化　慢性病例可见肝脏浆膜、肠系膜、网膜上具

有数量不等、大小不一的虫体疱囊，严重时还可在肺和胸腔处发现虫体。急性病程时，可见急性肝炎及腹膜炎，肝脏肿大、表面有出血点，肝实质中有虫体移行的虫道，有时出现腹水并混有渗出的血液，病变部有尚在移行发育中的幼虫。

（三）防治措施

1. 治疗 目前尚无有效方法。

2. 预防 含有细颈囊尾蚴的脏器应进行无害化处理，未经煮熟严禁喂犬；在该病的流行地区应及时给犬进行驱虫；做好羊饲料、饮水及圈舍的清洁卫生工作，防止被犬粪污染。

九、反刍兽绦虫病

反刍兽绦虫病是由莫尼茨绦虫、曲子宫绦虫及无卵黄腺绦虫寄生于绵羊、山羊和牛的小肠所引起的寄生虫病。

（一）病原及生活史

1. 病原

（1）莫尼茨绦虫。莫尼茨绦虫虫体呈带状。由头节、颈节及锥体部组成，全长可达 6 米，最宽处 16~26 毫米，呈乳白色。头节上有 4 个近于椭圆形的吸盘，无顶突和小钩。

（2）曲子宫绦虫。虫体可长达 2 米，宽约 12 毫米。每个节片有 1 组生殖器官，虫卵近于圆形。

（3）无卵黄腺绦虫。无卵黄腺绦虫是反刍兽绦虫中较小的一类，虫体长 2~3 米，宽仅为 3 毫米左右。由于虫节片中央的子宫相互靠近，肉眼观察能明显地看到虫体后部中央贯穿着一条白色的线状物。

2. 生活史 莫尼茨绦虫、曲子宫绦虫及无卵黄腺绦虫的中间宿主均为地螨。寄生于羊、牛小肠的绦虫成虫，它们的孕卵节片或虫卵随粪便排出后，如被地螨吞食，则虫卵内的六钩蚴在地螨体内发育为似囊尾蚴。当终末宿主羊、牛等反刍动物在采食时

连同牧草一起吞食了含有似囊尾蚴的地螨后，似囊尾蚴在反刍动物消化道逸出，附着在肠壁上逐渐发育为成虫（图 5-44）。

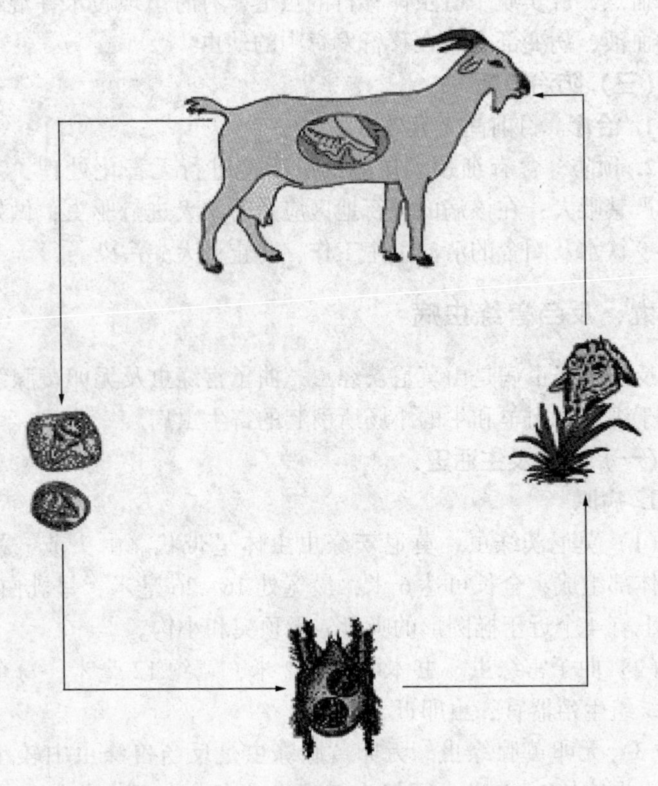

图 5-44　羊绦虫生活史及传播方式

（二）诊断要点

1. 临床症状　患羊症状表现的轻重通常与感染虫体的强度及体质、年龄等因素密切相关。一般可表现为食欲减退，出现贫血与水肿。羔羊腹泻时，粪中混有虫体节片，有时还可见虫体的一段吊在肛门处。被毛粗乱无光，喜躺卧，起立困难，体重迅速

减轻。若虫体阻塞肠管时，则出现肠膨胀和腹痛表现，甚至因肠破裂而死亡。有时病羊亦可出现转圈、肌肉痉挛或头向后仰等神经症状。后期，患畜仰头倒地，经常做咀嚼运动，周围有泡沫，对外界反应几乎丧失，直至全身衰竭而死。

2. 剖检变化　剖检死羊可在小肠中发现数量不等的虫体；其寄生处有卡他性炎症，有时可见肠壁扩张、肠套叠乃至肠破裂；肠系膜、肠黏膜、肾脏、脾脏甚至肝脏发生增生性变性过程；肠黏膜、心内膜和心包膜有明显的出血点；脑内可见出血性浸润和出血；腹腔和颅腔贮有渗出液。

（三）防治措施

1. 治疗　可选用下列药物：

（1）丙硫咪唑。剂量按每千克体重 5~20 毫克，做成 1%的水悬液，口服。

（2）氯硝柳胺。剂量按每千克体重 100 毫克，配成 10%水悬液，口服。

（3）硫双二氯酚。剂量按每千克体重 75~100 毫克，包在菜叶里口服，亦可灌服。

（4）砷制剂。包括砷酸亚锡、砷酸铅及砷酸钙，各药剂量均按羔羊每只 0.5 克，成年羊每只 1 克，装入胶囊口服。

（5）硫酸铜。使用时，可将其配制成 1%水溶液。为了使硫酸铜充分溶解，可在配制时每 1 000 毫升溶液中加入 1~4 毫升盐酸。配制的溶液应贮存于玻璃或木质的容器内。其治疗剂量为：1~6 月龄的绵羊 15~45 毫升；7 月龄至成年羊 50~100 毫升；成年山羊不超过 60 毫升。可用长颈细口玻璃瓶灌服。

（6）仙鹤草根芽粉。绵羊每只用量 30 克，1 次口服。

2. 预防　在虫体成熟前，即羊放牧后 30 天内进行第一次驱虫，再经 10~15 天后进行第二次驱虫，此法不仅可驱除寄生的幼虫，还可防止牧场或外界环境遭受污染。有条件的地区可实行科学轮牧。尽可能避免雨后、清晨和黄昏放牧，以减少羊吃进中间宿主地螨的机会。结合牧场改良，进行深耕，种植优良牧草或农牧轮作，不仅能大量减少地螨还可提高牧草质量。

十、羊消化道线虫病

寄生于羊消化道的线虫种类很多，各种消化道线虫往往混合感染，对羊群造成不同程度的危害，是每年春乏季节造成羊死亡的重要原因之一。

（一）病原及生活史

1. 病原

（1）捻转血矛线虫。寄生于真胃，偶见于小肠。在真胃中属大型线虫。虫体线状，呈粉红色。雄虫长 15~19 毫米，其交合伞的背肋偏于左侧，呈倒“Y”字形。雌虫长 27~30 毫米，由于红色的消化管和白色的生殖管相互缠绕，形成红白相间的外观，俗称“麻花虫”。

（2）奥斯特线虫。寄生于真胃。虫体呈棕色，亦称棕色胃虫，长 4~14 毫米。

（3）马歇尔线虫。寄生于真胃，似棕色胃虫，但虫体较大。

（4）毛圆线虫。寄生于小肠，偶可寄生于真胃和胰脏。虫体小，长 5~6 毫米，呈淡红色或褐色。

（5）细颈线虫。寄生于小肠或真胃，为小肠内中等大小的虫体。

（6）古柏线虫。寄生于小肠、胰脏，偶见于真胃。虫体呈红色或淡黄色，大小与毛圆线虫相似。

（7）仰口线虫。寄生于小肠。虫体较粗大，前端弯向背面，故有钩虫之称。

（8）食道口线虫。寄生于大肠。虫体较大，呈乳白色。

（9）夏伯特线虫。亦称阔口线虫，寄生于大肠。虫体大小

近似食道口线虫。

（10）毛首线虫。寄生于盲肠。整个虫体形似鞭子，亦称鞭虫。虫体较大，呈乳白色（图 5-45）。

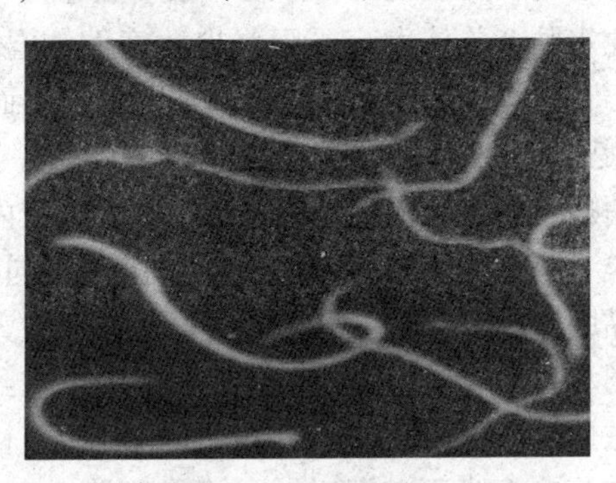

图 5-45　消化道线虫

2. 生活史　羊的各种消化道线虫均系上源性发育，即在它们的发育过程中不需要中间宿主的参加，家畜感染是由于吞食了被虫卵所污染的饲草、饲料及饮水所致，幼虫在外界的发育难以制约，从而造成了几乎所有羊只不同程度感染发病的状况。

上述各种线虫的虫卵随粪便排出体外，在外界适宜的条件下，绝大部分种类线虫的虫卵首先孵化出第一期幼虫，经过两次蜕化后发育成具有感染宿主能力的第三期幼虫。但毛首线虫的感染性幼虫是在虫卵内发育而成，并不孵化出来，在外界仅以感染性虫卵的形式存在。羊在吃草或饮水时如食入了线虫的感染性幼虫或感染性虫卵即被感染。仰口线虫的感染性幼虫除能经口感染外，还能直接钻入皮肤发生感染。病原进入羊体内后通常在它们各自的特定寄生部位再经两次蜕化，发育成为第五期幼虫，并逐渐发育为成虫。食道口线虫的感染性幼虫则需钻入大结肠和小结肠的固有膜深处形成包囊（结节），幼虫在包囊内发育成第五期幼虫后才自结节中返回肠腔发育为成虫。

（二）诊断要点

1. 临床症状 病羊感染各种消化道线虫的主要症状表现为消化紊乱、胃肠道发炎、腹泻、消瘦、眼结膜苍白、贫血，严重病例下颌间隙水肿，羊体发育受阻。少数病例体温升高，呼吸、脉搏频数、心音减弱，最终病羊可因身体极度衰竭而死亡。

2. 剖检变化 剖检可见消化道各部有数量不等的相应线虫寄生。尸体消瘦，贫血，内脏显著苍白，胸、腹腔内有淡黄色渗出液，大网膜、肠系膜胶样浸润，肝、脾出现不同程度的萎缩、变性，真胃黏膜水肿，有时可见虫咬的痕迹和针尖大到粟粒大的小结节，小肠和盲肠黏膜有卡他性炎症，大肠可见到黄色小点状的结节或化脓性结节以及肠壁上遗留下的一些瘢痕性斑点。当大肠上的虫卵结节向腹膜面破溃时，可引发腹膜炎和泛发性粘连；向肠腔内破溃时，则可引起溃疡性和化脓性肠炎。

（三）防治措施

1. 治疗 可选择下列药物：

（1）丙硫咪唑。剂量按每千克体重 5~20 毫克，口服。

（2）左旋咪唑。剂量按每千克体重 5~10 毫克，混饲喂或做皮下、肌内注射。

（3）硫化二苯胺。剂量按每千克体重 600 毫克，用面汤做成悬浮液，灌服。

（4）噻苯唑。剂量按每千克体重 50 毫克，口服。该药对毛首线虫效果较差。

（5）精制敌百虫。剂量按绵羊每千克体重 80~100 毫克，山羊每千克体重 50~70 毫克，口服。

（6）甲苯唑。剂量按每千克体重 10~15 毫克，口服。

（7）硫酸铜。用蒸馏水配成 1%溶液，剂量按大羊 100 毫升、中羊 80 毫升、小羊 50 毫升，山羊用量不得超过 60 毫升，灌服。

2. 预防 应在晚秋转入舍饲后和春季放牧前各进行 1 次计划性驱虫，因地区不同，选择驱虫的时间和次数可根据具体情况酌定。羊应饮用干净的流水或井水，尽可能避免吃露水草和在低湿处放牧，以减少感染机会；粪便可进行堆肥发酵，以杀死虫卵；加强饲养管理，提高羊的抗病能力。

十一、肺线虫病

羊肺线虫病是由网尾科和原圆科的线虫寄生在气管、支气管、细支气管乃至肺实质，引起的以支气管炎和肺炎为主要症状的疾病。肺线虫病在我国分布广泛，是羊常见的蠕虫病之一。

（一）病原及生活史

1. 病原

（1）大型肺线虫。该虫系大型白色虫体，肠管呈黑色，穿行于体内，口囊小而浅。

（2）小型肺线虫。小型肺线虫种类繁多，其中缪勒属和原圆属线虫分布最广，危害也较大。该类线虫虫体纤细，长 12~28 毫米，多见于细支气管和肺泡内。

2. 生活史 大型肺线虫与小型肺线虫的发育有所不同，即网尾科线虫发育过程无中间宿主参加，属土源性发育；而小型肺线虫在发育时需要中间宿主的参加，属生物源性发育。

各种肺线虫的虫卵在呼吸道产出后，上行至咽部，利用宿主咳嗽时，经咽部进入消化道，在此过程中孵化出第一期幼虫，第一期幼虫又随粪便排出体外。大型肺线虫的第一期幼虫在外界适宜条件下，约经1 周发育为感染性幼虫；小型肺线虫的第一期幼虫则需钻入中间宿主多种陆螺或蛞蝓体内发育为感染性幼虫。存在于外界草场、饲料或饮水中和中间宿主体内的大、小型肺线虫的感染性幼虫被终末宿主羊吞食后，幼虫进入肠系膜淋巴结，经淋巴液循环到达右心，又随血流到达肺脏，虫体在此过程中经第四、第五两期幼虫的发育，最终在肺部各自的寄生部位发育为成虫。

（二）诊断要点

1. 临床症状 羊群遭受感染时，首先个别羊干咳，继而成群咳嗽，运动时和夜间咳嗽更为显著，此时呼吸声明显粗重，如拉风箱。在频繁而痛苦的咳嗽时，常咳出含有成虫、幼虫及虫卵的黏液团块。咳嗽时伴发啰音和呼吸急迫，鼻孔中排出黏稠分泌物，干涸后形成鼻痂，从而使呼吸更加困难。病羊常打喷嚏，逐渐消瘦、贫血，头、胸及四肢水肿，被毛粗乱。通常羔羊发病症状严重，死亡率也高；成年羊感染或羔羊轻度感染时，症状表现较轻。单独感染小型肺线虫时，病情亦比较轻缓，只是在病情加剧或接近死亡时，才明显表现为呼吸困难，出现干咳或暴发性咳嗽。

2. 剖检变化 剖检病变主要表现在肺部，可见有不同程度的肺膨胀和肺气肿，肺表面隆起，呈灰白色，触摸时有坚硬感（图 5-46）；支气管中有黏性或脓性混有血丝的分泌团块；气管、支气管及细支气管内可发现数量不等的大、小肺线虫。

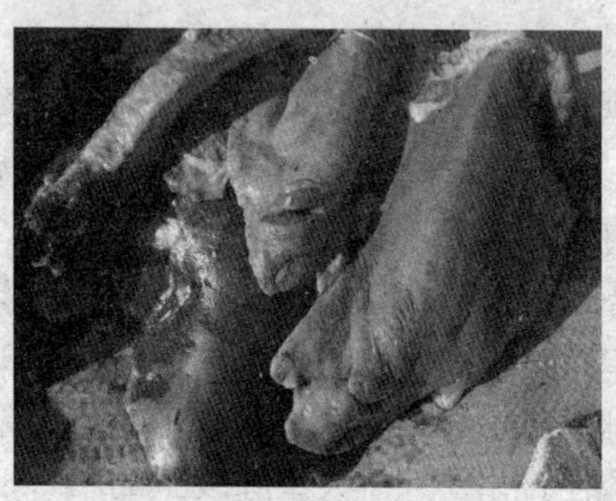

图 5-46 肺膨胀和肺气肿

（三）防治措施

1. 治疗 可选用下列药物：

（1）丙硫咪唑。剂量按每千克体重 5~15 毫克，口服，对各种肺线虫均有良效。

（2）苯硫咪唑。剂量按每千克体重5毫克，口服。

（3）左旋咪唑。剂量按每千克体重7.5~12毫克，口服。

（4）氰乙酸肼。剂量按每千克体重17毫克，口服；或每千克体重15毫克，皮下或肌内注射。该药对缪勒线虫无效。

（5）枸橼酸乙胺嗪（海群生）。剂量按每千克体重200毫克，内服；该药适合对感染早期幼虫的治疗。

2. 预防　该病流行区内，每年应对羊群进行1~2次普遍驱虫，并及时对病羊进行治疗。驱虫治疗期应注意收集粪便进行生物热处理；羔羊与成年羊应分群放牧，并饮用流动水或井水；有条件的地区可实行轮牧，避免在低温沼泽地区放牧；冬季羊群应予适当补饲，补饲期间每隔1日可在饲料中加入硫化二苯胺，按成年羊每只1克、羔羊每只0.5克计，让羊自由采食，能大大减少病原的感染。对小型肺线虫病，亦应注意消灭其中间宿主。

十二、螨病

羊螨病是由疥螨和痒螨寄生在体表而引起的慢性寄生性皮肤病，具有高度传染性，往往在短期内就可引起羊群严重感染，危害十分严重。

（一）病原及生活史

1. 病原

（1）疥螨。疥螨寄生于皮肤角化层下，并不断在皮内挖凿隧道，虫体即在隧道内不断发育和繁殖。疥螨的成虫形态特征为：虫体小，长0.2~0.5毫米，肉眼不易看见；体呈圆形，浅黄色，体表生有大量小刺。

（2）痒螨。寄生在皮肤表面。虫体呈长圆形，较大，长0.5~0.9毫米，肉眼可见（图5-47）。

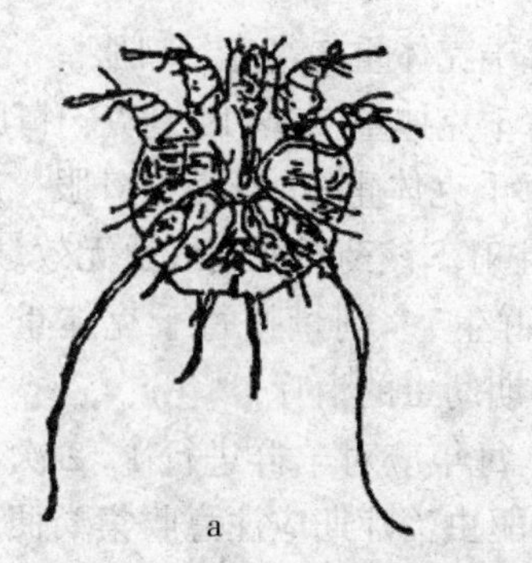
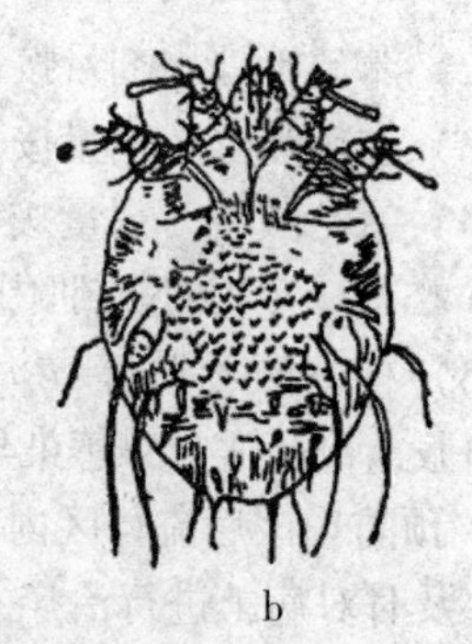
a　　b

图 5-47　羊疥癣病病原——疥螨背面

a. 雄成虫虫体　b. 雌成虫虫体

2. 生活史　疥螨与痒螨的全部发育过程都在宿主体上度过，包括虫卵、幼虫、若虫和成虫 4 个阶段，其中雄螨有 1 个若虫期，雌螨有两个若虫期。疥螨的发育是在羊的表皮内不断挖凿隧道，并在隧道中不断繁殖和发育，完成一个发育周期需 8 ~ 22 天。痒螨在皮肤表面进行繁殖和发育，完成一个发育周期需 10 ~ 12 天。本病的传播是由于健畜与患畜直接接触，或通过被螨及其卵所污染的厩舍、用具的间接接触引起感染。

（二）诊断要点

该病主要发生于冬季和秋末、春初。发病时，疥螨病一般始发于皮肤柔软且毛短的部位，如嘴唇、口角、界面、眼圈及耳根部，以后皮肤炎症逐渐向周围蔓延；痒螨病则起始于被毛稠密和温度、湿度比较恒定的皮肤部位，如绵羊多发生于背部、臀部及尾根部，以后才向体侧蔓延。

1. 临床症状　该病初发时，因虫体小刺、刚毛和分泌的毒素刺激神经末梢，引起剧痒，可见病羊不断在圈墙、栏柱等处摩擦；在阴雨天气、夜间、通风不好的圈舍以及随着病情的加重，痒觉表现更为剧烈；由于患羊的摩擦和啃咬，患部皮肤出现丘疹、结节、水疱，甚至脓疱，以后形成痂皮和龟裂。绵羊患疥螨病时，因病变主要局限于头部，病变皮肤有如干涸的石灰，故有“石灰头”之称。绵羊感染痒螨后，可见患部有大片被毛脱落（图 5-48）。发病后，患羊因终日啃咬和摩擦患部，烦躁不安，影响正常的采食和休息。日渐消瘦，最终因极度衰竭而死亡。

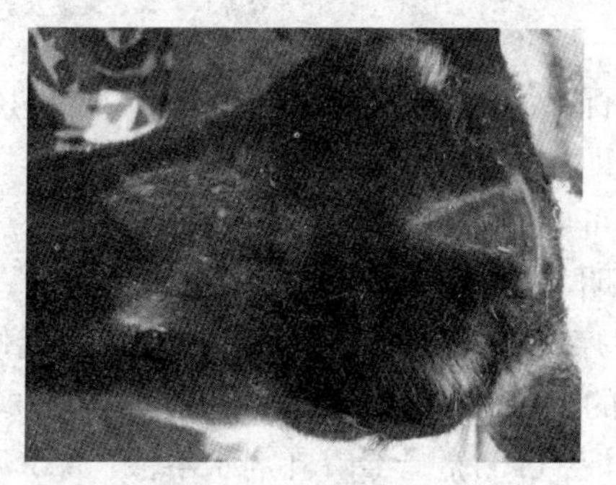

图 5-48　疥癣病羊

2. 类症鉴别

（1）与湿疹的鉴别。湿疹痒觉不剧烈，且不受环境、温度影响，无传染性，皮屑内无虫体。

（2）与秃毛癣的鉴别。秃毛癣患部呈圆形或椭圆形，界限明显，其上覆盖的浅黄色干痂易于剥落，痒觉不明显。镜检经10%氢氧化钾处理的毛根或皮屑，可发现癣菌的孢子或菌丝。

（3）与虱和毛虱的鉴别。虱和毛虱所致的症状有时与螨病相似，但皮肤炎症、落屑及形成痂皮程度较轻，容易发现虱及虱卵，病料中找不到螨虫。

（三）防治措施

1. 治疗

（1）注射药物疗法。可选用伊维菌素（害获灭）或与伊维菌素药理作用相似的药物，此类药物不仅对螨病，而且对其他的节肢动物疾病和大部分线虫病均有良好疗效。应用伊维菌素时，剂量按每千克体重 50~100 微克。

(2) 涂药疗法。适合于病畜数量少，患部面积小的情况，可在任何季节应用，但每次涂药面积不得超过体表的1/3。可选用的药物如下：

1) 克辽林擦剂。克辽林1份、软肥皂1份、乙醇8份，调和即成。

2) 5%敌百虫溶液。来苏儿5份，溶于温水100份中，再加入5份敌百虫即成。

此外，亦可应用林丹、单甲脒、双甲脒、溴氰菊酯（倍特）等药物，按说明书涂擦使用。

(3) 药浴疗法。该法适用于病畜数量多且气候温暖的季节，也是预防本病的主要方法。药浴时，药液可选用0.025%~0.030%林丹乳油水溶液，0.05%蝇毒磷乳剂水溶液，0.5%~1.0%敌百虫水溶液，0.05%辛硫磷乳油水溶液，0.05%双甲脒溶液等。

(4) 治疗时的注意事项。

1) 为使药物有效杀灭虫体，涂擦药物时应剪去患部周围被毛，彻底清洗并除去痂皮及污物。大规模药浴最好选择山羊抓绒、绵羊剪毛后数天时进行。药液温度应按药物种类所要求的温度予以保持，药浴时间应维持1分钟左右，药浴时应注意羊头的浸泡。

2) 大规模治疗时，应对选用的药物预做小群安全试验。药浴前让羊饮足水，以免误饮药液。工作人员亦应注意自身安全防护。

3) 因大部分药物对螨的虫卵无杀灭作用，治疗时可根据使用药物情况重复用药2~3次，每次间隔5天，方能杀灭新孵出的螨虫，达到彻底治愈的目的。

2. 预防 每年定期对羊群进行药浴，可取得预防与治疗的双重效果；加强检疫工作，对新购入的羊应隔离检查后再混群；经常保持圈舍卫生、干燥和通风良好，定期对圈舍和用具清扫和消毒；对患羊应及时治疗，可疑患羊应隔离饲养；治疗期间，应注意对饲养人员、圈舍、用具同时进行消毒，以免病原散布，不

断出现重复感染。

十三、羊鼻蝇蛆病

羊鼻蝇蛆病是由羊鼻蝇的幼虫寄生在羊的鼻腔及附近腔窦内所引起的疾病。在我国西北、东北、华北地区较为常见。羊鼻蝇主要危害绵羊，对山羊危害较轻。病羊表现为精神不安，体质消瘦，甚至发生死亡。

（一）病原及生活史

1. 病原

（1）成虫。羊鼻蝇形似蜜蜂，全身密生短绒毛，体长 10~12 毫米；头大呈半球形、黄色。

（2）幼虫。第一期幼虫呈淡黄白色，长 1 毫米；第二期幼虫呈椭圆形，长 20~25 毫米，体表刺不明显，后气门呈弯肾形；第三期幼虫长约 30 毫米，背面拱起（图 5-49）。

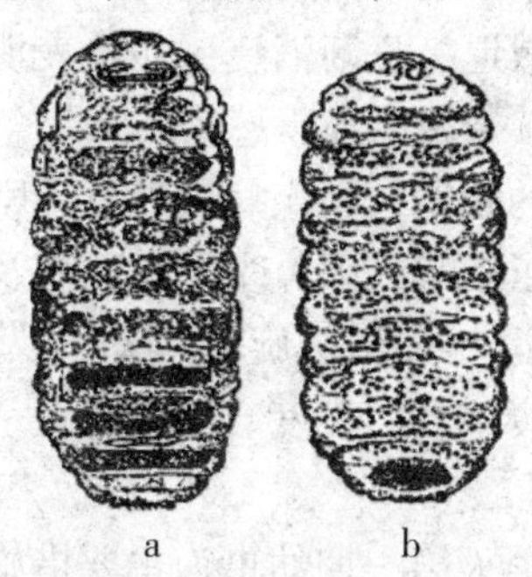

图 5-49　羊鼻蝇第三期幼虫

a. 背面　b. 腹面

2. 生活史　羊鼻蝇的发育需经幼虫、蛹及成虫 3 个阶段。成虫出现于每年 5~9 月，雌雄交配后，雄虫很快死亡，雌虫则于有阳光的白天以急剧而突然的动作飞向羊鼻，将幼虫产在羊鼻孔内或羊鼻孔周围，雌虫在数天内产完幼虫后亦很快死亡。产出的第一期幼虫活动力很强，爬入鼻腔后以其口前钩固着于鼻黏膜上，并逐渐向鼻腔深部移行，到达额窦或鼻窦内（有些幼虫还可以进入颅腔），经两次蜕化发育为第三期幼虫。幼虫在鼻腔内寄生 9~10 个月，到翌年春天，发育成熟的第三期幼虫由鼻腔深部向浅部返回移行，当患羊打喷嚏时，将其喷出鼻孔，第三期幼虫即在土壤表层或羊粪内变蛹，蛹的外表形态与第三期幼虫相同。蛹经 1~2 个月羽化为成虫。成虫寿命为 2~3 周。在温暖地区羊鼻蝇 1 年可繁殖两代，在寒冷地区每年繁殖 1 代。

（二）诊断要点

临床症状：羊鼻蝇幼虫进入羊鼻腔、额窦及鼻窦后，在其移行过程中，由于体表小刺和口前钩损伤黏膜引起鼻炎，可见羊流出多量鼻液，鼻液初为浆液性，后为黏液性和脓性，有时混有血液；当大量鼻液干涸在鼻孔周围形成硬痂时，使羊发生呼吸困难。此外，可见病羊表现不安，打喷嚏，时常摇头，擦鼻，眼睑浮肿，流泪，食欲减退，日渐消瘦。症状表现可因幼虫在鼻腔内的发育期不同而持续数月。通常感染不久呈急性表现，以后逐渐好转，到幼虫寄生的晚期，则疾病表现更为剧烈。有时，当个别幼虫进入颅腔损伤了脑膜或因鼻窦发炎而波及脑膜时可引起神经症状，病羊表现为运动失调、旋转运动。头弯向一侧或发生麻痹；最后病羊食欲废绝，因极度衰竭而死亡。

（三）防治措施

防治该病应以消灭第一期幼虫为主要措施。各地可根据不同气候条件和羊鼻蝇的发育情况，确定防治的时间，一般在每年 11 月进行为宜。可用精制敌百虫口服，按每千克体重 0.12 克，配成 2%溶液，灌服；肌内注射时，取精制敌百虫 60 克，加 95%乙醇 31 毫升，在瓷容器内加热溶解后，加入 31 毫升蒸馏水，再加热至 60~65℃，待药完全溶解后，加水至总量 100 毫升，经药棉过滤后即可注射。剂量按羊体重 10~20 毫克用 0.5 毫升；体重

20~30千克用1毫升；体重30~40千克用1.5毫升；体重40~50千克用2毫升；体重50千克以上用2.5毫升。

十四、羊梨形虫病

羊梨形虫病是由泰勒科和巴贝斯科的各种梨形虫引起的血液原虫病。其中绵羊泰勒虫和绵羊巴贝斯虫是使绵羊和山羊致病的主要病原体；疾病由硬蜱吸血时传播。该病在我国甘肃、青海和四川等地均有发生，常造成羊大批死亡，危害严重。

（一）病原及生活史

1. 病原

（1）绵羊泰勒虫。寄生在红细胞内的虫体大多数呈圆形和卵圆形，约占80%，其次为杆状，圆点状较少。圆形虫体的直径为0.6~2.0微米，卵圆形虫体长约1.6微米。

（2）绵羊巴贝斯虫。病原寄生于红细胞内，虫体有双梨籽形、单梨籽形、椭圆形和变形虫等各种形状，其中双梨籽形占60%以上，其他形状虫体较少。梨籽形虫体为2.5~3.5微米×1.5微米，大于红细胞半径；虫体有两个染色质团块。双梨籽虫体尖端以锐角相连，位于红细胞中央。

2. 生活史 羊梨形虫的生活史尚不十分明了，有待更加详尽的研究。资料记载，我国绵羊巴贝斯虫病的主要传播者为扇头蜱属的蜱，绵羊泰勒虫病的主要传播者为血蜱属的蜱，病原在蜱体内要经过有性的配子生殖并产生子孢子，当蜱吸血时即将病原注入羊体内。绵羊巴贝斯虫寄生于羊的红细胞内并不断进行无性繁殖；绵羊泰勒虫在羊体内首先侵入网状内皮系统细胞，在肝、脾、淋巴结和肾脏内进行裂体繁殖（石榴体），继而进入红细胞内寄生。病原的传播者——上述种类的硬蜱吸食羊血液时，病原又进入蜱体内发育，如此周而复始，流行发病。

（二）诊断要点

1. 临床症状与剖检变化

（1）泰勒虫感染。病羊主要表现：病初体温升高至40～42℃，呈稽留热型；呼吸促迫，鼻发鼾声；心律不齐；食欲减退，便秘或腹泻；精神沉郁，四肢僵硬，喜卧地；眼结膜初为充血，继而苍白，并轻度黄染；羊体逐渐消瘦；体表淋巴结肿大，肩前淋巴结肿大尤为显著，可由核桃大至鸭蛋大，触之有痛感。

死于泰勒虫感染的羊，可见尸体消瘦，贫血；全身淋巴结不同程度的肿大，尤以肩前、肠系膜、肝、肺等处更为明显；肝脏、胆囊、脾脏显著肿大并有出血点；肾脏呈黄褐色，表面有淡黄色或灰白色结节和小出血点；真胃黏膜有溃疡斑，肠黏膜有少量出血点。

（2）巴贝斯虫感染。病羊的主要症状：体温升高至41～42℃，稽留数日或直至死亡；呼吸浅表，脉搏加速，精神萎靡，食欲减退乃至废绝；黏膜苍白，显著黄染；时而出现血红蛋白尿，并出现腹泻；红细胞每立方毫米减少至200万～400万，大小不匀。

剖检死于巴贝斯虫感染的羊时，可见黏膜与皮下组织贫血、黄染；肝、脾肿大变性，有出血点；胆囊肿大2～4倍；心内、外膜及浆、黏膜亦有出血点和出血表现；肾脏充血发炎；膀胱扩张，充满红色尿液。

（三）防治措施

1. 治疗

（1）贝尼尔。剂量按每千克体重7～10毫克，以蒸馏水配成溶液，肌内注射1～2次。

（2）阿卡普林。剂量按每千克体重使用5%的水溶液0.02毫升，皮下或肌内注射。脉搏加快时，可将总量分3次注射，每2小时1次。必要时，24小时后可重复用药。

（3）黄色素。剂量每千克体重3毫克，配成0.5%～1.0%水

溶液，静脉注射。注射时药物不可漏出血管外。注射后数天内须避免强烈阳光照射，以免灼伤。症状未见减轻时，间隔 24～48 小时再注射 1 次。

治疗同时应辅以强心、补液等措施，加强管理，以使患羊早日治愈。

2. 预防　在本病的流行地区，应于每年发病季节对羊群进行药物预防注射；同时做好灭蜱工作，防止蜱叮咬传播疾病，对输入的羊，应经隔离检疫后再合群。

十五、弓形虫病

弓形虫病是由孢子虫纲的原生动物——龚地弓形虫所引起的一种人畜共患寄生虫病。

（一）病原及生活史

根据弓形虫的不同发育阶段，虫体分为 5 型。速殖子和包囊出现在中间宿主体内，裂殖体、配子体和卵囊则只出现在终末宿主的发育阶段。

弓形体在发育过程中具有两个类型的宿主，在终末宿主猫及某些猫科动物体内进行等孢球虫相发育，在中间宿主体内进行弓形虫相发育。

猫吞食了弓形虫的包囊、假囊及已成熟的卵囊后，慢殖子、速殖子或子孢子进入消化道侵入上皮细胞，开始进行等孢球虫相的发育和繁殖。卵囊、包囊及速殖子经口或受损的皮肤、黏膜侵入中间宿主体内后，通过淋巴、血液循环进入有核细胞，在有核细胞的胞浆内主要以内出芽的方式进行繁殖，形成假囊，当宿主细胞被破坏后，释放出速殖子又进入新的有核细胞内继续繁殖。经过一定时间的繁殖后，转入神经、肌肉组织和一些脏器内形成包囊型虫体（图 5-50）。

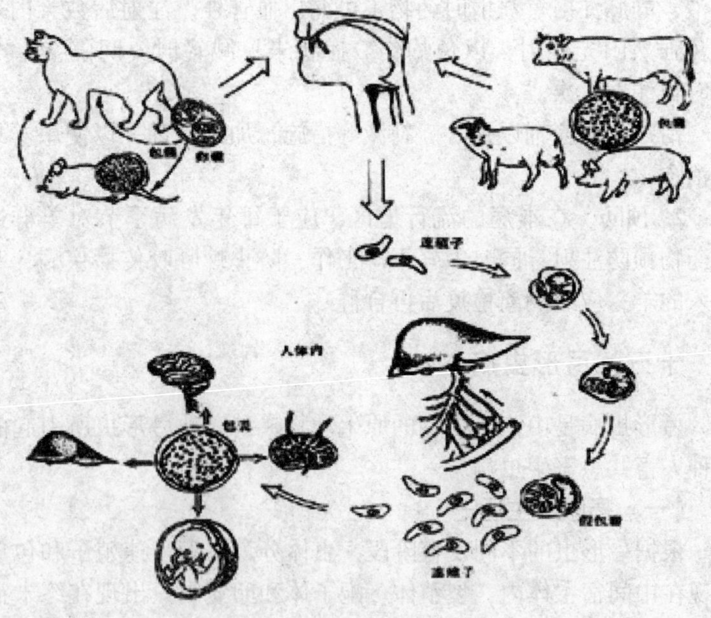

图 5-50 弓形虫生活史和传播方式

（二）诊断要点

大多数成年羊呈隐性感染，主要表现为妊娠羊常于正常分娩前 4~6 周出现流产，其他症状不明显。流产时，大约一半的胎膜有病变，绒毛叶呈暗红色，在绒毛中间有许多直径为 1~2 毫米的白色坏死灶。产出的死羔皮下水肿，体腔内有过多的液体，肠内充血，脑尤其是小脑前部有广泛性非炎症性小坏死点。此外，在流产组织内可发现弓形虫。

少数病例可出现神经系统和呼吸系统症状，表现呼吸困难，咳嗽，流泪，流涎，有鼻液，走路摇摆，运动失调，视力障碍，心跳加快，体温 41℃以上，呈稽留热，腹泻等。剖检可见淋巴结肿大，边缘有小结节，肺表面有散在的小出血点，胸、腹腔有

积液。此时，肝、肺、脾、淋巴结涂片检查可见弓形虫速殖子。

（三）防治措施

1. 治疗 对急性病例可应用磺胺类药物，与抗菌增效剂联合使用效果更好，亦可考虑使用四环素族抗生素和螺旋霉素等。上述药物通常不能杀灭包囊内的慢殖子。

（1）磺胺嘧啶+甲氧苄胺嘧啶。前者每千克体重 70 毫克，后者按每千克体重 14 毫克，每天 2 次，口服，连用 3~4 天。

（2）磺胺甲氧吡嗪+甲氧苄胺嘧啶。前者剂量为每千克体重 30 毫克，后者剂量为每千克体重 10 毫克，每天 1 次，口服。连用 3~4 天。

（3）磺胺-6-甲氧嘧啶。剂量按每千克体重 60~100 毫克；或配合甲氧苄胺嘧啶（每千克体重 14 毫克），每天 1 次，口服，连用 4 次。可迅速改善临床症状，并有效地阻抑速殖子在体内形成包囊。

2. 预防 应做好畜舍卫生工作，定期消毒；饲草、饲料和饮水严禁病畜的排泄物污染；对羊的流产胎儿及其他排泄物要进行无害化处理，流产的场地亦应严格消毒；死于本病或疑为本病的羊尸，要严格处理，以防污染环境或被猫及其他动物吞食。

十六、羊脑脊髓丝虫病

脑脊髓丝虫病是由指形丝状线虫和唇乳突丝状线虫的晚期幼虫（童虫）迷路侵入山羊的脑或脊髓的硬膜下或实质中引起的疾病。病的特征是患羊后躯歪斜，行走困难，卧地不起，最后因褥疮、食欲下降、消瘦、贫血而死亡。

（一）病原及生活史

1. 病原 本病的病原体为丝状科，丝状属的指形丝状线虫和唇乳突丝状线虫幼虫。

指形丝状线虫的微丝蚴，体长 249. 3~400 微米，宽 8. 4~9. 0

微米，体态弯曲自然，多呈“S”形、“C”形或其他弯曲形，也有扭成一结或两结的，具有头隙，一般长大于宽。

2. 生活史 成虫于牛腹腔内产出微丝蚴（胎生），微丝蚴进入宿主的血液中，半周期性地出现于末梢血液中，中间宿主蚊类吸血时进入蚊体，经14天左右发育成为感染性微丝蚴（第三期幼虫），长2 300微米，然后集中到蚊的胸肌和口器内，当带有此类虫体的蚊吸取山羊血液时，将感染性幼虫注入非固有宿主羊体内，可经淋巴（血液）侵入脑脊髓表面，发育为童虫，长1.5~4.5厘米，形态结构类似成虫。在其发育过程中，引起脑脊髓丝虫病。

（二）诊断要点

1. 症状

（1）急性型：发病急骤，神经症状明显。山羊在放牧时突然倒地不起，眼球上翻，颈部肌肉强直或痉挛或颈部歪斜，呈兴奋、骚乱、空嚼及鸣叫等神经症状。此种急性抽搐过去后，如果将羊扶起，可见四肢强直，向两侧叉开，步态不稳，如醉酒状。当颈部痉挛严重时，病羊向斜侧转圈。

（2）慢性型：此型较多见，病初患羊无力，步态踉跄，多发生于一侧后肢，也有两后肢同时发生的。此时体温、呼吸、脉搏无变化，患羊可继续正常存活，但多遗留臀部歪斜及斜尾等症状；运动时，容易跌倒，但可自行起立，继续前进，故病羊仍可随群放牧，母羊产奶量仍不降低。当病情加剧，两后肢完全麻痹，则患羊呈犬坐姿势，不能起立，但食欲和精神仍正常。直至长期卧地，发生褥疮才食欲下降，逐渐消瘦，以致死亡。

2. 病理变化 本病的病理变化，是随着丝虫幼虫逐渐进入脑脊髓发育为童虫的过程中引起的寄生性、出血性、液化坏死性脑脊髓炎，并有不同程度的浆液性、纤维素性脑脊髓膜炎而展开的。病变主要是在脑脊髓的硬膜，蛛网膜有浆液性、纤维素性炎症和胶样浸润灶，以及大小不等的呈红褐色、暗红色或绛红色的

出血灶，在其附近有时可发现虫体。脑脊髓实质病变明显，以白质区为多，可见由于虫体引起的大小不等的斑点状、线条状的黄褐色破坏性病灶，以及形成大小不同的空洞和液化灶，膀胱黏膜增厚，充满絮状物的尿液，若膀胱麻痹则尿盐沉着，蓄积呈泥状。组织学检查，发病部的脑脊髓呈现非化脓性炎症，神经细胞变性，血管周围出血、水肿，并形成管套状变化。在脑脊髓神经组织的虫伤性液化坏死灶内，可见有大型色素性细胞，经铁染色，证实为吞噬细胞，这是本病的一个特征性变化。

（三）防治措施

1. 治疗　应在早期诊断的基础上，进行早期治疗。以免虫体侵害脑脊髓实质，造成不易恢复的虫伤性病灶。

（1）海群生：每千克体重 50 毫克，口服，隔天 1 次，2~4 次为一疗程。

（2）酒石酸锑钾：用 4%酒石酸锑钾静脉注射，按每千克体重 8 毫克计算，每天注射 3~4 次，隔日 1 次。

（3）左旋咪唑：对初发病羊（5 天内的发病羊），剂量按每千克体重 8 毫克，配成 10%的溶液皮下注射，早、晚各 1 次，疗效 100%。

2. 预防

（1）在本病流行季节，对羊只以每 3~4 周用海群生、锑制剂或左旋咪唑的治疗剂量，普遍用药一次。

（2）搞好环境卫生是消灭蚊子最有效的预防方法。在蚊子飞翔季节常以杀蚊药物喷洒羊舍或烟熏。

（3）羊舍应建在干燥通风处，远离牛圈，应尽量防止羊与牛的接触。

十七、羊球虫病

羊球虫病是由艾美科艾美耳属的球虫寄生于羊肠道所引起的

一种原虫病，发病羊只呈现下痢、消瘦、贫血、发育不良等症状，严重者导致死亡，主要危害羔羊。

山羊球虫病的病原体系艾美尔科艾美尔属的原虫。羊球虫具有宿主特异性，寄生于山羊和绵羊的一些球虫是形态相似的不同的种。山羊艾美尔球虫属直接发育型，不需要中间宿主，须经过无性生殖、有性生殖和孢子生殖3个阶段。孢子化卵囊被羊吞食后，在胃液的作用下，子孢子逸出，迅速侵入肠道上皮细胞，进行多世代的无性生殖，形成裂殖体和裂殖子。

（一）诊断要点

1. 流行病学 各种品种的绵羊、山羊对球虫均有易感性，但山羊感染率高于绵羊；1岁以下的感染率高于1岁以上的，成年羊一般都是带虫者。据调查，1~2月龄春羔的粪便中，常发现大量的球虫卵囊。流行季节多为春、夏、秋三季；感染率和强度依不同球虫种类及各地的气候条件而异。冬季气温低，不利于卵囊发育，很少发生感染。

本病的传染源是病羊和带虫山羊，卵囊随山羊粪便排至外界，污染牧草、饲料、饮水、用具和环境，经消化道使健康山羊获得感染。所有品种的各种年龄的山羊对球虫均有易感性，但1~3月龄的羔羊发病率和死亡率较高，发病率几乎为100%，死亡率可高达60%以上。成年山羊感染率也相当高，也不乏每克粪便卵囊数很高的例子，但不发病或很少发病，这可能是一种年龄免疫现象，仅为带虫者，成为病原的主要传染来源。饲料和环境的突然改变、长途运输、断乳和恶劣的天气和饲养条件差都可引起山羊的抵抗力下降，导致球虫病的突然发生。

2. 临床症状 潜伏期为11~17天。本病可能依感染的种类、感染强度、羊只的年龄、抵抗力及饲养管理条件等不同而发生急性或慢性过程。急性经过的病程为2~7天，慢性经过的病程可长达数周。病羊精神不振，食欲减退或消失，体重下降，可视黏

膜苍白，腹泻，粪便中常含有大量卵囊。体温上升到40~41℃，严重者可导致死亡，死亡率常达10%~25%，有时可达80%以上。

病初山羊出现软便，粪不成形，但精神、食欲正常。3~5天后开始下痢，粪便由粥样到水样，黄褐色或黑色，混有坏死黏液、血液及大量的球虫卵囊，食欲减退或废绝，渴欲增加。随之精神委顿，被毛粗乱，迅速消瘦，可视黏膜苍白，体温正常或稍高，急性经过1周左右，慢性病程长达数周，严重感染的最后衰竭而死，耐过的则长期生长发育不良。成年山羊多为隐性感染，临床上无异常表现。

3. 病理变化　呈混合感染的病羊的内脏病变主要发生在肠道、肠系膜淋巴结、肝脏和胆囊等组织器官。小肠壁可见白色小点、平斑、突起斑和息肉，以及小肠壁增厚、充血、出血，局部有炎症，有大量的炎性细胞浸润，肠腺和肠绒毛上皮细胞坏死，绒毛断裂，黏膜脱落等。肠系膜淋巴结水肿，被膜下和小梁周围的淋巴窦和淋巴管的内皮细胞中有球虫的内生殖阶段的虫体寄生，局部有炎性细胞浸润，淋巴管扩张，伴有淋巴细胞和浆细胞渗出现象。肝脏可见轻度肿大、淤血，肝表面和实质有针尖大或粟粒大的黄白色斑点，胆管扩张，胆汁浓厚呈红褐色，内有大量块状物。胆囊壁水肿、增厚，整个胆囊壁有单核细胞浸润，固有层有小出血点，绒毛短粗，腺和绒毛上皮细胞有局部性坏死，有小裂殖体和配子体寄生。值得注意的是，胆汁中有球虫卵囊的病羊，多数的肝脏和胆囊无明显的病变。胆汁中卵囊数量也不一致，有的胆汁直接涂片检查即可见到，有的则要离心后检查沉淀物才可见到，因此以往病羊胆汁中可能也有卵囊，只是被人们忽视了。

（二）防制措施

氨丙啉和磺胺对本病有一定的治疗效果。用药后，可迅速降

低卵囊排出量，减轻症状。氨丙啉，每千克体重50毫克，每天1次，连服4天；磺胺二甲基嘧啶或磺胺六甲氧嘧啶，每千克体重每天100毫克，连用3~4天，效果好；盐霉素，按每天每千克体重0.33~1.0毫克混饲，连喂2~3天。

较好的饲养管理条件可大大降低球虫病的发病率，圈舍应保持清洁和干燥，饮水和饲料要卫生，注意尽量减少各种应激因素。放牧的羊群应定期更换草场，由于成年羊常常是球虫病的病源，因此最好能将羔羊和成年羊分开饲养。

参 考 文 献

[1] 周淑兰，曹国文，付利芝．羊病防控百问百答［M］．北京：中国农业出版社，2010.
[2] 王福传，段文龙．图说肉羊养殖新技术［M］．北京：中国农业科学技术出版社，2012.
[3] 闫益波．轻松学羊病防制［M］．北京：中国农业科学技术出版社，2015.

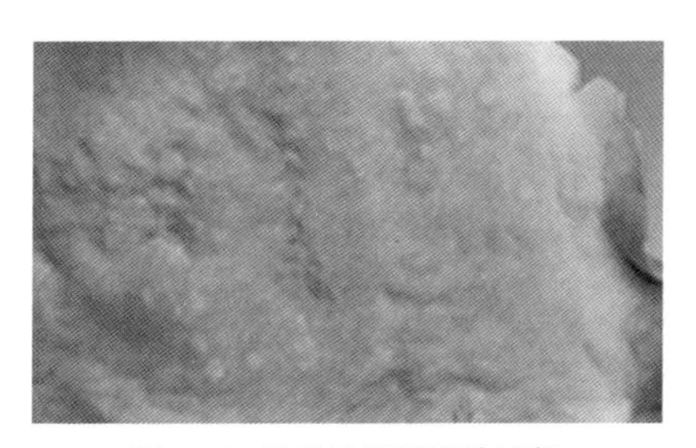

图 5-1　绵羊肺腺瘤病肺结节

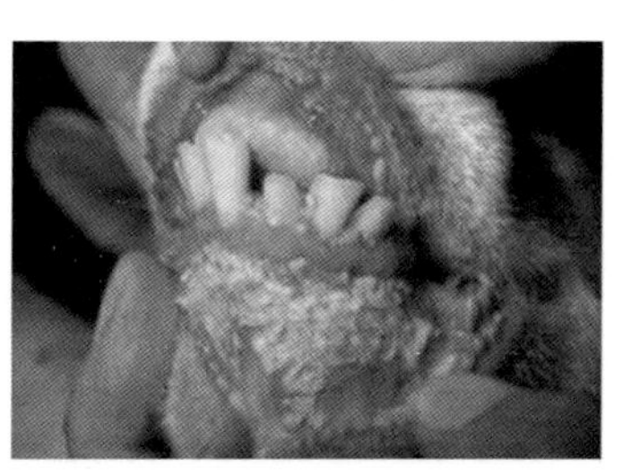

图 5-2　口腔黏膜坏死

图 5-3　小反刍兽疫口、鼻分泌物及结节

图 5-4　小反刍兽疫舌头结痂

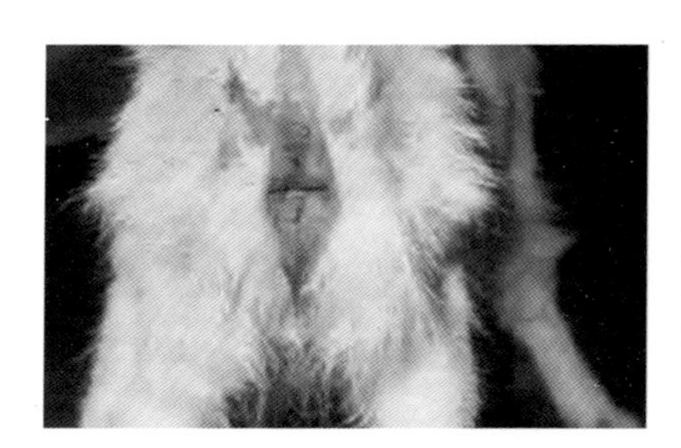

图 5-5　小反刍兽疫羊腹泻

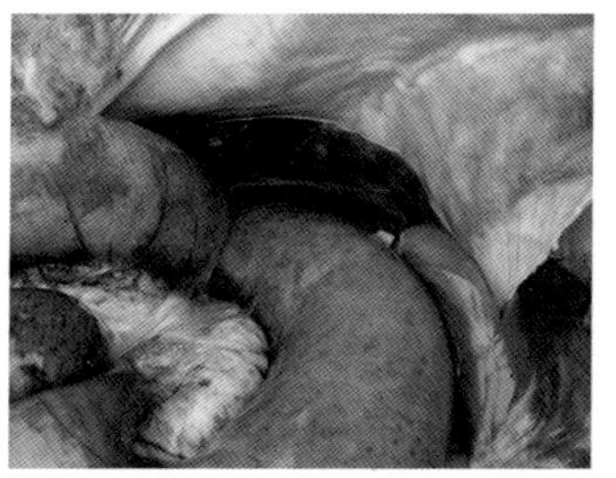

图 5-6　羊快疫肠道内充满气体

注：为方便读者查阅，第五章部分图制作彩插页，且彩图序号同第五章内文图序号，并保留内文中第五章的图。

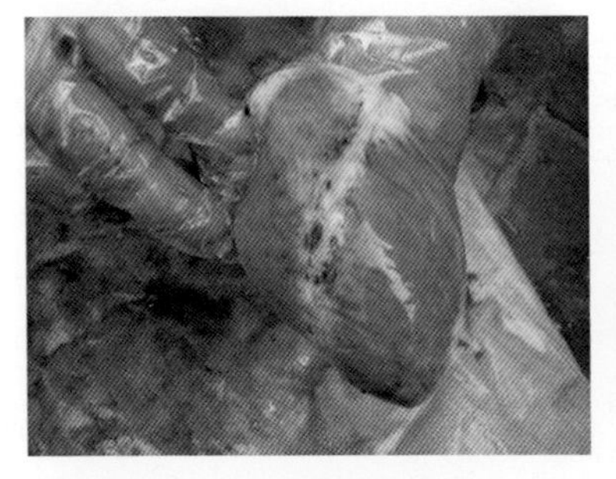

图 5-7　心外膜可见点状出血

图 5-8　羊肠毒血症小肠充血、出血

图 5-9　羊肠毒血症肾脏软化

图 5-10　肝脏坏死羊黑疫

图 5-11　布鲁杆菌病公羊睾丸肿胀

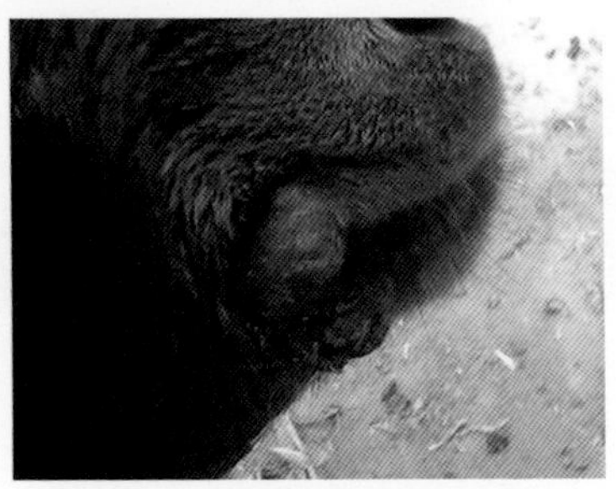

图 5-12　羊放线菌口腔坚硬结节

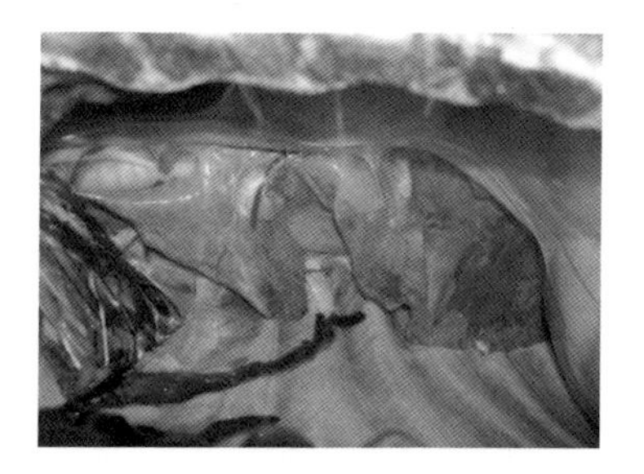

图 5-13　与周围组织粘连，有包化的坏死灶

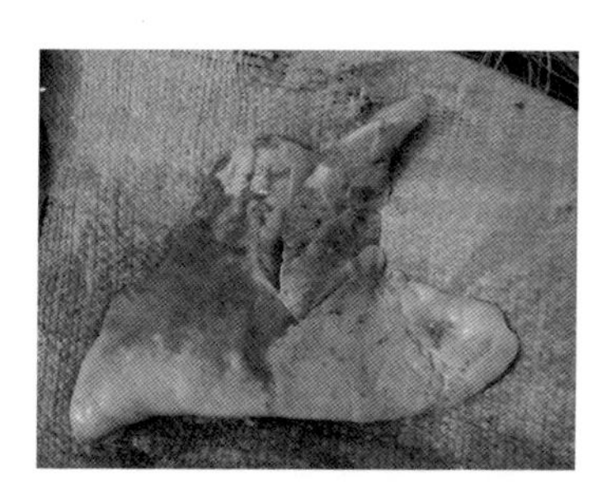

图 5-14　肺部分实质肝变

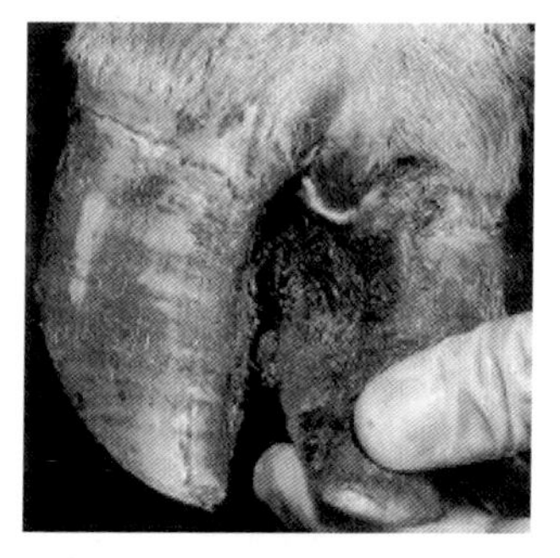

图 5-15　羊腐蹄病蹄间溃烂

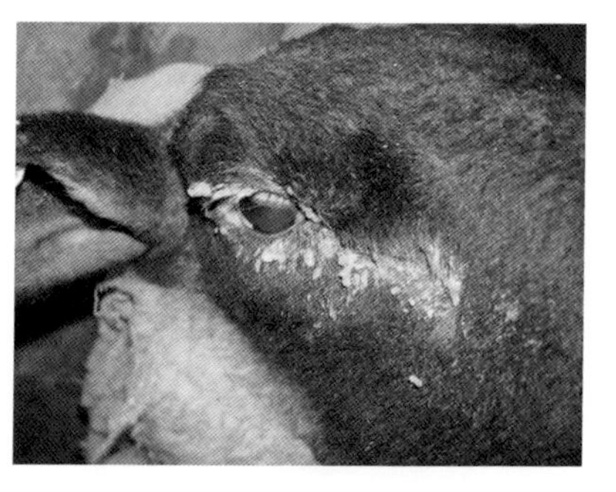

图 5-16　角膜炎形成角膜翳

图 5-19　臌气的瘤胃

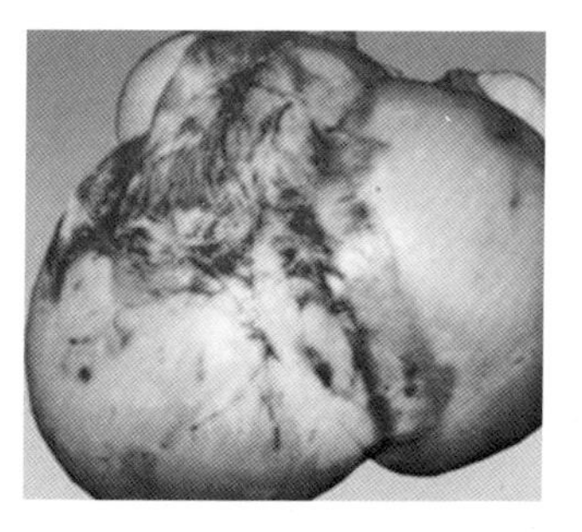

图 5-20　羊瘤胃臌气臌胀

图 5-21　背部明显脱毛

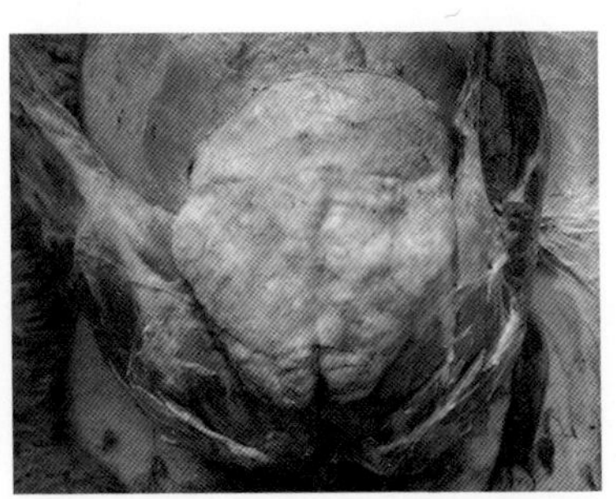

图 5-28　乳腺肿大，硬结

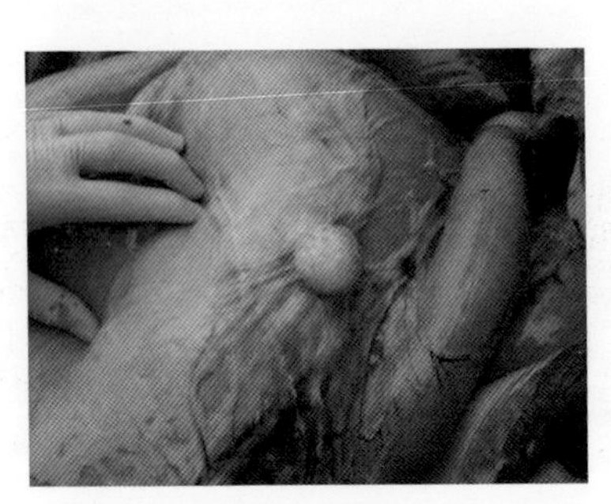

图 5-29　脓肿

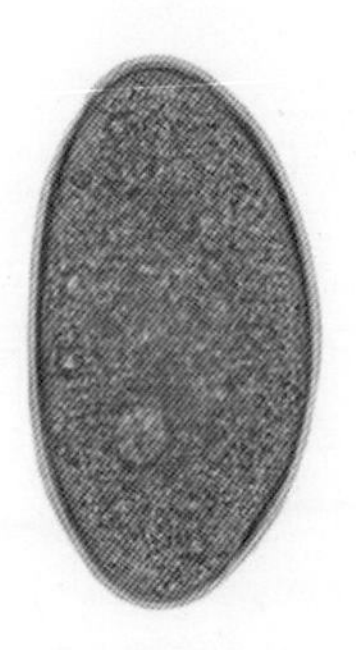

图 5-32　羊肝片吸虫虫卵

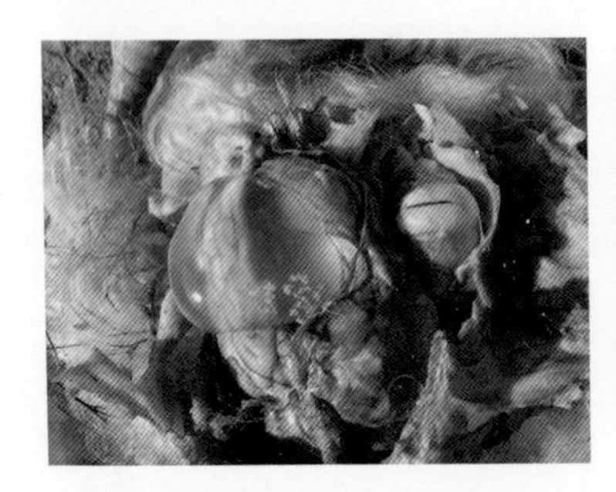

图 5-40　羊脑内绦虫（脑包虫）

图 5-46　肺膨胀和肺气肿